数值计算原理学习指导

沈 艳 凌焕章 编

科 学 出 版 社

北 京

内 容 简 介

本书是理工科高等院校普遍开设的数值计算原理课程的辅导教材，书中内容覆盖数值计算原理中的误差分析、插值法、曲线拟合、数值积分与数值微分、非线性方程求根、线性方程数值解法、特征值数值解法以及常微分方程初值问题数值解等知识点. 全书共 9 章，每章包含知识点概述、典型例题解析、习题详解、同步训练题以及同步训练题答案，帮助学生加强对课程内容的理解和巩固.

本书可作为高等院校数学类各专业高年级本科生或理工科专业研究生学习数值计算课程的参考书，也可供相关科技人员、学者、工程技术人员学习或参考.

图书在版编目(CIP)数据

数值计算原理学习指导/沈艳，凌焕章编. —北京：科学出版社, 2023.3
ISBN 978-7-03-075214-7

Ⅰ. ①数… Ⅱ. ①沈… ②凌… Ⅲ. ①数值计算-高等学校-教学参考资料
Ⅳ. ①O241

中国国家版本馆 CIP 数据核字(2023)第 047128 号

责任编辑：王 静 李香叶／责任校对：杨聪敏
责任印制：吴兆东／封面设计：陈 敬

科学出版社出版
北京东黄城根北街 16 号
邮政编码：100717
http://www.sciencep.com
北京虎彩文化传播有限公司印刷
科学出版社发行 各地新华书店经销
*
2023 年 3 月第 一 版 开本: 720 × 1000 1/16
2024 年 3 月第二次印刷 印张: 18 1/2
字数：373 000

定价: 69.00 元

(如有印装质量问题，我社负责调换)

前　言

数值计算作为现代科学计算中的基础，已经成为当今科学研究中的一个重要手段. 面对科学问题，传统的理论研究主要以解析方法为主，在科学研究理论和体系建立过程中发挥了十分重要的作用. 但是随着问题的复杂性增加，理论研究局限性越来越明显，很多问题复杂程度超出了人脑运算的能力，必须借助计算机算法设计才能解决这些问题. 现阶段数值计算的应用水平已逐渐成为衡量国家科技发展水平的重要标志之一, 是确保国家核心竞争能力的战略技术之一.

数值计算课程的内容丰富而且实践性很强，研究方法深刻又有自身的理论体系，既有纯数学的高度抽象性与严密科学性特点，又有应用的广泛性与实际实验的高度技术性的特点. 为了帮助广大学生理解和消化课程内容，巩固和扩展所学知识，掌握和提高数值计算应用水平，配合数值计算原理的教学内容，我们精心编写了本书.

全书共分 9 章, 每章均由五部分组成: 知识点概述、典型例题解析、习题详解、同步训练题以及同步训练题答案. 在知识点概述部分, 编者概括地提炼出该章的主要概念、重要定理和结论及学生应掌握的基本计算方法，以便读者能够提纲挈领地掌握该章的基本概念、基本理论和基本方法. 习题详解给出了主教材全部习题详细解答，帮助学生加强对课程内容的理解和巩固. 同步训练题涵盖了国内外优秀教科书和习题集的典型题目，丰富和拓展所学知识, 读者可以有选择地进行学习，以提高学生解决问题的能力.

本书可作为高等院校数学类各专业高年级本科生或理工科专业研究生学习数值计算课程的参考书，也可供相关科技人员、学者、工程技术人员学习或参考.

本书编写得到了哈尔滨工程大学本科生院和研究生院的大力支持, 在此由衷表示感谢.

由于编者水平有限，难免出现某些疏漏，恳请广大读者批评指正.

编　者

2022 年 10 月

目　录

第 1 章　数学基础与误差理论

本章主要讲述数值计算中的预备知识, 主要包括微积分和线性代数中的一些主要结论, 讲述有效数字、误差传播、误差控制等内容.

本章中要理解零点定理、中值定理等概念; 熟练掌握函数泰勒 (Taylor) 展开; 掌握正交矩阵、实对称矩阵和正定矩阵的概念与性质; 掌握谱和谱半径的概念; 理解线性空间和内积空间的概念; 掌握向量范数、矩阵范数、算子范数的概念, 并会计算常用的范数; 了解误差的分类; 理解有效数字的定义; 掌握有效数字与误差控制定理; 掌握误差传播原理, 并会应用误差传播原理计算, 理解误差控制原则.

1.1　知识点概述

1. 零点定理

设函数 $f(x)$ 在闭区间 $[a,b]$ 上连续, 且 $f(a)f(b)<0$, 那么在开区间 (a,b) 内至少有一点 ξ, 使得 $f(\xi)=0$.

2. 罗尔 (Rolle) 中值定理

如果函数 $y=f(x)$ 在闭区间 $[a,b]$ 上连续, 在开区间 (a,b) 内可导, 且有 $f(a)=f(b)$, 那么在 (a,b) 内至少有一点 ξ, 使得 $f'(\xi)=0$.

3. 拉格朗日 (Lagrange) 中值定理

如果函数 $y=f(x)$ 在闭区间 $[a,b]$ 上连续, 在开区间 (a,b) 内可导, 那么在 (a,b) 内至少有一点 ξ $(a<\xi<b)$, 使得

$$f(b)-f(a)=f'(\xi)(b-a)$$

4. 柯西 (Cauchy) 中值定理

如果函数 $f(x)$ 及 $g(x)$ 在闭区间 $[a,b]$ 上连续, 在开区间 (a,b) 内可导, 且 $g(x)$ 在 (a,b) 内的每一点处均不为零, 那么在 (a,b) 内至少有一点 ξ, 使得

$$\frac{f(b)-f(a)}{g(b)-g(a)}=\frac{f'(\xi)}{g'(\xi)}$$

5. Taylor 展开定理

如果函数 $f(x)$ 在含有 x_0 的某个开区间 (a,b) 内具有直到 $n+1$ 阶的导数, 则当 $x\in(a,b)$ 时, 有

$$f(x)=f(x_0)+f'(x_0)(x-x_0)+\frac{f''(x_0)}{2!}(x-x_0)^2+\cdots+\frac{f^{(n)}(x_0)}{n!}(x-x_0)^n+R_n(x)$$

其中, $R_n(x)=\dfrac{f^{(n+1)}(\xi)}{(n+1)!}(x-x_0)^{n+1}$($\xi$ 介于 x_0 与 x 之间).

6. 二元 Taylor 展开定理

如果函数 $f(x,y)$ 在点 (x_0,y_0) 的某一邻域内连续且有直到 $n+1$ 阶的连续偏导数, (x_0+h,y_0+h) 为此邻域内一点, 则有

$$\begin{aligned}f(x+h,y+h)=&f(x_0,y_0)+\left(h\frac{\partial}{\partial x}+k\frac{\partial}{\partial y}\right)f(x_0,y_0)\\&+\frac{1}{2!}\left(h\frac{\partial}{\partial x}+k\frac{\partial}{\partial y}\right)^2f(x_0,y_0)+\cdots\\&+\frac{1}{n!}\left(h\frac{\partial}{\partial x}+k\frac{\partial}{\partial y}\right)^nf(x_0,y_0)+R_n(x,y)\end{aligned}$$

其中, $R_n(x,y)=\dfrac{1}{(n+1)!}\left(h\dfrac{\partial}{\partial x}+k\dfrac{\partial}{\partial y}\right)^{n+1}f(x_0+\theta h,y_0+\theta k)$ $(0<\theta<1)$.

7. 积分第一中值定理

如果函数 $f(x)$ 在闭区间 $[a,b]$ 上连续, 则在积分区间 $[a,b]$ 上至少存在一点 ξ, 使得

$$\int_a^b f(x)dx=f(\xi)(b-a)$$

8. 积分第二中值定理

如果函数 $f(x)$ 在闭区间 $[a,b]$ 上连续, $g(x)$ 在 $[a,b]$ 上不变号, 并且 $g(x)$ 在闭区间 $[a,b]$ 上是可积的, 则在 $[a,b]$ 上至少存在一点 ξ, 使得

$$\int_a^b f(x)g(x)dx=f(\xi)\int_a^b g(x)dx$$

9. 常见矩阵及性质

1) **正交矩阵**

若实方阵 A 满足 $A^{\mathrm{T}}A=I$(单位阵), 则称矩阵 A 为正交阵.

正交阵的性质如下:

(1) 若 A 为正交阵, 则 A 可逆, 且 $A^{-1}=A^{\mathrm{T}}$.

(2) 正交阵的行列式为 1 或 -1.

(3) 若 A 为正交阵, 则 $A^{-1},A^{\mathrm{T}},A^{*},A^{k}(k\in\mathbf{N})$ 仍为正交阵.

(4) 若 A,B 均为正交阵, 则 AB 仍为正交阵.

(5) 若 A 为正交阵, α,β 为 n 维列向量, 则

$$\|A\alpha\|=\|\alpha\|,\quad (A\alpha,A\beta)=(\alpha,\beta)$$

即正交阵 A 乘到向量 α,β 上, 不改变向量 α,β 的长度与内积.

(6) 正交阵的实特征值为 1 或 -1, 正交阵的虚特征值模为 1.

(7) A 为正交阵当且仅当 A 的行 (列) 向量是标准正交的.

2) **实对称矩阵**

若实方阵 A 满足 $A^{\mathrm{T}}=A$, 则称 A 为实对称矩阵.

实对称矩阵的性质:

(1) 实对称阵的特征值都是实数, 从而其特征向量都可取为实向量.

(2) 实对称阵的对应不同特征值的特征向量相互正交.

(3) 实对称阵必能正交对角化, 即存在一个正交阵 P, 使得

$$P^{\mathrm{T}}AP=\mathrm{diag}\{\lambda_1,\ \lambda_2,\ \cdots,\ \lambda_n\}$$

其中, $\lambda_1,\lambda_2,\cdots,\lambda_n$ 为 A 的特征值.

3) **正定矩阵**

对于 n 元二次型 $f(x)=x^{\mathrm{T}}Ax$, 若对任何非零向量 $x\in\mathbf{R}^n$, 都有

$$f(x)=x^{\mathrm{T}}Ax>0$$

则称此二次型为正定二次型, 对应的矩阵 A 称为正定阵.

实对称正定矩阵的结论:

(1) 若 A 为正定阵, 则 $A^{-1},A^{\mathrm{T}},A^{*},A^{k}(k\in\mathbf{N})$ 仍为正定阵, 且 $\det(A)>0$.

(2) 若 A,B 均为正定阵, 则 $A+B$ 仍为正定阵, 但 AB 不一定为正定阵.

(3) 二次型 $f(x)=x^{\mathrm{T}}Ax$ 正定的充分必要条件为 f 的标准形中的 n 个系数均为正数.

(4) 二次型 $f(x)=x^{\mathrm{T}}Ax$ 正定的充分必要条件为 f 的矩阵 A 的特征值均为正数.

(5) 二次型 $f(x)=x^{\mathrm{T}}Ax$ 正定的充分必要条件为 f 的矩阵 A 的各阶顺序主子式均为正数.

(6) 二次型 $f(x)=x^{\mathrm{T}}Ax$ 正定的充分必要条件为 f 的矩阵 A 与单位阵 I 合同, 即存在可逆阵 Q 使得 $A=Q^{\mathrm{T}}Q$ 成立.

10. 谱和谱半径

设 $A=[a_{ij}]$ 是 $n\times n$ 方阵, 若存在复数 λ 及非零向量 x, 使得 $Ax=\lambda x$, 则称 λ 是矩阵 A 的特征值, x 是 A 属于特征值 λ 的特征向量, A 的全体特征值的集合称为 A 的谱, 记作 $\sigma(A)$, 而

$$\rho(A)=\max_{\lambda\in\sigma(A)}|\lambda|$$

称为 A 的谱半径.

11. 线性空间与内积空间

1) **线性空间**

设 V 是一个非空集合, F 为一个数域, 若在 V 中的元素满足加法和数乘运算封闭, 且对任意 $\alpha,\beta,\gamma\in V$ 和 $k,l\in F$, 满足以下八条运算规则:

(1) $\alpha+\beta=\beta+\alpha$.

(2) $(\alpha+\beta)+\gamma=\alpha+(\beta+\gamma)$.

(3) V 中存在一个元素 0, 对于任何 $\alpha\in V$, 都有 $\alpha+0=\alpha$ (零元素).

(4) 对于任何 $\alpha\in V$, 都有 $\beta\in V$ 满足 $\alpha+\beta=0$ (负元素).

(5) $1\alpha=\alpha$.

(6) $k(l\alpha)=(kl)\alpha$.

(7) $k(\alpha+\beta)=k\alpha+k\beta$.

(8) $(k+l)\alpha=k\alpha+l\alpha$.

则称 V 为 (数域 F 上的) 线性空间, V 中的元素称为元素或向量, 例如 $\mathbf{R}^n$ 或 $\mathbf{C}^n$ 就是最常见的线性空间.

2) **基底和维数**

若线性空间 V 中存在 n ($n\geqslant 1$) 个向量 $\alpha_1,\alpha_2,\cdots,\alpha_n$ 满足

(1) $\alpha_1,\alpha_2,\cdots,\alpha_n$ 线性无关.

(2) 任意 $\alpha\in V$, α 都可由 $\alpha_1,\alpha_2,\cdots,\alpha_n$ 线性表示.

则称向量组 $\alpha_1,\alpha_2,\cdots,\alpha_n$ 为线性空间 V 的基底, 并称基底所含向量个数 n 为线性空间 V 的维数, 记作 $\dim V=n$, 此时简记为 V_n.

显然有限维线性空间 V 的基底不唯一, 但维数是唯一的.

3) **线性子空间**

设 V 是数域 F 上的线性空间, $\alpha_1,\alpha_2,\cdots,\alpha_r\in V$, 这组向量的所有可能线性组合的集合

$$\{k_1\alpha_1+k_2\alpha_2+\cdots+k_r\alpha_r|k_i\in F,i=1,2,\cdots,r\}$$

为由 $\alpha_1,\alpha_2,\cdots,\alpha_r$ 生成的子空间, 记作 $\mathrm{span}\{\alpha_1,\alpha_2,\cdots,\alpha_r\}$ 或者 $L\{\alpha_1,\alpha_2,\cdots,\alpha_r\}$.

4) **内积空间**

设 V 是数域 F 上的线性空间, 若 V 中的任意向量 x 和 y, 都有唯一确定的数 $(x,y)\in F$ 与之对应, 且满足

(1) $(x,y)=\overline{(y,x)}$.

(2) $(ax,y)=a(y,x)$, $\forall a\in F$.

(3) $(x+y,z)=(x,z)+(y,z)$, $x,y,z\in V$.

(4) $(x,x)\geqslant 0$, 当且仅当 $x=0$ 时 $(x,x)=0$.

则称 (x,y) 为 x 和 y 的内积, 定义了内积的线性空间 V 称为内积空间, 如果 $(x,y)=0$, 称向量 x 和 y 正交.

12. 向量范数

设 V 是数域 F 上的线性空间, 若对于 V 中任意一个向量 x 都有一个实数 $\|x\|$ 与之对应, 且满足

(1) 正定性: $\|x\|\geqslant 0$, 当且仅当 $x=0$ 时, 有 $\|x\|=0$.

(2) 齐次性: $\|kx\|=|k|\cdot\|x\|$, $\forall x\in V,k\in F$.

(3) 三角不等式: $\|x+y\|\leqslant\|x\|+\|y\|$, $\forall x,y\in V$.

称 $\|\cdot\|$ 为 V 上的范数, 定义了范数的线性空间称为线性赋范空间.

一般地, 对任意 $x=(x_1,x_2,\cdots,x_n)^{\mathrm{T}}\in\mathbf{C}^n$ 或 $\mathbf{R}^n$, 则常用的向量范数如下.

1-范数: $\|x\|_1=\sum\limits_{i=1}^{n}|x_i|=|x_1|+|x_2|+\cdots+|x_n|$.

2-范数: $\|x\|_2=\sqrt{(x,x)}=\left(\sum\limits_{i=1}^{n}x_i^2\right)^{\frac{1}{2}}=\sqrt{|x_1|^2+|x_2|^2+\cdots+|x_n|^2}$.

∞-范数: $\|x\|_\infty=\max\limits_{1\leqslant i\leqslant n}|x_i|$.

p-范数: $\|x\|_p=\left(\sum\limits_{i=1}^{n}|x_i|^p\right)^{\frac{1}{p}}$, 其中, $p\in[1,\infty)$.

13. 矩阵范数

设 $F^{n\times n}$ 是数域 F 上所有 $n\times n$ 矩阵全体构成的线性空间, 若对于 $F^{n\times n}$ 中任意一个矩阵 A 都有一个实数 $\|A\|$ 与之对应, 且满足

(1) 正定性: $\|A\|\geqslant 0$ 当且仅当 $A=0$ 时 $\|A\|=0$.

(2) 齐次性: $\|kA\|=|k|\cdot\|A\|$, $k\in F$.

(3) 三角不等式: $\|A+B\|\leqslant\|A\|+\|B\|$.

(4) 相容性: $\|AB\|\leqslant\|A\|\cdot\|B\|$.

则称 $\|A\|$ 是线性空间 $C^{n\times n}$ 上的矩阵范数.

Frobenius 范数 (F 范数):

$$\|A\|_F=\sqrt{\mathrm{tr}(A^{\mathrm{T}}A)}=\sqrt{\mathrm{tr}(AA^{\mathrm{T}})}=\sqrt{\sum_{i=1}^{n}\sum_{j=1}^{n}|a_{ij}|^2}$$

14. 算子范数

设 $F^{n\times n}$ 是数域 F 上所有 $n\times n$ 矩阵全体构成的线性空间, $\|x\|_v$ 是 $\mathbf{C}^n$ 上的一个向量范数, 对任意 $A\in F^{n\times n}$, 定义

$$\|A\|_v=\max_{x\neq 0}\frac{\|Ax\|_v}{\|x\|_v}$$

则称 $\|A\|_v$ 是与向量范数 $\|x\|_v$ 相容的矩阵范数, 通常称是由向量范数 $\|x\|_v$ 导出的算子范数或从属于向量范数 $\|x\|_v$ 的矩阵范数.

类似地, 给出从属于 3 种向量范数的算子范数.

1-范数 (列和范数): $\|A\|_1=\max\limits_{1\leqslant j\leqslant n}\sum\limits_{i=1}^{n}|a_{ij}|$.

2-范数 (谱范数): $\|A\|_2=\sqrt{\lambda_{\max}(A^{\mathrm{T}}A)}$.

∞-范数 (行和范数): $\|A\|_\infty=\max\limits_{1\leqslant i\leqslant n}\sum\limits_{j=1}^{n}|a_{ij}|$.

15. 误差与有效数字

绝对误差　设 x 为准确值, x^* 为 x 的一个近似值, 称

$$\varepsilon(x^*)=x^*-x$$

为近似值 x^* 的绝对误差, 简称误差, 当 $\varepsilon(x^*)>0$ 时, 称 x^* 为盈近似, 否则为亏近似.

相对误差 把近似值的误差 $\varepsilon(x^*)$ 与准确值 x 的比值

$$\varepsilon_r(x^*) = \frac{\varepsilon(x^*)}{x} = \frac{x^* - x}{x}$$

称为近似值 x^* 的相对误差.

有效数字 若近似值 x^* 的绝对误差限不超过某一位数字的半个单位, 且该位到 x^* 的第一位非零数字共有 n 位, 则称 x^* 有 n 位有效数字, 它可表示为

$$x^* = \pm 10^m \times (a_1 + a_2 \times 10^{-1} + \cdots + a_n \times 10^{-(n-1)})$$

其中, $a_i\ (i = 1, 2, \cdots, n)$ 是 0 到 9 中的一个数字, $a_1 \neq 0$, m 为整数, 且

$$|x - x^*| \leqslant \frac{1}{2} \times 10^{m-n+1}$$

有效数字是近似值的一种表示方法, 它既能表示近似值的大小又能表示其精确程度.

16. 误差控制

设近似数 x^* 表示为

$$x^* = \pm 10^m \times (a_1 + a_2 \times 10^{-1} + \cdots + a_n \times 10^{-(n-1)})$$

其中, $a_i\ (i = 1, 2, \cdots, n)$ 是 0 到 9 中的一个数字, $a_1 \neq 0$, m 为整数, 则有

(1) 若 x^* 具有 n 位有效数字, 则其相对误差限 $\varepsilon_r(x^*) \leqslant \dfrac{1}{2a_1} \times 10^{-n+1}$.

(2) 若 x^* 的相对误差限 $\varepsilon_r(x^*) \leqslant \dfrac{1}{2(a_1+1)} \times 10^{-n+1}$, 则 x^* 至少具有 n 位有效数字.

17. 误差传播

若 x^* 的绝对误差限为 $\eta(x^*)$, 则函数 $f(x^*)$ 的绝对误差限为

$$\varepsilon(f(x^*)) \leqslant |f'(x^*)|\eta(x^*)$$

我们把 $f'(x^*)$ 称为绝对误差增长因子.

更一般地, 对于多元函数 $f(x_1, x_2, \cdots, x_n)$, 如果准确值 $x_1, x_2, \cdots, x_n$ 的近似值为 $x_1^*, x_2^*, \cdots, x_n^*$, 则利用多元函数的泰勒展开, 得到函数绝对误差限为

$$\varepsilon(f) \leqslant \sum_{k=1}^{n} \left| \frac{\partial f}{\partial x_k} \right| \cdot \eta(x_k^*)$$

我们把 $\left(\dfrac{\partial f}{\partial x_k}\right)^*$ 称为每个 x_k $(k=1,2,\cdots,n)$ 的绝对误差增长因子, 相对误差和相对误差限也类似可求.

18. 误差控制原则

(1) 防止大数吃小数.

(2) 避免相近数相减.

(3) 避免小数作除数和大数作乘数.

(4) 尽量采用效率高的算法, 并注意简化计算步骤, 减少运算次数.

1.2　典型例题解析

例 1　设准确值为 $x=3.78686$, 它的近似值为 $x^*=3.7868$, 则 x^* 具有有效数字位数为 (　).

A. 3　　B. 4　　C. 5　　D. 6

分析　由有效数字定义, $|x-x^*|=0.00006\leqslant 0.0005\leqslant 0.5\times 10^{-3}$, 因此具有 4 位有效数字, 因此选 B.

解　B.

例 2　设近似值 x_1,x_2 的绝对误差限满足 $\varepsilon(x_1)=0.05$, $\varepsilon(x_2)=0.005$, 那么函数 x_1x_2 的绝对误差限为 $\varepsilon(x_1x_2)\leqslant$ (　).

A. $0.05|x_1|+0.005|x_2|$　　B. $0.05|x_1|-0.005|x_2|$

C. $0.05|x_2|+0.005|x_1|$　　D. $0.05|x_2|-0.005|x_1|$

分析　本题主要考察四则运算的误差传播公式, 由 $\varepsilon(f)\leqslant\sum\limits_{k=1}^{n}\left|\dfrac{\partial f}{\partial x_k}\right|\cdot\eta(x_k^*)$, 因此取函数的绝对误差限为

$$\varepsilon(x_1x_2)\leqslant\left|\frac{\partial f}{\partial x_1}\right|\cdot\varepsilon(x_1)+\left|\frac{\partial f}{\partial x_2}\right|\cdot\varepsilon(x_2)=0.05|x_2|+0.005|x_1|$$

因此选 C.

解　C.

例 3　序列 $\{y_n\}$ 满足递推关系 $y_n=10y_{n-1}-1$, $n=1,2,\cdots$, 若 $y_0=\sqrt{2}\approx 1.41$ (取三位有效数字), 计算 y_n 时误差有多大 (　).

A. 0　　B. $\dfrac{1}{2}\times 10^{n}$　　C. $\dfrac{1}{2}\times 10^{n-1}$　　D. $\dfrac{1}{2}\times 10^{n-2}$

分析　本题考察误差的累积和传播, 由

$$\varepsilon(y_n)=10\varepsilon(y_{n-1})=\cdots=10^n\varepsilon(y_0)$$

由于 $\varepsilon(y_0)=\frac{1}{2}\times 10^{-2}$, 因此 $\varepsilon(y_n)=10^n\times\frac{1}{2}\times 10^{-2}=\frac{1}{2}\times 10^{n-2}$, 只有选项 D 正确.

解 D.

例 4 范数 $\|x\|_\infty$ 与范数 $\|x\|_1$ 及 $n\|x\|_\infty$ 的关系为 ( ).

A. $\|x\|_\infty\leqslant\|x\|_1\leqslant n\|x\|_\infty$ B. $\|x\|_\infty\leqslant n\|x\|_\infty\leqslant\|x\|_1$

C. $\|x\|_1\leqslant\|x\|_\infty\leqslant n\|x\|_\infty$ D. $\|x\|_\infty\leqslant\|x\|_1=n\|x\|_\infty$

分析 此题考察范数的等价性, 由

$$\|x\|_1=|x_1|+|x_2|+\cdots+|x_n|$$

$$\|x\|_\infty=\max_{1\leqslant i\leqslant n}|x_i|$$

因此, $\|x\|_\infty\leqslant\|x\|_1\leqslant n\|x\|_\infty$ 正确, 选 A.

解 A.

例 5 数值 x^* 的近似值 $x=0.001215$, 若满足 $|x-x^*|\leqslant$( ), 则称 x 有 4 位有效数字.

A. $\frac{1}{2}\times 10^{-3}$ B. $\frac{1}{2}\times 10^{-4}$ C. $\frac{1}{2}\times 10^{-5}$ D. $\frac{1}{2}\times 10^{-6}$

分析 本题考察有效数字的定义, 由数字的标准 $x=0.001215=1.215\times 10^{-3}$, 因此 $m=-3$, 又由 $n=4$, 所以由定义 $|x-x^*|\leqslant\frac{1}{2}\times 10^{m-n+1}=\frac{1}{2}\times 10^{-6}$, 因此选 D.

解 D.

例 6 设 $x>0$, x 的相对误差限为 δ, 求 $\ln x$ 的绝对误差限.

解 由误差传播公式 $f(x)=\ln x$, 因此

$$\varepsilon(f(x))\approx|\ln' x|\cdot\varepsilon(x)=\frac{\varepsilon(x)}{|x|}=\varepsilon_r(x)\leqslant\delta$$

例 7 设向量 $x=\begin{bmatrix}-1\\0\\1\end{bmatrix}$, 矩阵 $A=\begin{bmatrix}2&0&1\\1&3&-1\\1&1&2\end{bmatrix}$, 分别求下列范数 $\|x\|_2$, $\|Ax\|_1$, $\|A\|_F$, $\|A\|_1$, $\|A\|_\infty$.

解 由 $Ax=\begin{bmatrix}-1\\-2\\1\end{bmatrix}$, 因此由各范数定义可得

$$\|x\|_2=\sqrt{2},\quad \|Ax\|_1=4$$

$$\|A\|_F = \sqrt{4+1+1+9+1+1+1+4} = \sqrt{22}$$

$$\|A\|_1 = \max\{4,4,4\} = 4$$

$$\|A\|_\infty = \max\{3,5,4\} = 5$$

例 8　设 x 的绝对误差为 η, 计算函数 $y = e^{0.2x}$ 在 $x = 1$ 处的相对误差.

解　由误差传播公式

$$\varepsilon(f(x)) \approx |f'(x)| \cdot \varepsilon(x) = 0.2e^{0.2x}\varepsilon(x)$$

因此相对误差

$$\varepsilon_r(f(x)) \approx \frac{\varepsilon(f(x))}{f(x)} = 0.2\varepsilon(x) = 0.2\eta$$

例 9　有一圆柱高为 25.00cm, 半径为 (20.00 ± 0.05)cm, 试求按所给数据计算这个圆柱的体积所产生的相对误差限.

解　圆柱体积为 $V(r) = \pi r^2 h = 25\pi r^2$, 由误差传播公式

$$\varepsilon(V(r)) \approx |V'(r)| \cdot \varepsilon(r) = 2\pi rh\varepsilon(r) \leqslant 50\pi \cdot 20 \cdot 0.05 = 50\pi$$

因此相对误差

$$\varepsilon_r(V(r)) = \frac{\varepsilon(V(r))}{V(r)} \leqslant \frac{50\pi}{\pi r^2 h} = 0.5\%$$

例 10　设 $\sqrt{20}$ 的一个近似数的相对误差为 0.1%, 则该近似数具有几位有效数字.

解　由于 $4 < \sqrt{20} < 5$, 因此 $a_1 = 4$, 由有效数字与误差控制定理, 只需

$$\frac{1}{2a_1} \times 10^{1-n} \leqslant 0.1\%$$

可解得 $n = 4$, 即只要取四位有效数, 即可保证相对误差.

例 11　计算圆面积要使相对误差限为 1% , 求度量半径为 R 时允许的相对误差限.

解　由题设知 $S = \pi R^2$, 由误差传播公式,

$$\varepsilon(S) \approx S' \cdot \varepsilon(R) = 2\pi R\varepsilon(R)$$

因此其相对误差为

$$\varepsilon_r(S) = \frac{\varepsilon(S)}{S} = 2\frac{\varepsilon(R)}{R} = 2\varepsilon_r(R) \leqslant 2\%$$

例 12 测得某桌面的长 a 的近似值为 $a^* = 120\text{cm}$, 宽 b 的近似值为 $b^* = 60\text{cm}$, 若已知 $|a-a^*| \leqslant 0.2\text{cm}$, $|b-b^*| \leqslant 0.1\text{cm}$, 求近似面积 $S^* = a^*b^*$ 的绝对误差限.

解 由题意可知, 桌面面积为 $S^* = a^*b^*$, 因此

$$\varepsilon(S^*) \leqslant \left|\frac{\partial S^*}{\partial a^*}\right| \varepsilon(a^*) + \left|\frac{\partial S^*}{\partial b^*}\right| \varepsilon(b^*) = b^*\varepsilon(a) + a^*\varepsilon(b) = 24$$

由相对误差公式

$$\varepsilon_r(S^*) = \frac{\varepsilon(S^*)}{S^*} \leqslant \frac{24}{120 \times 60} = 0.33\%$$

例 13 设矩阵 $A \in \mathbf{R}^{n\times n}$ 可逆, δA 为 A 的误差矩阵, 证明当 $\|\delta A\| < \dfrac{1}{\|A^{-1}\|}$ 时, $A+\delta A$ 是可逆矩阵.

证明 要证明 $A+\delta A$ 可逆, 只需证明齐次线性方程组 $(A+\delta A)x = 0$ 只有零解即可, 利用反证法, 设齐次线性方程组有非零解 $\tilde{x}$, 则

$$(A+\delta A)\tilde{x} = 0$$

因此 $A\tilde{x} = -\delta A\tilde{x}$, 即 $\tilde{x} = -A^{-1}\delta A\tilde{x}$, 两边同时取范数, 得

$$\|\tilde{x}\| = \|A^{-1}\delta A\tilde{x}\| \leqslant \|A^{-1}\| \cdot \|\delta A\| \cdot \|\tilde{x}\|$$

由 $\tilde{x}$ 为非零向量, 得到 $\|A^{-1}\| \cdot \|\delta A\| \geqslant 1$, 这与 $\|\delta A\| < \dfrac{1}{\|A^{-1}\|}$ 条件矛盾, 因此该齐次线性方程组在只有零解, 命题成立.

例 14 如果 U 是正交矩阵, 那么它的特征值的绝对值必为 1.

证明 设 λ 是 U 的一个特征值, x 为 U 的对应于 λ 的特征向量, 因此 $Ux = \lambda x$, 又由

$$(Ux, Ux) = (\lambda x, \lambda x) = \lambda^2(x, x)$$

由于 $(Ux, Ux) = (Ux)^{\mathrm{T}}Ux = x^{\mathrm{T}}U^{\mathrm{T}}Ux = x^{\mathrm{T}}x = (U, U)$, 即得到

$$\lambda^2(x, x) = (x, x)$$

得到 $\lambda^2 = 1$, 命题成立.

例 15 设 $A \in \mathbf{R}^{n\times n}$ 为对称正定矩阵, A 的任意 $r\,(r \leqslant n)$ 行及相应的 r 列的共同元素所组成的 r 阶主子矩阵必为正定对称矩阵.

证明 设 $A^{(r)}$ 为 A 的任意 $i_1, i_2, \cdots, i_r$ 行和 $i_1, i_2, \cdots, i_r$ 列的共同部分所构成的 r 阶主子矩阵, 记

$$P_{r,i_r}P_{r-1,i_{r-1}}\cdots P_{1,i_1}AP_{1,i_1}\cdots P_{r-1,i_{r-1}}P_{r,i_r}=B$$

其中, $P_{j,i_j}(j=1,2,\cdots,r)$ 为 n 阶排列矩阵 (初等置换矩阵), 则 B 的按自然顺序排列的 r 阶主子矩阵 $B_r=A^{(r)}$, 易知 B 为正定对称矩阵, 再由正定矩阵的性质可知 $B_r=A^{(r)}$ 为对称正定矩阵.

例 16 设矩阵 $A, B\in \mathbf{R}^{n\times n}$, 且都为非奇异矩阵, $\|\cdot\|$ 表示任一种算子范数, 求证:

(1) $\|A^{-1}\|\geqslant \dfrac{1}{\|A\|}$; (2) $\|A^{-1}-B^{-1}\|\leqslant \|A^{-1}\|\cdot\|B^{-1}\|\cdot\|A-B\|$.

证明 (1) 由题意可知 $A^{-1}A=I$, 因为 $\|\cdot\|$ 是算子范数, 所以

$$1=\|I\|=\|A^{-1}A\|\leqslant \|A^{-1}\|\cdot\|A\|$$

整理即可得到 $\|A^{-1}\|\geqslant \dfrac{1}{\|A\|}$.

(2) 由矩阵性质得 $A^{-1}-B^{-1}=A^{-1}(A-B)B^{-1}$, 因此两边同时取范数, 整理得

$$\|A^{-1}-B^{-1}\|=\|A^{-1}(A-B)B^{-1}\|\leqslant \|A^{-1}\|\cdot\|A-B\|\cdot\|B^{-1}\|$$

该式即是所证表达式.

例 17 设 $A\in\mathbf{R}^{n\times n}$ 为非奇异矩阵, 求证 $\dfrac{1}{\|A^{-1}\|}=\min\limits_{y\neq 0}\dfrac{\|Ay\|}{\|y\|}$.

证明 由算子范数定义 $\|A^{-1}\|=\max\limits_{x\neq 0}\dfrac{\|A^{-1}x\|}{\|x\|}=\max\limits_{x\neq 0}\dfrac{\|A^{-1}x\|}{\|AA^{-1}x\|}$, 令 $y=A^{-1}x$, 因此

$$\|A^{-1}\|=\max_{y\neq 0}\frac{\|y\|}{\|Ay\|}=\frac{1}{\min\limits_{y\neq 0}\dfrac{\|Ay\|}{\|y\|}}$$

因此证得 $\dfrac{1}{\|A^{-1}\|}=\min\limits_{y\neq 0}\dfrac{\|Ay\|}{\|y\|}$.

例 18 序列 $\left\{1,\dfrac{1}{3},\dfrac{1}{3^2},\cdots\right\}$ 可由下列两种递推公式生成:

(1) $x_0=1$, $x_n=\dfrac{1}{3}x_{n-1}$, $n=1,2,\cdots$.

(2) $y_0=1$, $y_1=\dfrac{1}{3}$, $y_n=\dfrac{5}{3}y_{n-1}-\dfrac{4}{9}y_{n-2}$, $n=2,3,\cdots$.

采用 5 位有效数字舍入运算, 试分别考察递推计算 $\{x_n\}$ 与 $\{y_n\}$ 是否稳定.

解 (1) 由题意可知, 令 $\varepsilon_n = x_n - \tilde{x}_n$ 为第 n 步的误差, 可得

$$\varepsilon_0 = 0, \quad \varepsilon_n = \frac{1}{3}\varepsilon_{n-1}, \quad n = 1, 2, \cdots$$

因此 $\varepsilon_n = \left(\frac{1}{3}\right)^n \varepsilon_0$, 所以递推计算 $\{x_n\}$ 是稳定的.

(2) 令 $\varepsilon_n = y_n - \tilde{y}_n$ 为第 n 步的误差, 可得

$$\varepsilon_n = \frac{5}{3}\varepsilon_{n-1} - \frac{4}{9}\varepsilon_{n-2}$$

其中, $\varepsilon_0 = 0$, $\varepsilon_1 = \frac{1}{2} \times 10^{-5}$, $n = 1, 2, \cdots$. 因此化简得两种表达式

$$\varepsilon_n - \frac{4}{3}\varepsilon_{n-1} = \frac{1}{3}\left(\varepsilon_{n-1} - \frac{4}{3}\varepsilon_{n-2}\right) = \cdots = \left(\frac{1}{3}\right)^{n-1}\left(\varepsilon_1 - \frac{4}{3}\varepsilon_0\right)$$

$$\varepsilon_n - \frac{1}{3}\varepsilon_{n-1} = \frac{4}{3}\left(\varepsilon_{n-1} - \frac{1}{3}\varepsilon_{n-2}\right) = \cdots = \left(\frac{4}{3}\right)^{n-1}\left(\varepsilon_1 - \frac{1}{3}\varepsilon_0\right)$$

所以递推计算 $\{y_n\}$ 不稳定.

例 19 设 $A \in \mathbf{R}^{n\times n}$, 且该矩阵的范数 $\|A\| < 1$, 证明如下命题与不等式成立:

(1) $I \pm A$ 非奇异; (2) $\frac{1}{1+\|A\|} \leqslant \|(I \pm A)^{-1}\| \leqslant \frac{1}{1-\|A\|}$.

证明 (1) 由谱半径和范数关系 $\rho(A) \leqslant \|A\|$, 因此 $\rho(A) \leqslant \|A\| < 1$, 即矩阵 A 的特征值模长小于 1, 又由 $I \pm A$ 的特征值为 $1 \pm \lambda_i$, $i = 1, 2, \cdots, n$, 因此

$$|I \pm A| = (1 \pm \lambda_1)(1 \pm \lambda_2)\cdots(1 \pm \lambda_n) \neq 0$$

因此证得 $I + A$ 非奇异.

(2) 由于 $I \pm A$ 非奇异, 则 $(I \pm A)^{-1}(I \pm A) = I$, 因此

$$\|I\| = \|(I \pm A)^{-1}(I \pm A)\| \leqslant \|(I \pm A)^{-1}\| \cdot \|(I \pm A)\|$$

即

$$\|(I \pm A)^{-1}\| \geqslant \frac{1}{\|(I \pm A)\|} \geqslant \frac{1}{\|I\| + \|A\|} = \frac{1}{1 + \|A\|}$$

另一方面, 由 $(I \pm A)^{-1}(I \pm A) = I$, 则 $(I \pm A)^{-1} \pm (I \pm A)^{-1}A = I$, 即

$$(I \pm A)^{-1} = I \mp (I \pm A)^{-1}A$$

两边取范数得

$$\begin{aligned}\|(I\pm A)^{-1}\| &= \|I\mp(I\pm A)^{-1}A\| \leqslant 1+\|(I\pm A)^{-1}A\| \\ &\leqslant 1+\|(I\pm A)^{-1}\|\cdot\|A\|\end{aligned}$$

整理即可得到 $\|(I\pm A)^{-1}\| \leqslant \dfrac{1}{1-\|A\|}$, 综上不等式 (2) 成立.

例 20 设近似值 $T_0 = S_0 = 35.70$ 具有 4 位有效数字, 计算中无舍入误差, 试分析分别用以下递推式计算 T_{20} 和 S_{20} 所得的结果是否可靠.

(1) $T_{i+1} = 5T_i - 142.8\ (i=0,1,2,\cdots)$.

(2) $S_{i+1} = \dfrac{1}{5}S_i - 142.8\ (i=0,1,2,\cdots)$.

解 (1) 由题意可知, 设第 i 步的误差 $e_i = T_i - \tilde{T}_i\ (i=0,1,2,\cdots)$, 由于

$$T_{i+1} = 5T_i - 142.8, \quad \tilde{T}_{i+1} = 5\tilde{T}_i - 142.8$$

因此 $e_{i+1} = 5e_i$, 从而 $e_{20} = 5^{20}e_0$, 则计算 T_{20} 的结果不可靠.

(2) 同理, 设第 i 步的误差 $\varepsilon_i = S_i - \tilde{S}_i$, 由于

$$S_{i+1} = \frac{1}{5}S_i - 142.8, \quad \tilde{S}_{i+1} = \frac{1}{5}\tilde{S}_i - 142.8$$

因此 $\varepsilon_{i+1} = \dfrac{1}{5}\varepsilon_i$, 从而 $\varepsilon_{20} = \left(\dfrac{1}{5}\right)^{20}\varepsilon_0$, 则计算 S_{20} 的结果可靠.

例 21 请给出一种算法计算 x^{256}, 要求乘法次数尽可能少.

解 由题意可知

$$\begin{aligned}x^{256} &= x^{128}\times x^{128} = x^{64}\times x^{64}\times x^{128} \\ &= x^{32}\times x^{32}\times x^{64}\times x^{128} \\ &= x^{16}\times x^{16}\times x^{32}\times x^{64}\times x^{128} \\ &= x^{8}\times x^{8}\times x^{16}\times x^{32}\times x^{64}\times x^{128} \\ &= x\times x\times x^{2}\times x^{4}\times x^{8}\times x^{16}\times x^{32}\times x^{64}\times x^{128}\end{aligned}$$

这样共计算 8 次乘法就可以计算出结果.

例 22 计算 $y = (\sqrt{2}-1)^6$, 取 $\sqrt{2}\approx 1.4$ 利用下列算式计算, 哪一个得到的结果最好?

$$\frac{1}{(\sqrt{2}+1)^6}, \quad (3-2\sqrt{2})^3, \quad \frac{1}{(3+2\sqrt{2})^3}, \quad 99-70\sqrt{2}$$

解 设 $y=(x-1)^6$, 若 $x=\sqrt{2}$, $x^*=1.4$, 若通过 $\dfrac{1}{(\sqrt{2}+1)^6}$ 计算函数值 y, 则由误差传播公式, 得

$$\varepsilon(y^*)=|y'|\varepsilon(x^*)=\left|-6\frac{1}{(x^*+1)^7}\right|\varepsilon(x^*)=\frac{6}{(x^*+1)}y^*\varepsilon(x^*)=2.5y^*\varepsilon(x^*)$$

若用 $(3-2\sqrt{2})^3$ 计算函数值 y, 则由误差传播公式, 得

$$\varepsilon(y^*)=|y'|\varepsilon(x^*)=|3\cdot(-2)\cdot(3-2x^*)^2|\varepsilon(x^*)=\frac{6}{(3-2x^*)}y^*\varepsilon(x^*)=30y^*\varepsilon(x^*)$$

若用 $\dfrac{1}{(3+2\sqrt{2})^3}$ 计算函数值 y, 则由误差传播公式, 得

$$\varepsilon(y^*)=|y'|\varepsilon(x^*)=|-3\cdot(-2)\cdot(3+2x^*)^{-4}|\,\varepsilon(x^*)=\frac{6}{(3+2x^*)}y^*\varepsilon(x^*)=1.0345y^*\varepsilon(x^*)$$

若用 $99-70\sqrt{2}$ 计算函数值 y, 则由误差传播公式, 得

$$\varepsilon(y^*)=|y'|\varepsilon(x^*)=70\varepsilon(x^*)=\frac{70}{y^*}y^*\varepsilon(x^*)=50y^*\varepsilon(x^*)$$

因此通过比较利用 $\dfrac{1}{(3+2\sqrt{2})^3}$ 计算得到的结果最好.

1.3 习题详解

1. 简述数学方程中解析解与数值解的区别.

解 解析解又称为闭式解, 是可以用解析表达式来表达的解, 即对任一独立变量, 皆可将其代入解析函数求得正确的相依变量. 在数学上, 如果方程存在的某些解是由有限次常见运算的组合给出的形式, 则称该方程存在解析解.

数值解是指借助计算机辅助手段采用某种计算方法得到的解, 其只能利用数值计算的结果, 而不能随意给出自变量并求出计算值. 往往数学方程的解析解难求或者不存在, 只能借助计算机辅助手段求其数值解或近似解.

2. 利用介值定理找出包含下列方程解的区间.

(1) $4x^2-e^x=0$; (2) $x^3+4.0001x^2+4.002x+1.101=0$.

解 (1) 设 $f(x)=4x^2-e^x$, 由 $f(-1)=4-\dfrac{1}{e}>0$, $f(0)=-1<0$, $f(1)=4-e>0$, $f(4)=64-e^4>0$, $f(5)=100-e^5<0$, 因此满足

$$f(-1)f(0)<0,\quad f(0)f(1)<0,\quad f(4)f(5)<0$$

由零点定理可得方程解的区间为 $(-1,0)$, $(0,1)$, $(4,5)$.

(2) 设 $f(x)=x^3+4.0001x^2+4.002x+1.101$, 由 $f(-3)=-1.904<0$, $f(-2)=1.097>0$, $f(-1)=0.099>0$, $f(-0.5)=-0.025<0$, $f(0)=1.101>0$, 因此

$$f(-3)f(-2)<0,\quad f(-1)f(-0.5)<0,\quad f(-0.5)f(0)<0$$

由零点定理可得方程解的区间为 $(-3,-2)$, $(-1,-0.5)$, $(-0.5,0)$.

3. 对于函数 $f(x)=\sqrt{x+1}$ 在 $x_0=0$ 处求出三阶 Taylor 多项式 $P_3(x)$, 并用 $P_3(x)$ 来逼近 $\sqrt{0.5},\sqrt{0.75},\sqrt{1.25},\sqrt{1.5}$, 求出其误差.

解 由题意可知, 三阶 Taylor 多项式 $P_3(x)$ 为

$$P_3(x)=f(0)+f'(0)x+\frac{f''(0)}{2!}x^2+\frac{f^{(3)}(0)}{3!}x^3$$

由 $f'(x)=\dfrac{1}{2}(x+1)^{-\frac{1}{2}}$, $f''(x)=-\dfrac{1}{4}(x+1)^{-\frac{3}{2}}$, $f^{(3)}(x)=\dfrac{3}{8}(x+1)^{-\frac{5}{2}}$, 因此 $f(0)=1$, $f'(0)=\dfrac{1}{2}$, $f''(0)=-\dfrac{1}{4}$, $f^{(3)}(0)=\dfrac{3}{8}$, 即得到

$$P_3(x)=1+\frac{1}{2}x-\frac{1}{8}x^2+\frac{1}{16}x^3$$

误差为 $|R_3(x)|=\left|\dfrac{f^{(4)}(\xi)}{4!}x^4\right|=\left|-\dfrac{5}{128}(\xi+1)^{-\frac{7}{2}}x^4\right|\leqslant\dfrac{5}{128}x^4$.

因此

$$\sqrt{0.5}\approx P_3(-0.5)=1-\frac{1}{4}-\frac{1}{32}-\frac{1}{128}\approx 0.71094,\ \text{误差约为 } 0.0024.$$

$$\sqrt{0.75}\approx P_3(-0.25)=1-\frac{1}{8}-\frac{1}{128}-\frac{1}{1024}\approx 0.86621,\ \text{误差约为 } 1.526\times10^{-4}.$$

$$\sqrt{1.25}\approx P_3(0.25)=1+\frac{1}{8}-\frac{1}{128}+\frac{1}{1024}\approx 1.11816,\ \text{误差约为 } 1.526\times10^{-4}.$$

$$\sqrt{1.5}\approx P_3(0.5)=1+\frac{1}{4}-\frac{1}{32}+\frac{1}{128}\approx 1.22656,\ \text{误差约为 } 0.0024.$$

4. 函数 $f(x)$ 在 x_0 的 n 阶 Taylor 多项式展开有时被称为 x_0 附近“最佳”逼近 $f(x)$ 的次数至多为 n 的多项式, 说明原因; 如果 $f(x)$ 在 $x_0=1$ 处的切线方程为 $y=4x-1$, 且 $f''(1)=6$, 试求出在 $x_0=1$ 附近的最佳逼近函数 $f(x)$ 的二次多项式.

解 (1) 由 n 阶 Taylor 展开公式

$$f(x)=f(x_0)+f'(x_0)(x-x_0)+\frac{f''(x_0)}{2!}(x-x_0)^2+\cdots+\frac{f^{(n)}(x_0)}{n!}(x-x_0)^n+R_n(x)$$

只要余项 $R_n(x)=\dfrac{f^{(n)}(\xi)}{(n+1)!}(x-x_0)^n$ 充分小, 则即为 x_0 附近"最佳"逼近 $f(x)$ 的次数至多为 n 的多项式.

(2) 由题意可知 $f(x)=f(x_0)+f'(x_0)(x-x_0)+\dfrac{f''(x_0)}{2!}(x-x_0)^2$, 且 $x_0=1$ 时, $f(1)=3$, $f'(1)=4$, $f''(1)=6$, 因此

$$f(x)=3+4(x-1)+3(x-1)^2$$

5. 利用二元 Taylor 展开定理, 对小的 x 和 y, 求 $\sqrt{1+x-y}$ 的一个简单逼近式.

解 设函数 $f(x,y)=\sqrt{1+x-y}$, 由函数在原点二元 Taylor 展开得

$$\sqrt{1+x-y}\approx 1+\frac{1}{2}x-\frac{1}{2}y$$

6. 如果 U 是正交的下 (或上) 三角矩阵, 则 U 必为对角矩阵, 且其对角线元素为 ± 1.

解 不妨设 U 是下三角矩阵, 且 U 是正交矩阵, 即 $U^{\mathrm{T}}U=I$, 因此由逆阵的定义, U^{-1} 也是下三角矩阵. 因此 $U^{-1}=U^{\mathrm{T}}$ 也是下三角矩阵. 由于 U 和 U^{T} 都是下三角矩阵. 则 U 必为对角阵, 记 $U=\mathrm{diag}\{a_{11},a_{22},\cdots,a_{nn}\}$, 则 $U^{-1}=\mathrm{diag}\left\{\dfrac{1}{a_{11}},\dfrac{1}{a_{22}},\cdots,\dfrac{1}{a_{nn}}\right\}$. 由

$$U^{-1}=U^{\mathrm{T}}=U$$

因此 $a_{ii}=\dfrac{1}{a_{ii}}$, $i=1,2,\cdots,n$, 即 U 的对角线元素为 ± 1.

7. 设 $A\in\mathbf{R}^{n\times n}$, 求证 $A^{\mathrm{T}}A$ 与 AA^{T} 的特征值相等.

证明 设 λ 为 $A^{\mathrm{T}}A$ 的特征值, 则存在非零向量 x, 使得 $A^{\mathrm{T}}Ax=\lambda x$, 两边同乘 A, 则 $AA^{\mathrm{T}}Ax=\lambda Ax$, 即 λ 是 AA^{T} 的特征值, 其特征向量为 Ax.

同理设 λ 为 AA^{T} 的特征值, 则存在非零向量 x, 使得 $AA^{\mathrm{T}}x=\lambda x$, 两边同乘 A^{T}, 则 $A^{\mathrm{T}}AA^{\mathrm{T}}x=\lambda A^{\mathrm{T}}x$, 即 λ 是 $A^{\mathrm{T}}A$ 的特征值, 其特征向量为 $A^{\mathrm{T}}x$.

8. 设 A 为对称正定矩阵, P 为任意交换两行或两列的排列初等矩阵, 则矩阵 $B=PAP$ 仍为对称正定矩阵.

证明 由题意可知 $P^{\mathrm{T}}=P$, 因此

$$B^{\mathrm{T}}=(PAP)^{\mathrm{T}}=P^{\mathrm{T}}A^{\mathrm{T}}P^{\mathrm{T}}=PAP=B$$

任取非零向量 $x\in\mathbf{R}^n$, 显然 $Px\neq 0$, 而二次型

$$x^{\mathrm{T}}Bx=x^{\mathrm{T}}PAPx=(Px)^{\mathrm{T}}APx>0$$

因此 B 正定对称.

9. 已知向量 $x=(x_1,x_2,\cdots,x_n)^{\mathrm{T}}\in\mathbf{R}^n$, 求证 $\lim\limits_{p\to\infty}\left(\sum\limits_{i=1}^{n}|x_i|^p\right)^{1/p}=\|x\|_\infty$.

证明　由范数定义 $\|x\|_\infty=\max\limits_{1\leqslant i\leqslant n}|x_i|$,

$$\lim_{p\to\infty}\left(\max_{1\leqslant i\leqslant n}|x_i|^p\right)^{\frac{1}{p}}\leqslant\lim_{p\to\infty}\left(\sum_{i=1}^{n}|x_i|^p\right)^{1/p}\leqslant\lim_{p\to\infty}\left(n\max_{1\leqslant i\leqslant n}|x_i|^p\right)^{\frac{1}{p}}$$

而 $\lim\limits_{p\to\infty}n^{\frac{1}{p}}=1$, 因此由夹挤定理可知 $\lim\limits_{p\to\infty}\left(\sum\limits_{i=1}^{n}|x_i|^p\right)^{1/p}=\|x\|_\infty$.

10. 设矩阵 $A\in\mathbf{R}^{n\times n}$ 为对称正定矩阵, 定义 $\|x\|_A=\sqrt{(Ax,x)}$, 试证明 $\|x\|_A$ 是 $\mathbf{R}^n$ 上向量的一种范数.

证明　因为 $A\in\mathbf{R}^{n\times n}$ 对称正定, 所以必存在可逆矩阵 Q, 使得 $A=Q^{\mathrm{T}}Q$, 因此

$$\|x\|_A=\sqrt{(Ax,x)}=\sqrt{x^{\mathrm{T}}Ax}=\sqrt{x^{\mathrm{T}}Q^{\mathrm{T}}Qx}=\|Qx\|$$

下面验证 $\|x\|_A$ 是 $\mathbf{R}^n$ 上向量的一种范数.

(1) $\|x\|_A=\|Qx\|\geqslant 0$.

(2) $\|cx\|_A=\|Qcx\|=|c|\cdot\|Qx\|=|c|\cdot\|x\|_A\geqslant 0$, 其中 $c\in\mathbf{R}$.

(3)
$$\begin{aligned}\|x_1+x_2\|_A&=\|Q(x_1+x_2)\|=\|Qx_1+Qx_2\|\\&\leqslant\|Qx_1\|+\|Qx_2\|=\|x_1\|_A+\|x_2\|_A\end{aligned}$$

因此证得 $\|x\|_A$ 是 $\mathbf{R}^n$ 上向量的一种范数.

11. 设矩阵 $A\in\mathbf{R}^{n\times n}$ 且非奇异, 且 $\|x\|$ 为 $\mathbf{R}^n$ 上一向量范数, 定义 $\|x\|_P=\|Px\|$, 试证明 $\|x\|_P$ 是 $\mathbf{R}^n$ 上向量的一种范数.

证明　由向量范数的定义, 得

(1) $\|x\|_P=\|Px\|\geqslant 0$.

(2) $\|cx\|_P=\|Pcx\|=|c|\cdot\|Px\|=|c|\cdot\|x\|_P$, 其中 $c\in\mathbf{R}$.

(3)
$$\begin{aligned}\|x_1+x_2\|_P&=\|P(x_1+x_2)\|=\|Px_1+Px_2\|\\&\leqslant\|Px_1\|+\|Px_2\|=\|x_1\|_P+\|x_2\|_P\end{aligned}$$

因此证得 $\|x\|_P$ 是 $\mathbf{R}^n$ 上向量的一种范数.

12. 令 $\|\cdot\|$ 是 $\mathbf{R}^n$ 上的任意一种范数, 而 P 是任一非奇异实矩阵, 定义范数 $\|x\|'=\|Px\|$, 证明 $\|A\|'=\|PAP^{-1}\|$.

证明　由算子范数定义知, 因此

$$\|A\|' = \max_{x\neq 0}\frac{\|Ax\|'}{\|x\|'} = \max_{x\neq 0}\frac{\|PAx\|}{\|Px\|} = \max_{Px\neq 0}\frac{\|PAP^{-1}Px\|}{\|Px\|} = \|PAP^{-1}\|$$

13. 证明范数不等式:

(1) $\|x\|_\infty \leqslant \|x\|_1 \leqslant n\|x\|_\infty$; (2) $\|x\|_\infty \leqslant \|x\|_2 \leqslant \sqrt{n}\|x\|_\infty$.

证明 (1) 由范数的定义可知

$$\|x\|_\infty = \max_{1\leqslant i\leqslant n}|x_i| \leqslant \|x\|_1 = \sum_{i=1}^{n}|x_i| \leqslant n\max_{1\leqslant i\leqslant n}|x_i| = n\|x\|_\infty.$$

(2) 由于 $\|x\|_\infty = \max_{1\leqslant i\leqslant n}|x_i| \leqslant \|x\|_2 = \sqrt{\sum_{i=1}^{n}|x_i|^2}$. 又由于

$$\|x\|_2 = \sqrt{\sum_{i=1}^{n}|x_i|^2} \leqslant \sqrt{n(\max_{1\leqslant i\leqslant n}|x_i|)^2} = \sqrt{n}\max_{1\leqslant i\leqslant n}|x_i| = \sqrt{n}\|x\|_\infty$$

因此不等式成立.

14. 设 n 阶实对称矩阵 A 的特征值为 $\lambda_1,\lambda_2,\cdots,\lambda_n$, 试证明

$$\|A\|_F = \sqrt{\lambda_1^2+\lambda_2^2+\cdots+\lambda_n^2}$$

证明 由题意可知, $A^{\mathrm{T}}A$ 的特征值和 A^2 的特征值相等, 即

$$\lambda_1(A^{\mathrm{T}}A) = \lambda_1^2, \lambda_2(A^{\mathrm{T}}A) = \lambda_2^2, \cdots, \lambda_n(A^{\mathrm{T}}A) = \lambda_n^2$$

又由于

$$\lambda_1(A^{\mathrm{T}}A) + \lambda_2(A^{\mathrm{T}}A) + \cdots + \lambda_n(A^{\mathrm{T}}A) = \mathrm{tr}(A^{\mathrm{T}}A)$$

因此 $\mathrm{tr}(A^{\mathrm{T}}A) = \lambda_1^2+\lambda_2^2+\cdots+\lambda_n^2$, 由范数定义可知 $\|A\|_F = \sqrt{\mathrm{tr}(A^{\mathrm{T}}A)}$, 因此证得

$$\|A\|_F = \sqrt{\lambda_1^2+\lambda_2^2+\cdots+\lambda_n^2}$$

15. 设 $A\in\mathbf{R}^{n\times n}$, λ 为 A 的任意特征值, 若 A 为可逆矩阵, 则 $\dfrac{1}{\|A^{-1}\|_2} \leqslant |\lambda| \leqslant \|A\|_2$.

证明 设 x_0 为 A 的对应于 λ 的特征向量, 则 $Ax_0 = \lambda x_0, x_0 \neq 0$, 于是

$$\lambda\|x_0\|_2 = \|\lambda x_0\|_2 = \|Ax_0\|_2 \leqslant \|A\|_2\cdot\|x_0\|_2$$

又 $\|x_0\|_2 \neq 0$, 因此 $|\lambda| \leqslant \|A\|_2$.

另一方面, 因为 A 为可逆矩阵, 所以 $x_0 = \lambda A^{-1}x_0$, 从而

$$\|x_0\|_2 = \|\lambda A^{-1}x_0\|_2 = |\lambda| \cdot \|A^{-1}x_0\|_2 \leqslant |\lambda| \cdot \|A^{-1}\|_2 \cdot \|x_0\|_2$$

又 $\|x_0\|_2 \neq 0$, 得到 $\dfrac{1}{\|A^{-1}\|_2} \leqslant |\lambda|$, 综上所述命题成立.

16. 若矩阵 $A \in \mathbf{R}^{n\times n}$ 是对称的, 则 $\rho(A) = \|A\|_2$.

证明　由范数定义 $\|A\|_2 = \sqrt{\lambda_{\max}(A^{\mathrm{T}}A)}$, 由于矩阵 $A \in \mathbf{R}^{n\times n}$ 是对称的, 因此对于特征值关系有

$$\lambda(A^{\mathrm{T}}A) = \lambda(A^2) = \lambda^2(A)$$

因此 $\|A\|_2 = \sqrt{\lambda_{\max}(A^{\mathrm{T}}A)} = \sqrt{\lambda^2_{\max}(A)} = |\lambda_{\max}(A)| = \rho(A)$.

17. 设 x 的相对误差限为 2%, 求 x^n 的相对误差.

解　由误差传播公式

$$\varepsilon(f(x)) \approx |f'(x)| \cdot \varepsilon(x) = nx^{n-1}\varepsilon(x)$$

因此相对误差

$$\varepsilon_r(f(x)) = \frac{\varepsilon(f(x))}{f(x)} \approx \frac{n\varepsilon(x)}{x} = n\varepsilon_r(x) = 2n\%$$

18. 古代数学家祖冲之曾以 $\dfrac{355}{113}$ 作为圆周率 π 的近似值, 求该近似值有多少位有效数字.

解　由题意可知 $\dfrac{355}{113} - \pi = 2.668 \times 10^{-7} \leqslant \dfrac{1}{2} \times 10^{0-7+1}$, 因此由有效数字定义, 该近似值有 7 位有效数字.

19. 某矩形的长和宽分别为 20 cm 和 10 cm, 要使计算出的面积误差不超过 0.03 cm^2, 应选用最小刻度为多少的测量工具.

解　由题意可知, 矩形面积为 $S = ab$, 刻度误差 $\varepsilon(a) = \varepsilon(b) = \varepsilon$,

$$\varepsilon(S) \leqslant \left|\frac{\partial S}{\partial a}\right| \cdot \varepsilon(a) + \left|\frac{\partial S}{\partial b}\right| \cdot \varepsilon(b) = b\varepsilon(a) + a\varepsilon(b) = 30\varepsilon$$

因此 $30\varepsilon \leqslant 0.03$, 得到 $\varepsilon \leqslant 0.001$, 即选用最小刻度为 0.001 cm 的测量工具.

20. 设数 x 的近似数 x^* 有 2 位有效数字, 求其相对误差限.

解　由题意可知, $1 \leqslant a_1 \leqslant 9$, $n = 2$, 因此相对误差

$$\varepsilon_r(x^*) = \frac{x^* - x}{x} \leqslant \frac{1}{2a_1} \times 10^{1-n} \leqslant \frac{1}{2} \times 10^{-1} = 5\%$$

21. 公式 $\sin(x) - \tan(x)$, $x \neq 0$, $|x| \ll 1$ 如何作变换才能避免有效数字的损失.

解　由题意可知, 两个相近数相减可以作三角变换

$$\sin(x) - \tan(x) = \tan(x)(\cos(x) - 1) = -2\tan(x)\sin^2\left(\frac{x}{2}\right)$$

22. 为避免误差累积, 试推导出计算积分 $I_n = \int_0^1 \frac{x^n}{4x+1}dx$ 的一个递推公式.

解 由题意可知

$$
\begin{aligned}
I_n &= \int_0^1 \frac{x^n}{4x+1}dx = \frac{1}{4}\int_0^1 \frac{4x^n + x^{n-1} - x^{n-1}}{4x+1}dx \\
&= \frac{1}{4}\int_0^1 x^{n-1}dx - \frac{1}{4}\int_0^1 \frac{x^{n-1}}{4x+1}dx \\
&= \frac{1}{4n} - \frac{1}{4}I_{n-1}
\end{aligned}
$$

23. 设 $y_0 = 28$, 按递推公式 $y_n = y_{n-1} - \frac{1}{100}\sqrt{783}$, $n = 1, 2, \cdots$, 若取 $\sqrt{783} \approx 27.982$, 则计算 y_{100} 将有多大误差.

解 设 $\bar{y}_n = \bar{y}_{n-1} - \frac{1}{100} \cdot 27.982$ 表示 y_n 的近似值, 因此其绝对误差为

$$
\begin{aligned}
\varepsilon(y_n) = \bar{y}_n - y_n &= \left(\bar{y}_{n-1} - \frac{1}{100}\cdot 27.982\right) - \left(y_{n-1} - \frac{1}{100}\sqrt{783}\right) \\
&= (\bar{y}_{n-1} - y_{n-1}) - \left(\frac{1}{100}\cdot 27.982 - \frac{1}{100}\sqrt{783}\right) \\
&= \varepsilon(y_{n-1}) - \frac{1}{100}\cdot(27.982 - \sqrt{783}) \\
&= \cdots = \varepsilon(y_0) - \frac{1}{100}\cdot 100(27.982 - \sqrt{783})
\end{aligned}
$$

由 $\varepsilon(y_0) = 0$, 且有 $\sqrt{783} - 27.982 \leqslant \frac{1}{2}\times 10^{-3}$, 因此 $\varepsilon(y_n) \leqslant \frac{1}{2}\times 10^{-3}$.

24. 为了使计算 $y = 10 + \frac{3}{x-1} + \frac{5}{(x-1)^2} - \frac{7}{(x-1)^3}$ 的乘除法运算次数尽量少, 则应怎么改写该表达式.

解 设 $\frac{1}{x-1} = t$, 为使乘除法运算次数尽量少, 则改写原表达式为

$$
y = 10 + 3t + 5t^2 - 7t^3 = 10 + (3 + (5 - 7t)t)t
$$

1.4 同步训练题

一、填空题

1. 为了使 $\sqrt{11}$ 的近似值的相对误差 $\leqslant 0.1\%$, 问至少应取__________ 位有效数字.

2. 计算球体积要使相对误差限为 1%, 度量半径 R 允许的相对误差是______.

3. 公式 $\sqrt{x+4}-2$ 如何作变换才能避免有效数字的损失__________.

4. 已知矩阵 $A=\begin{bmatrix}-2 & 3\\ 4 & 1\end{bmatrix}$, 向量 $x=\begin{bmatrix}3\\ 2\end{bmatrix}$, 则 $\|Ax\|_1=$__________, $\|A\|_1=$__________.

5. 矩阵 A 的谱半径定义为 $\rho(A)=$__________, 它与矩阵范数的关系是__________.

二、选择题

1. 将 $\dfrac{22}{7}$ 作为 π 的近似值, 它有 (　) 位有效数字.

A. 1　　B. 2　　C. 3　　D. 4

2. 已知近似数 x^* 的相对误差限为 0.01%, 问 x^* 至少有 (　) 位有效数字.

A. 1　　B. 2　　C. 3　　D. 4

3. 要使 $\sqrt{6}$ 的近似值的相对误差限小于 0.1%, 需取 (　) 位有效数字.

A. 2　　B. 3　　C. 4　　D. 5

4. 为了使无理数 e 的近似值的相对误差不超过 0.01%, 问应取 (　) 位有效数字.

A. 1　　B. 2　　C. 3　　D. 4

5. 设 x^* 为 x 的近似数, 那么 $\sqrt[n]{x^*}$ 的相对误差大约为 x^* 相对误差的 (　) 倍.

A. $\dfrac{1}{n}$　　B. $\dfrac{1}{n^2}$　　C. n　　D. n^2

三、计算与证明题

1. 设 $m\times n$ 矩阵 A 的各列线性无关, 则有 $A=QR$, 其中 R 为单位上三角方阵, $Q^{\mathrm{T}}Q=D$ 为对角阵.

2. 求解方程 $x^2+56x+1=0$, 使其根至少具有 4 位有效数字 (用 $\sqrt{783}\approx 27.982$).

3. 已知 $f(x)=\ln(x-\sqrt{x^2-1})$, 求 $f(30)$ 的值, 若开平方用 6 位函数表, 问求对数时误差有多大? 若改用另一等价公式 $\ln(x-\sqrt{x^2-1})=-\ln(x+\sqrt{x^2-1})$ 计算, 求对数时的误差有多大?

4. 假设用级数 $e^{-x}=\sum\limits_{n=0}^{\infty}(-1)^n\dfrac{x^n}{n!}$ 去求 e^{-5} 的值, 为使相对误差小于 10^{-3}, 至少需要多少项?

5. 有一圆柱, 高为 25.00cm, 半径为 (20.00 ± 0.05)cm, 试求按所给数据计算这个圆柱的侧面积所产生的相对误差限.

6. 设函数 $f(x)=\dfrac{\ln(1-x)+xe^{\frac{x}{2}}}{x^3}$, 就 $x=10^{-m}, m=1,2,3$, 计算 $f(x)$ 并解

释计算结果, 理论上 $f(0)$ 的值等于什么？对接近于 0 的 x 用什么方法计算 $f(x)$ 比较好？

7. 设 $\|A\|_s$, $\|A\|_t$ 为 $\mathbf{R}^{n\times n}$ 上任意两个矩阵算子范数, 证明存在常数 $c_1, c_2 > 0$, 使对一切 $A \in \mathbf{R}^{n\times n}$ 满足 $c_1\|A\|_s \leqslant \|A\|_t \leqslant c_2\|A\|_s$.

8. 设 $R = I - CA$, 如果 $\|R\| < 1$, 证明:

(1) A 和 C 都是非奇异的矩阵;

(2) $\dfrac{\|R\|}{\|A\|\cdot\|C\|} \leqslant \dfrac{\|A^{-1} - C\|}{\|C\|} \leqslant \dfrac{\|R\|}{1 - \|R\|}$.

1.5　同步训练题答案

一、

1. 4.

2. $\dfrac{1}{300}$.

3. $\dfrac{x}{\sqrt{x+4}+2}$.

4. $14; 6$.

5. $\max\limits_{\lambda_i \in \sigma(A)} |\lambda_i|; \rho(A) \leqslant \|A\|$.

二、

1. C.　2. D.　3. C.　4. D.　5. A.

三、

1. 略.

2. $x_1 = -55.982$, $x_2 = -0.017863$.

3. $\varepsilon(f^*) \leqslant 0.3 \times 10^{-2}$; $\varepsilon(f^*) \leqslant 0.834 \times 10^{-6}$.

4. 22.

5. 0.005.

6. $f(10^{-1}) \approx -0.23389$; $f(10^{-2}) \approx -0.2106449$; $f(10^{-3}) \approx -0.2085627$; $\lim\limits_{x\to 0} f(x) = -\dfrac{5}{24}$.

7—8. 略.

第 2 章 插 值 法

本章主要讲述多项式插值理论, 内容包括拉格朗日 (Lagrange) 插值、牛顿 (Newton) 插值、埃尔米特 (Hermite) 插值、龙格 (Runge) 现象、分段低次插值、三次样条插值等.

本章中要理解多项式插值思想, 熟练掌握 Lagrange 插值基、Lagrange 插值原理以及 Lagrange 插值余项, 并会利用 Lagrange 插值计算; 掌握差商与差分定义、性质以及关系; 熟练掌握 Newton 基本插值多项式和 Newton 向前插值公式以及 Newton 插值余项, 并会利用 Newton 插值计算; 掌握 Hermite 插值原理, 掌握待定系数法和重节点差商原理, 并要求会计算; 理解 Runge 现象, 掌握分段低次插值思想; 熟练掌握三次样条思想, 理解三次样条求解方法.

2.1 知识点概述

1. 插值法

设函数 $y = f(x)$ 在区间 $[a,b]$ 上有定义, 且已知在点 $a \leqslant x_0 < x_1 < \cdots < x_n \leqslant b$ 上的函数值 $y_0, y_1, \cdots, y_n$, 若存在一简单函数 $P(x)$, 使得

$$P(x_k) = y_k, \quad k = 0, 1, 2, \cdots, n$$

成立, 就称 $P(x)$ 为插值函数, 点 $x_0, x_1, \cdots, x_n$ 称为插值节点, 包含插值节点的区间 $[a,b]$ 称为插值区间, 求插值函数 $P(x)$ 的方法称为插值法, 该式称为插值法的插值条件.

2. Lagrange 插值

(1) 通过 $n+1$ 个互异插值节点数据 $(x_0, y_0), (x_1, y_1), \cdots, (x_n, y_n)$ 构造如下 $n+1$ 个 n 次多项式

$$l_k(x) = \frac{(x-x_0)\cdots(x-x_{k-1})(x-x_{k+1})\cdots(x-x_n)}{(x_k-x_0)\cdots(x_k-x_{k-1})(x_k-x_{k+1})\cdots(x_k-x_n)}, \quad k = 0, 1, \cdots, n$$

称为 Lagrange 插值基函数.

(2) 插值多项式

$$L_n(x) = y_0 l_0(x) + y_1 l_1(x) + \cdots + y_n l_n(x)$$

称为 n 次 Lagrange 插值多项式, 对应的插值方法称为 Lagrange 插值方法, 其中, $l_k(x)$ $(k=0,1,\cdots,n)$ 称为 Lagrange 插值基函数.

(3) 设函数 $f(x)\in C^{(n+1)}[a,b]$, $n+1$ 个插值节点满足 $a\leqslant x_0<x_1<\cdots<x_n\leqslant b$, $L_n(x)$ 为满足插值条件的插值多项式, 则对任何 $x\in[a,b]$, 都存在 $\xi\in(a,b)$, 使得插值余项

$$R_n(x)=f(x)-L_n(x)=\frac{f^{(n+1)}(\xi)}{(n+1)!}\omega_{n+1}(x)$$

这里, $\omega_{n+1}(x)=(x-x_0)(x-x_1)\cdots(x-x_n)$.

若被插值函数 $f(x)=x^k(k\leqslant n)$, 则 $\sum\limits_{i=0}^{n}x_i^k l_i(x)=x^k$, $k=0,1,\cdots,n$, 这表明, 若被插值函数 $f(x)\in H_n(H_n$ 为次数小于等于 n 的多项式集合), 它的插值多项式

$$L_n(x)=f(x)$$

若此时当 $k=0$ 时, 即 $f(x)=1$ 为零次多项式, 因此 $\sum\limits_{i=0}^{n}l_i(x)=1$.

3. *差商与差分*

差商 假设节点 x_i 处函数值分别为 $f(x_i)$, 则任意两点 x_i 和 x_j 处的一阶差商记为 $f[x_i,x_j]$, 它的定义为

$$f[x_i,x_j]=\frac{f(x_j)-f(x_i)}{x_j-x_i}$$

任意三点 x_i, x_j 和 x_k 处的二阶差商 $f[x_i,x_j,x_k]$ 定义为

$$f[x_i,x_j,x_k]=\frac{f[x_k,x_j]-f[x_j,x_i]}{x_k-x_i}$$

类似地, 可以分别得到如下 $k-1$ 阶差商

$$f[x_i,x_{i+1},x_{i+2},\cdots,x_{i+k-1}],\quad f[x_{i+1},x_{i+2},\cdots,x_{i+k-1},x_{i+k}]$$

则关于 $x_i,x_{i+1},x_{i+2},\cdots,x_{i+k}$ 的 k 阶差商由下式给出

$$\begin{aligned}&f[x_i,x_{i+1},\cdots,x_{i+k-1},x_{i+k}]\\=&\frac{f[x_{i+1},x_{i+2},\cdots,x_{i+k-1},x_{i+k}]-f[x_i,x_{i+1},x_{i+2},\cdots,x_{i+k-1}]}{x_{i+k}-x_i}\end{aligned}$$

为了统一, 常记函数值 $f(x_i)$ 为 x_i 的零阶差商 $f[x_i]=f(x_i)$.

通常差商也称为均差, 表征函数的变化率, 差商有如下基本性质:

(1) (差商与函数值的关系) k 阶差商可表示为函数值 $f(x_0),f(x_1),\cdots,f(x_k)$ 的线性组合, 即

$$f[x_0,x_1,\cdots,x_k]=\sum_{j=0}^{k}\frac{f(x_j)}{(x_j-x_0)\cdots(x_j-x_{j-1})(x_j-x_{j+1})\cdots(x_j-x_k)}$$

(2) (差商的对称性) 差商与节点的排列次序无关, 称为差商的对称性, 即

$$f[x_0,x_1,\cdots,x_k]=f[x_1,x_0,\cdots,x_k]=\cdots=f[x_1,\cdots,x_k,x_0]$$

(3) (差商与导数的关系) 若 $f(x)$ 在 $[a,b]$ 上存在 n 阶导数, 且 $n+1$ 个节点 $x_0,x_1,\cdots,x_n\in[a,b]$, 则 n 阶差商与导数的关系为

$$f[x_0,x_1,\cdots,x_n]=\frac{f^{(n)}(\xi)}{n!}$$

ξ 在 $x_0,x_1,\cdots,x_n$ 之间.

(4) (重节点差商) 定义一阶重节点差商为

$$f[x_0,x_0]=\lim_{x\to x_0}f[x,x_0]=\lim_{x\to x_0}\frac{f(x)-f(x_0)}{x-x_0}=f'(x_0)$$

更一般地, 若 $f(x)$ 在 $[a,b]$ 上存在 n 阶导数, 则在 $n+1$ 个相同节点上的 n 阶差商

$$f[x_0,x_0,\cdots,x_0]=\frac{f^{(n)}(x_0)}{n!}$$

(5) (差商的导数) 若 $f(x)$ 在 $[a,b]$ 上存在 $n+1$ 阶导数, 且节点 $x_0,x_1,\cdots,x_n\in[a,b]$, 则对任意 $x\in[a,b]$, 有

$$\frac{d}{dx}f[x_0,x_1,\cdots,x_{n-1},x]=f[x_0,x_1,\cdots,x_{n-1},x,x]=\frac{f^{(n+1)}(\xi^*)}{(n+1)!}$$

其中, ξ^* 在 $x_0,x_1,\cdots,x_{n-1},x$ 之间.

常用差商表计算差商 (表 2.1).

表 2.1 差商表

x	$f(x)$	一阶差商	二阶差商	三阶差商	四阶差商
x_0	$f[x_0]$				
x_1	$f[x_1]$	$f[x_0,x_1]$			
x_2	$f[x_2]$	$f[x_1,x_2]$	$f[x_0,x_1,x_2]$		
x_3	$f[x_3]$	$f[x_2,x_3]$	$f[x_1,x_2,x_3]$	$f[x_0,x_1,x_2,x_3]$	
x_4	$f[x_4]$	$f[x_3,x_4]$	$f[x_2,x_3,x_4]$	$f[x_1,x_2,x_3,x_4]$	$f[x_0,x_1,x_2,x_3,x_4]$

差分 设 x_k 点的函数值为 $y_k = f(x_k)$ $(k = 0, 1, \cdots, n)$, 分别称

$$\Delta f_k = f_{k+1} - f_k$$

$$\nabla f_k = f_k - f_{k-1}$$

$$\delta f_k = f_{k+\frac{1}{2}} - f_{k-\frac{1}{2}}$$

为 $f(x)$ 在节点 x_k 处以 h 为步长的一阶向前差分、一阶向后差分和一阶中心差分, 对一阶差分再作差分就是二阶差分, 记为

$$\Delta^2 f_k = \Delta f_{k+1} - \Delta f_k = f_{k+2} - 2f_{k+1} + f_k$$

$$\nabla^2 f_k = \nabla f_k - \nabla f_{k-1} = f_k - 2f_{k-1} + f_{k-2}$$

$$\delta^2 f_k = \delta f_{k+\frac{1}{2}} - \delta f_{k-\frac{1}{2}} = f_{k+1} - 2f_k + f_{k-1}$$

更一般地, 分别定义 n 阶差分为

$$\Delta^n f_k = \Delta^{n-1} f_{k+1} - \Delta^{n-1} f_k$$

$$\nabla^n f_k = \nabla^{n-1} f_k - \nabla^{n-1} f_{k-1}$$

$$\delta^n f_k = \delta^{n-1} f_{k+\frac{1}{2}} - \delta^{n-1} f_{k-\frac{1}{2}}$$

这里 Δ, ∇ 和 δ 分别为向前、向后和中心差分算子, 规定零阶差分为

$$\Delta^0 f_k = \nabla^0 f_k = \delta^0 f_k = f_k$$

由差分的定义表述可知, 差分表征的是函数的变化量, 差分也有以下几条性质.

(1) 各阶差分均可用函数值表示

$$\Delta^n f_k = \sum_{j=0}^{n} (-1)^j \mathrm{C}_n^j f_{n+k-j}, \quad \nabla^n f_k = \sum_{j=0}^{n} (-1)^{n-j} \mathrm{C}_n^j f_{k+j-n}$$

(2) 函数值可由各阶差分表示

$$f_{n+k} = \sum_{j=0}^{n} \mathrm{C}_n^j \Delta^j f_k$$

(3) 在等距节点, 差商与差分的关系

$$f[x_0, x_1, \cdots, x_k] = \frac{\Delta^k f_0}{k! \cdot h^k} = \frac{\nabla^k f_k}{k! \cdot h^k}$$

利用差商与导数的关系式, 可得向前差分与导数的关系

$$\Delta^k f_0 = h^k f^{(k)}(\xi_1), \quad \xi_1 \in (x_0, x_k)$$

同理, 向后差分与导数的关系

$$\nabla^k f_k = h^k f^{(k)}(\xi_2), \quad \xi_2 \in (x_0, x_k)$$

仿照差商表的构造, 以及向前、向后差分的关系也可以排成如下差分表, 如表 2.2 所示.

表 2.2 向前和向后差分表

x	f_i	一阶差分	二阶差分	三阶差分	四阶差分
x_0	f_0				
x_1	f_1	Δf_0 或 ∇f_1			
x_2	f_2	Δf_1 或 ∇f_2	$\Delta^2 f_0$ 或 $\nabla^2 f_2$		
x_3	f_3	Δf_2 或 ∇f_3	$\Delta^2 f_1$ 或 $\nabla^2 f_3$	$\Delta^3 f_0$ 或 $\nabla^3 f_3$	
x_4	f_4	Δf_3 或 ∇f_4	$\Delta^2 f_2$ 或 $\nabla^2 f_4$	$\Delta^3 f_1$ 或 $\nabla^3 f_4$	$\Delta^4 f_0$ 或 $\nabla^4 f_4$

4. Newton 插值

(1) Newton 插值多项式 $N_n(x)$ 为

$$N_n(x) = f(x_0) + \sum_{k=1}^{n} f[x_0, x_1, \cdots, x_k] \prod_{j=0}^{k-1} (x - x_j)$$

称为 Newton 基本插值多项式.

(2) 由差商与差分的关系式, Newton 基本插值多项式 $N_n(x)$ 可以改写为

$$N_n(x) = f(x_0) + \sum_{k=1}^{n} \frac{\Delta^k f_0}{k!} \cdot \prod_{j=0}^{k-1} (t - j), \quad t = \frac{x - x_0}{h}$$

称为 Newton 向前插值多项式.

(3) 若令 $x = x_n + th$, 将插值节点按照 $x_n, x_{n-1}, \cdots, x_0$ 排列, 则利用差商与差分的关系

$$N_n(x) = f(x_n) + \sum_{k=1}^{n} \frac{\nabla^k f_n}{k!} \cdot \prod_{j=0}^{k-1} (t + j), \quad t = \frac{x - x_n}{h}$$

称为 Newton 向后插值多项式.

(4) 设函数 $f(x) \in C^{(n+1)}[a, b]$, $n + 1$ 个插值节点满足 $a \leqslant x_0 < x_1 < \cdots < x_n \leqslant b$, 则 Newton 插值多项式 $N_n(x)$ 的截断误差也可以写为

$$R_n(x) = f(x) - N_n(x) = f[x_0, x_1, \cdots, x_n, x]\omega_{n+1}(x)$$

其中, 任意 $x \in [a,b]$, 这里 $\omega_{n+1}(x) = (x-x_0)(x-x_1)\cdots(x-x_n)$.

(5) 设函数 $f(x) \in C^{(n+1)}[a,b]$, $n+1$ 个插值节点 $a \leqslant x_0 < x_1 < \cdots < x_n \leqslant b$, 则

$$f[x_0,x_1,\cdots,x_n] = \frac{f^{(n)}(\xi)}{n!}, \quad \xi \in (a,b)$$

5. Hermite 插值

(1) 假设多项式通过 $n+1$ 个插值节点 $a \leqslant x_0 < x_1 < \cdots < x_n \leqslant b$, 满足插值条件 $P(x_k) = y_k$, $k = 0,1,\cdots,n$, 并在这些插值节点上满足一阶导数

$$H'(x_k) = y'_k, \quad k = 0,1,\cdots,n$$

m 阶导数

$$H^{(m)}(x_k) = y_k^{(m)}, \quad k = 0,1,\cdots,n, \quad m \geqslant 2$$

称为 Hermite 插值多项式.

(2) 两点三次 Hermite 插值, 插值节点取为 x_k 及 x_{k+1}, 则

$$\begin{aligned} H_3(x) = &(1+2l_{k+1}(x))l_k^2(x)y_k + (1+2l_k(x))l_{k+1}^2(x)y_{k+1} \\ &+ (x-x_k)l_k^2(x)y'_k + (x-x_{k+1})l_{k+1}^2(x)y'_{k+1} \end{aligned}$$

其中, $l_k(x)$, $l_{k+1}(x)$ 分别是这两个点的 Lagrange 插值基底.

(3) 若 $H_3(x)$ 满足 Hermite 插值条件, 其截断误差为

$$R_3(x) = f(x) - H_3(x) = \frac{f^{(4)}(\xi)}{4!}(x-x_k)^2(x-x_{k+1})^2$$

其中, $\xi \in (x_k, x_{k+1})$ 且与 x 有关.

6. 重节点差商

$k+1$ 个重节点的差商为

$$f[x_k,x_k,\cdots,x_k] = \frac{f^{(k)}(x_k)}{k!}$$

7. Runge 现象

插值的阶数越高, 在区间两端附近插值多项式与余项的偏差出现迅速增加的现象被称为 Runge 现象.

8. 分段低次插值

1) 分段线性插值

通过插值点用折线段连接起来逼近 $f(x)$, 设已知节点 $a = x_0 < x_1 < \cdots < x_n = b$ 上的函数值 $f(x_0), f(x_1), \cdots, f(x_n)$, 记 $h_k = x_{k+1} - x_k$, $h = \max\limits_{0\leqslant k\leqslant n} h_k$, 求函数 $I_L(x)$ 满足

(1) $I_L(x) \in C[a, b]$.

(2) 在节点 x_k 处 $I_L(x_k) = f(x_k)$, $k = 0, 1, \cdots, n$.

(3) 在每个小区间 $[x_k, x_{k+1}]$ 上 $I_L(x)$ 是线性函数.

由定义可知 $I_L(x)$ 在每个小区间 $[x_k, x_{k+1}]$ 可表示为

$$I_L(x) = \frac{x - x_{k+1}}{x_k - x_{k+1}} f(x_k) + \frac{x - x_k}{x_{k+1} - x_k} f(x_{k+1}), \quad k = 0, 1, \cdots, n-1$$

称 $I_L(x)$ 为分段线性插值函数.

2) 分段三次 Hermite 插值

若在节点 x_k $(k = 0, 1, \cdots, n)$ 上除函数值 $f(x_k)$ 外还给出导数值 $f'(x_k) = m_k$, 这样就可构造一个分段三次插值函数 $I_H(x)$, 它满足条件

(1) $I_H(x) \in C^1[a, b]$.

(2) 在节点 x_k 处 $I_H(x) = f(x_k)$, $I'_H(x_k) = f'(x_k)$, $k = 0, 1, \cdots, n$.

(3) 在每个小区间 $[x_k, x_{k+1}]$ 上 $I_H(x)$ 是三次多项式.

根据两点三次插值多项式可知, $I_H(x)$ 在区间 $[x_k, x_{k+1}]$ 上的表达式为

$$\begin{aligned} I_H(x) = &(1 + 2l_{k+1}(x))l_k^2(x)f(x_k) + (1 + 2l_k(x))l_{k+1}^2(x)f(x_{k+1}) \\ &+ (x - x_k)l_k^2(x)f'(x_k) + (x - x_{k+1})l_{k+1}^2(x)f'(x_{k+1}), \quad k = 0, 1, \cdots, n-1 \end{aligned}$$

其中, $l_k(x)$, $l_{k+1}(x)$ 分别是这两个点的 Lagrange 插值基底.

9. 三次样条插值

对插值区间 $[a, b]$ 进行分划, $a \leqslant x_0 < x_1 < \cdots < x_n \leqslant b$, 函数 $y = f(x)$ 在节点 x_k 上的值为 $y_k = f(x_k)$ $(k = 0, 1, \cdots, n)$, 求一个三次多项式函数 $S_3(x)$, 使之满足

(1) $S_3(x) \in C^2[a, b]$.

(2) 在节点 x_k 处 $S_3(x_k) = y_k$ $(k = 0, 1, \cdots, n)$.

(3) 在每个小区间 $[x_k, x_{k+1}]$ 上 $S_3(x)$ 是三次多项式.

称满足上述条件的 $S_3(x)$ 为三次样条插值函数.

三次样条表达式

$$S_k(x) = \frac{(x_k - x)^3}{6h_k}M_{k-1} + \frac{(x - x_{k-1})^3}{6h_k}M_k + \left(y_{k-1} - \frac{M_{k-1}h_k^2}{6}\right)\frac{x_k - x}{h_k}$$
$$+ \left(y_k - \frac{M_k h_k^2}{6}\right)\frac{(x - x_{k-1})}{h_k}, \quad k = 1, 2, \cdots, n$$

其中, $S''(x_k) = M_k(k = 0, 1, 2, \cdots, n)(M_k$ 未知).

第一类边界: 区间两端点处的一阶导数已知, 即

$$S_3'(x_0) = f_0', \quad S_3'(x_n) = f_n'$$

第二类边界: 区间两端点处的二阶导数已知, 即

$$S_3''(x_0) = f_0'', \quad S_3''(x_n) = f_n''$$

其特殊情况为

$$S_3''(x_0) = S_3''(x_n) = 0$$

称为自然边界条件.

第三类边界: 当 $f(x)$ 是以 $x_n - x_0$ 为周期的周期函数时, 则要求 $S_3(x)$ 也是周期函数, 这时边界条件应满足

$$\begin{cases} S_3(x_0 + 0) = S_3(x_n - 0) \\ S_3'(x_0 + 0) = S_3'(x_n - 0) \\ S_3''(x_0 + 0) = S_3''(x_n - 0) \end{cases}$$

满足 $f(x_0) = f(x_n)$, 这样确定的样条函数 $S_3(x)$ 称为周期样条函数.

若记系数

$$\mu_k = \frac{h_k}{h_k + h_{k+1}}, \quad \lambda_k = \frac{h_{k+1}}{h_k + h_{k+1}} = 1 - \mu_k, \quad g_k = 6\frac{f[x_k, x_{k+1}] - f[x_{k-1}, x_k]}{h_k + h_{k+1}}$$
$$k = 1, \cdots, n-1$$

(1) 第一类边界: $S'(x_0) = f_0'$, $S'(x_n) = f_n'$, 联立方程可得到 M_k $(k = 0, 1, 2, \cdots, n)$ 的线性方程组

$$\begin{bmatrix} 2 & 1 & & & \\ \mu_1 & 2 & \lambda_1 & & \\ & \ddots & \ddots & \ddots & \\ & & \mu_{n-1} & 2 & \lambda_{n-1} \\ & & & 1 & 2 \end{bmatrix} \begin{bmatrix} M_0 \\ M_1 \\ \vdots \\ M_{n-1} \\ M_n \end{bmatrix} = \begin{bmatrix} g_0 \\ g_1 \\ \vdots \\ g_{n-1} \\ g_n \end{bmatrix}$$

其中, $g_0=\dfrac{6}{h_1}(f[x_0,x_1]-y_0')$, $g_n=\dfrac{6}{h_n}(y_n'-f[x_{n-1},x_n])$, 通过求解此线性方程组得到 $M_k\ (k=0,1,2,\cdots,n)$, 代入表达式, 求得每个子区间的 $S_k(x)$.

(2) 第二类边界: $S''(x_0)=f_0''$, $S''(x_n)=f_n''$, 由于第二类边界直接确定了 $M_0=f_0''$, $M_n=f_n''$, 因此只需通过三弯矩方程组求解 $M_k\ (k=1,2,\cdots,n-1)$ 即可, 即

$$\begin{bmatrix} 2 & \lambda_1 & & & \\ \mu_2 & 2 & \lambda_2 & & \\ & \ddots & \ddots & \ddots & \\ & & \mu_{n-2} & 2 & \lambda_{n-2} \\ & & & \mu_{n-1} & 2 \end{bmatrix}\begin{bmatrix} M_1 \\ M_2 \\ \vdots \\ M_{n-2} \\ M_{n-1} \end{bmatrix}=\begin{bmatrix} g_1 \\ g_2 \\ \vdots \\ g_{n-2} \\ g_{n-1} \end{bmatrix}$$

通过求解此线性方程组得到 $M_k\ (k=1,2,\cdots,n-1)$, 代入表达式, 求得每个子区间的 $S_k(x)$.

(3) 第三类边界条件: $\begin{cases} S_3(x_0+0)=S_3(x_n-0), \\ S_3'(x_0+0)=S_3'(x_n-0), \\ S_3''(x_0+0)=S_3''(x_n-0), \end{cases}$ 由边界条件, 通过化简得到

$$M_0=M_n,\quad \lambda_n M_1+\mu_n M_{n-1}+2M_n=g_n$$

其中, $\lambda_n=\dfrac{h_1}{h_1+h_n}$, $\mu_n=\dfrac{h_n}{h_1+h_n}=1-\lambda_n$, $g_n=6\dfrac{f[x_0,x_1]-f[x_{n-1},x_n]}{h_1+h_n}$.

三弯矩方程可以写成矩阵形式

$$\begin{bmatrix} 2 & \lambda_1 & & & \mu_1 \\ \mu_2 & 2 & \lambda_2 & & \\ & \ddots & \ddots & \ddots & \\ & & \mu_{n-1} & 2 & \lambda_{n-1} \\ \lambda_n & & & \mu_n & 2 \end{bmatrix}\begin{bmatrix} M_1 \\ M_2 \\ \vdots \\ M_{n-1} \\ M_n \end{bmatrix}=\begin{bmatrix} g_1 \\ g_2 \\ \vdots \\ g_{n-1} \\ g_n \end{bmatrix}$$

通过求解此线性方程组得到 $M_k\ (k=1,2,\cdots,n)$, 代入表达式, 求得每个子区间的 $S_k(x)$.

2.2 典型例题解析

例 1 通过点 (x_0,y_0),(x_1,y_1) 的 Lagrange 插值基函数 $l_0(x),l_1(x)$ 满足 ( ).

A. $l_0(x_0)=0,l_1(x_1)=0$　　B. $l_0(x_0)=0,l_1(x_1)=1$

C. $l_0(x_0)=1, l_1(x_1)=0$　　　　D. $l_0(x_0)=1, l_1(x_1)=1$

分析　本题考察 Lagrange 基函数的性质, 由

$$l_k(x_j)=\begin{cases}1, & j=k,\\ 0, & j\neq k\end{cases}$$

因此只有 $l_0(x_0)=1, l_1(x_1)=1$ 正确, 选 D.

解　D.

例 2　设通过 $n+1$ 个互异插值节点 $(x_0,y_0),(x_1,y_1),\cdots,(x_n,y_n)$ 构造的 Lagrange 插值基函数为 $l_k(x)$ $(k=0,1,\cdots,n)$, 则 $\sum\limits_{k=0}^{n}x_kl_k(x)=(\quad)$.

A. 0　　B. 1　　C. x　　D. x^2

分析　本题主要考察 Lagrange 插值余项定理的应用, 由

$$\sum_{i=0}^{n}x_i^kl_i(x)=x^k, \quad k=0,1,\cdots,n$$

因此 $\sum\limits_{k=0}^{n}x_kl_k(x)=x$, 因此选 C.

解　C.

例 3　过节点 (x_i,x_i^3) $(i=0,1,2,3)$ 的插值多项式为 (　).

A. x^3　　B. $2x^3-1$　　C. x^3+2x-1　　D. x^3-3

分析　本题考察 Lagrange 插值的应用, 由 $f(x)=x^3$, 利用 Lagrange 插值余项定理

$$f(x)=L_n(x)+R(x)=L_n(x)+\frac{f^{(4)}(\xi)}{4!}\omega_4(x)=L_n(x)+0$$

因此 $f(x)=L_n(x)$, 只有选项 A 正确.

解　A.

例 4　设等距节点 $x_k=x_0+kh, k=0,1,2,3$, 其中, h 为步长, 则求 Lagrange 插值基函数 $l_2(x)$ 满足 $\max\limits_{x_0\leqslant x\leqslant x_3}|l_2(x)|=(\quad)$.

A. $\dfrac{10+7\sqrt{7}}{7}$　　B. $\dfrac{1+7\sqrt{7}}{27}$　　C. $\dfrac{10+7\sqrt{7}}{27}$　　D. $\dfrac{10+\sqrt{7}}{7}$

分析　此题考察 Lagrange 插值基函数的性质, 令 $x=x_0+th$, 由

$$l_2(x)=\frac{(x-x_0)(x-x_1)(x-x_3)}{(x_2-x_0)(x_2-x_1)(x_2-x_3)}=-\frac{t(t-1)(t-3)}{2}$$

因此 $\max\limits_{x_0\leqslant x\leqslant x_3}|l_2(x)|=\dfrac{1}{2}\max\limits_{0\leqslant t\leqslant 3}|t(t-1)(t-3)|$.

若记 $g(t)=t(t-1)(t-3)$, 令 $g'(t)=3t^2-8t+3=0$, 得 $t_{1,2}=\dfrac{4\pm\sqrt{7}}{3}$, 所以求得

$$\max|g(t)|=\left|\frac{4+\sqrt{7}}{3}\cdot\frac{1+\sqrt{7}}{3}\cdot\frac{-5+\sqrt{7}}{3}\right|=\frac{20+14\sqrt{7}}{27}$$

因此 $\max\limits_{x_0\leqslant x\leqslant x_3}|l_2(x)|=\dfrac{1}{2}\max\limits_{0\leqslant t\leqslant 3}g(t)=\dfrac{10+7\sqrt{7}}{27}$, 选择答案 C.

解 C.

例 5 设函数 $f(x)$ 是一个具有 n 个互异的实根 $x_1,x_2,\cdots,x_n$ 的 n 次多项式, 则求差商 $f[x_1,x_2,\cdots,x_{k+1}]=(\quad)$, 其中, $k=1,2,\cdots,n-1$.

分析 本题考察差商的性质, 设 $f(x)=(x-x_1)(x-x_2)\cdots(x-x_n)$, 则由差商和函数值的关系得

$$f[x_1,x_2,\cdots,x_{k+1}]=\sum_{j=1}^{k}\frac{f(x_j)}{(x_j-x_1)\cdots(x_j-x_{j-1})(x_j-x_{j+1})\cdots(x_j-x_k)}=0.$$

因此答案为 0.

解 0.

例 6 若函数 $f(x)=x^5+x^4+3x+1$, 则分别计算差商 $f[2^0,2^1,\cdots,2^5]$, $f[2^0,2^1,\cdots,2^6]$ 和 $f[0,1]$ 的值为 ( ).

A. $0,1,5$ B. $1,1,5$ C. $1,0,5$ D. $1,0,4$

解 由差商与 Lagrange 插值余项的关系, 得

$$f[2^0,2^1,\cdots,2^5]=\frac{f^{(5)}(\xi)}{5!}=1;\quad f[2^0,2^1,\cdots,2^6]=\frac{f^{(6)}(\xi)}{6!}=0$$

而 $f[0,1]=\dfrac{f(1)-f(0)}{1-0}=5$, 因此答案 C 正确.

解 C.

例 7 设 $L(x)$ 和 $N(x)$ 分别是 $f(x)$ 满足同一插值条件 n 次 Lagrange 插值和 Newton 插值多项式, 它们的插值余项分别为 $r(x)$ 和 $e(x)$, 则 ( ).

A. $L(x)\neq N(x), r(x)=e(x)$ B. $L(x)=N(x), r(x)=e(x)$

C. $L(x)=N(x), r(x)\neq e(x)$ D. $L(x)\neq N(x), r(x)\neq e(x)$

解 本题考察插值多项式的唯一性, 由 Lagrange 插值和 Newton 插值多项式只是基底形式不一样, 其结果是一样的, 所以满足同一插值条件有 $L(x)=N(x)$,

又由余项分别为

$$r(x)=f(x)-L(x),\quad e(x)=f(x)-N(x)$$

所以 $r(x)=e(x)$, 即只有 B 选项正确.

解 B.

例 8 下列条件中, 不是分段线性插值函数 $P(x)$ 必须满足的条件是 ( ).

A. $P(x)$ 在各节点处可导　　B. $P(x)$ 在 $[a,b]$ 上连续

C. $P(x)$ 在各子区间上是线性函数　　D. $P(x_k)=y_k\ (k=0,1,\cdots,n)$

解 本题考察分段线性插值函数的定义, 只有选项 A 是不正确的.

解 A.

例 9 设三次样条插值函数

$$S(x)=\begin{cases} x^3, & 0\leqslant x\leqslant 1,\\ \dfrac{1}{2}(x-1)^3+3(x-1)^2+a(x-1)+b, & 1\leqslant x\leqslant 3\end{cases}$$

则参数 a,b 的值分别为 ( ).

A. $a=3,b=1$　　B. $a=2,b=1$　　C. $a=b=3$　　D. $a=1,b=3$

解 本题考察三次样条插值的定义, 由在节点处满足

$$S(1-0)=S(1+0);\quad S'(1-0)=S'(1+0)$$

因此解得 $a=3,b=1$, 即 A 选项正确.

解 A.

例 10 设多项式 $P_4(x)=1+a_1x+a_2x^2-4x^3+x^4$ 为函数 $f(x)$ 在不同节点 $x_0=-3,x_1,x_2=1,x_3=2,x_4$ 上的 Lagrange 插值多项式, 且测得节点函数值为 $f(x_1)=f(x_4)=16,f(x_2)=0,f(x_3)=1$, 则求节点 x_1,x_4 和函数值 $f(x_0)$.

解 由插值条件可知, $P_4(x_i)=f(x_i),i=0,1,2,3,4$, 因此

$$P_4(x_2)=1+a_1+a_2-4+1=f(x_2)=0$$

$$P_4(x_3)=1+2a_1+4a_2-32+16=f(x_3)=1$$

解得 $a_1=-4,a_2=6$. 由于 $P_4(x)=1-4x+6x^2-4x^3+x^4$, 因此

$$f(x_0)=P_4(x_0)=1+12+54+108+81=256$$

而 $f(x_1)=P_4(x_1)=16;f(x_4)=P_4(x_4)=16$, 因此只需 x_1,x_4 满足方程

$$1-4x+6x^2-4x^3+x^4=16$$

即 $x^4-4x^3+6x^2-4x-15=0$, 由于

$$x^4-4x^3+6x^2-4x-15=(x+1)(x-3)(x^2-2x+5)$$

因此解得 $x_1=-1, x_4=3$.

评注 此题在后面可以用 Newton 迭代求该方程的根.

例 11 已知 $f(0)=0, f(1)=1, f(2)=0, f'(1)=1$, 则求满足上述条件的一个三次插值多项式 $P_3(x)$.

解 由重节点差商法, 构造差商表 (表 2.3):

表 2.3

x	y	一阶差商	二阶差商	三阶差商
0	0			
1	1	1		
1	1	1	0	
2	0	−1	−2	−1

因此所求三次插值多项式为

$$P_3(x)=x-x(x-1)^2=-x^3+2x^2$$

例 12 已知函数 $f(x)=x^4-3x^3+x^2-10$, 取节点 $x_0=1, x_1=3, x_2=-2, x_3=0$, 求 $f(x)$ 以 x_0, x_1, x_2, x_3 为节点的三次 Newton 插值多项式 $N_3(x)$.

解 由题意可知, 根据已知函数 $f(x)$ 的函数值, 构造差商表 (表 2.4):

表 2.4

x	$f(x)$	一阶差商	二阶差商	三阶差商
1	−11			
3	−1	5		
−2	34	−7	4	
0	−10	−22	5	−1

因此 Newton 插值多项式公式

$$\begin{aligned}N(x)&=-11+5(x-1)+4(x-1)(x-3)-(x-1)(x-3)(x+2)\\&=-x^3+6x^2-6x-10\end{aligned}$$

例 13 给定数据 (表 2.5):

表 2.5

x	0	0.2	0.3	0.5
$f(x)$	0	0.20134	0.30452	0.52110

分别求二次和三次 Newton 插值多项式, 计算 $f(0.23)$ 的近似值并用 Newton 插值余项估计误差.

解 由题意可知, 根据已知函数 $f(x)$ 的函数值, 构造差商表 (表 2.6):

表 2.6

x	$f(x)$	一阶差商	二阶差商	三阶差商
0	0			
0.2	0.20134	1.0067		
0.3	0.30452	1.0318	0.08367	
0.5	0.52110	1.0830	0.17067	0.17400

因此二次 Newton 插值多项式为

$$N_2(x) = 1.0067x + 0.08367x(x-0.2) = 0.08367x^2 + 0.9900x$$

三次 Newton 插值多项式为

$$\begin{aligned} N_3(x) &= N_2(x) + 0.17400x(x-0.2)(x-0.3) \\ &= 0.17400x^3 - 0.0033x^2 + 1.0004x \end{aligned}$$

由此分别可得近似值

$$f(0.23) \approx N_2(0.23) = 0.2321; \quad f(0.23) \approx N_3(0.23) = 0.2320$$

又由 Newton 余项表达式

$$R_N(x) = f[x_0, x_1, \cdots, x_n, x](x-x_0)\cdots(x-x_n)$$

因此分别求得该点的余项为

$$\begin{aligned} R_2(0.23) &\approx f[0, 0.2, 0.3, 0.23]x(x-0.2)(x-0.3) \\ &= 0.244913 \times 0.23 \times 0.03 \times 0.07 = 1.18 \times 10^{-4} \\ R_3(0.23) &\approx f[0, 0.2, 0.3, 0.5, 0.23]x(x-0.2)(x-0.3)(x-0.5) \\ &= 0.033133 \times 0.23 \times 0.03 \times 0.07 \times 0.27 = 4.32 \times 10^{-6} \end{aligned}$$

例 14 已知 $y = f(x)$ 的函数表 (表 2.7):

表 2.7

x	-2	-1	0	1
$f(x)$	2	1	2	1

列出向前差分表, 并写出 Newton 向前插值公式.

解 由题意可知, 构造如下向前差分表 (表 2.8):

表 2.8

x	$f(x)$	一阶差分	二阶差分	三阶差分
-2	2			
-1	1	-1		
0	2	1	2	
1	1	-1	-2	-4

因此, Newton 向前插值公式为

$$N_4(x) = 2 - t + t(t-1) - \frac{2}{3}t(t-1)(t-2)$$

其中 $x = -2 + t$, 因此整理得

$$N_4(x) = -\frac{2}{3}x^3 - x^2 + \frac{2}{3}x + 2$$

例 15 设函数 $f(x) = \cos x$, 以 $x = 0$ 为三重节点、$x = \frac{\pi}{2}$ 为单重节点作 $f(x)$ 的三次插值多项式, 并估计该插值多项式在 $\left[0, \frac{\pi}{2}\right]$ 上的误差.

解 由于 $f(0) = 1$, $f\left(\frac{\pi}{2}\right) = 0$, $f'(0) = 0$, $f''(0) = -1$, 因此由重节点差商法, 构造重节点差商表 (表 2.9) 如下:

表 2.9

x	y	一阶差商	二阶差商	三阶差商
0	1			
0	1	0		
0	1	0	$-\frac{1}{2}$	
$\frac{\pi}{2}$	0	$-\frac{2}{\pi}$	$-\frac{4}{\pi^2}$	$\frac{1}{\pi} - \frac{8}{\pi^3}$

因此得到的三次插值多项式

$$p_2(x) = 1 - \frac{1}{2}x^2 + \left(\frac{1}{\pi} - \frac{8}{\pi^3}\right)x^3$$

该插值多项式余项为

$$R_3(x) = p_3(x) - \cos x = \frac{f^{(4)}(\xi)}{4!}x^3\left(x - \frac{\pi}{2}\right), \quad \xi \in \left(0, \frac{\pi}{2}\right)$$

由 $y=\cos x$, 则 $f^{(4)}(x)=\cos x$, 因此

$$|R_3(x)|=\left|\frac{\cos\xi}{4!}x^3\left(x-\frac{\pi}{2}\right)\right|\leqslant\frac{1}{24}\left|x^3\left(x-\frac{\pi}{2}\right)\right|,\quad x\in\left[0,\frac{\pi}{2}\right]$$

若记 $g(x)=x^3\left(x-\frac{\pi}{2}\right)$, 令 $g'(x)=x^2\left(4x-\frac{3\pi}{2}\right)=0$, 得 $x_1=x_2=0$, $x_3=\frac{3\pi}{8}$, 所以求得

$$\max g(x)=\left|\left(\frac{3\pi}{8}\right)^3\left(\frac{3\pi}{8}-\frac{\pi}{2}\right)\right|=\frac{27\pi^3}{4096}$$

因此 $|R_3(x)|\leqslant\frac{1}{24}\left|x^3\left(x-\frac{\pi}{2}\right)\right|\leqslant\frac{1}{24}\cdot\frac{27\pi^4}{4096}\approx 0.02675.$

例 16 试证明差商和函数值的关系

$$f[x_0,x_1,x_2,\cdots,x_n]=\sum_{k=0}^{n}\frac{f(x_k)}{\omega'(x_k)}$$

其中, $\omega'(x_k)=\prod\limits_{i=0,i\neq k}^{n}(x_k-x_i)$.

证明 (方法一) 利用归纳法, 由当 $n=1$ 时,

$$f[x_0,x_1]=\frac{f(x_1)-f(x_0)}{x_1-x_0}=\frac{f(x_0)}{x_0-x_1}+\frac{f(x_1)}{x_1-x_0}$$

假设当阶数为 n 时成立, 即有

$$\begin{aligned}&f[x_0,x_1,x_2,\cdots,x_n]\\=&\sum_{k=0}^{n}\frac{f(x_k)}{(x_k-x_0)(x_k-x_1)\cdots(x_k-x_{k-1})(x_k-x_{k+1})\cdots(x_k-x_n)}\\&f[x_1,x_2,x_3,\cdots,x_{n+1}]\\=&\sum_{k=1}^{n+1}\frac{f(x_k)}{(x_k-x_1)(x_k-x_2)\cdots(x_k-x_{k-1})(x_k-x_{k+1})\cdots(x_k-x_{n+1})}\end{aligned}$$

因此当阶数为 $n+1$ 时, 由定义

$f[x_0,x_1,x_2,\cdots,x_{n+1}]$

$$= \frac{f[x_1,x_2,x_3,\cdots,x_{n+1}]-f[x_0,x_1,x_2,\cdots,x_n]}{x_{n+1}-x_0}$$

$$= \frac{1}{x_{n+1}-x_0}\left[\frac{f(x_{n+1})}{(x_{n+1}-x_1)(x_{n+1}-x_1)\cdot\cdots\cdot(x_{n+1}-x_n)}\right.$$

$$\left. + \frac{-f(x_0)}{(x_0-x_1)(x_0-x_2)\cdot\cdots\cdot(x_0-x_n)}\right]$$

$$+ \sum_{k=1}^{n}\frac{f(x_k)}{x_{n+1}-x_0}\cdot\frac{(x_k-x_0)-(x_k-x_{n+1})}{(x_k-x_0)(x_k-x_1)\cdots(x_k-x_{k-1})(x_k-x_{k+1})\cdots(x_k-x_{n+1})}$$

$$= \sum_{k=0}^{n+1}\frac{f(x_k)}{(x_k-x_0)(x_k-x_1)\cdots(x_k-x_{k-1})(x_k-x_{k+1})\cdots(x_k-x_{n+1})}$$

因此由归纳原理, 证得该命题成立.

(方法二) 由题意可知, 函数 $f(x)$ 关于节点 $\{x_k\}_{k=0}^n$ 的 Lagrange 插值多项式为

$$L_n(x) = \sum_{k=0}^{n} f(x_k)l_k(x)$$

$$= \sum_{k=0}^{n}\frac{(x-x_0)\cdots(x-x_{k-1})(x-x_{k+1})\cdots(x-x_n)}{(x_k-x_0)\cdots(x_k-x_{k-1})(x_k-x_{k+1})\cdots(x_k-x_n)}f(x_k)$$

Newton 插值多项式为

$$N_n(x) = f(x_0)+f[x_0,x_1]\omega_1(x)+\cdots+f[x_0,x_1,\cdots,x_{n-1}]\omega_{n-1}(x)$$

$$+ f[x_0,x_1,\cdots,x_n]\omega_n(x)$$

其中, $\omega_k(x)=(x-x_0)(x-x_1)\cdots(x-x_{k-1})$ $(1\leqslant k\leqslant n)$ 是首项系数为 1 的 k 次多项式.

由插值多项式的唯一性可知 $N_k(x)\equiv L_k(x)$, 比较其 x^n 的系数便得到所需证明的结论.

例 17　若函数 $F(x)=f(x)+g(x)$, 则证明 n 阶差商性质

$$F[x_0,x_1,\cdots,x_n] = f[x_0,x_1,\cdots,x_n]+g[x_0,x_1,\cdots,x_n]$$

证明　由差商与函数值的关系可知

$$F[x_0,x_1,\cdots,x_n] = \sum_{k=0}^{n}\frac{F(x_k)}{\omega'(x_k)}$$

其中, $\omega'(x_k)=\prod\limits_{i=0,i\neq k}^{n}(x_k-x_i)$. 由 $F(x)=f(x)+g(x)$, 得 $F(x_k)=f(x_k)+g(x_k)$, $k=0,1,\cdots,n$, 因此

$$F[x_0,x_1,\cdots,x_n]=\sum_{k=0}^{n}\frac{f(x_k)+g(x_k)}{\omega'(x_k)}=\sum_{k=0}^{n}\frac{f(x_k)}{\omega'(x_k)}+\sum_{k=0}^{n}\frac{g(x_k)}{\omega'(x_k)}$$
$$=f[x_0,x_1,\cdots,x_n]+g[x_0,x_1,\cdots,x_n].$$

例 18 证明差分的关系式:

(1) $\Delta(f_kg_k)=f_k\Delta g_k+g_{k+1}\Delta f_k$.

(2) $\sum\limits_{k=0}^{n-1}f_k\Delta g_k=f_ng_n-f_0g_0-\sum\limits_{k=0}^{n-1}g_{k+1}\Delta f_k$.

(3) $\sum\limits_{j=0}^{n-1}\Delta^2 f_j=\Delta f_n-\Delta f_0$.

证明 (1) 由差分的定义可知

$$\Delta(f_kg_k)=f_{k+1}g_{k+1}-f_kg_k=f_{k+1}g_{k+1}-f_kg_{k+1}+f_kg_{k+1}-f_kg_k$$
$$=g_{k+1}(f_{k+1}-f_k)+f_k(g_{k+1}-g_k)$$
$$=g_{k+1}\Delta f_k+f_k\Delta g_k$$
$$=f_k\Delta g_k+g_{k+1}\Delta f_k$$

(2) 由差分定义 $f_k\Delta g_k=\Delta(f_kg_k)-g_{k+1}\Delta f_k$, 因此

$$\sum_{k=0}^{n-1}f_k\Delta g_k=\sum_{k=0}^{n-1}(\Delta(f_kg_k)-g_{k+1}\Delta f_k)=\sum_{k=0}^{n-1}\Delta(f_kg_k)-\sum_{k=0}^{n-1}g_{k+1}\Delta f_k$$

因为 $\Delta(f_kg_k)=f_{k+1}g_{k+1}-f_kg_k$, 所以

$$\sum_{k=0}^{n-1}\Delta(f_kg_k)=(f_1g_1-f_0g_0)+(f_2g_2-f_1g_1)+\cdots+(f_ng_n-f_{n-1}g_{n-1})=f_ng_n-f_0g_0$$

因此 $\sum\limits_{k=0}^{n-1}f_k\Delta g_k=f_ng_n-f_0g_0-\sum\limits_{k=0}^{n-1}g_{k+1}\Delta f_k$.

(3) 由二阶差分的定义

$$\sum_{k=0}^{n-1}\Delta^2 f_k=\sum_{k=0}^{n-1}(\Delta f_{k+1}-\Delta f_k)$$

$$
\begin{aligned}
&= (\Delta f_1 - \Delta f_0) + (\Delta f_2 - \Delta f_1) + \cdots + (\Delta f_n - \Delta f_{n-1}) \\
&= \Delta f_n - \Delta f_0
\end{aligned}
$$

例 19 设 $f(n) = \left[\frac{1}{2}n(n+1)\right]^2$, 利用差分证明

$$
1^3 + 2^3 + \cdots + n^3 = \left[\frac{n(n+1)}{2}\right]^2
$$

证明 由题意可知, 因为 $f(n) = \left[\frac{n(n+1)}{2}\right]^2$, 所以取步长 $h=1$, 则有

$$
\Delta f(k) = f(k+1) - f(k) = \left[\frac{(k+1)(k+2)}{2}\right]^2 - \left[\frac{k(k+1)}{2}\right]^2 = (k+1)^3
$$

将上式对 k 从 0 到 $n-1$ 求和, 有

$$
\sum_{k=0}^{n-1} \Delta f(k) = \sum_{k=0}^{n-1} [f(k+1) - f(k)] = f(n) - f(0) = f(n)
$$

整理即可得到

$$
1^3 + 2^3 + \cdots + n^3 = \left[\frac{n(n+1)}{2}\right]^2
$$

例 20 若函数 $f(x) \in C^2[a,b]$, $S(x)$ 是三次样条函数, 证明若 $f(x_i) = S(x_i)$, $i = 0, 1, \cdots, n$, 其中, x_i 为插值节点, 且 $a = x_0 < x_1 < \cdots < x_n = b$, 则

$$
\int_a^b S''(x)[f''(x) - S''(x)]dx = S''(b)[f'(b) - S'(b)] - S''(a)[f'(a) - S'(a)]
$$

证明 由题意可知

$$
\begin{aligned}
&\int_a^b S''(x)[f''(x) - S''(x)]dx \\
&= \int_a^b S''(x)d[f'(x) - S'(x)] \\
&= S''(x)[f'(x) - S'(x)]\,\Big|_a^b - \int_a^b [f'(x) - S'(x)]d[S''(x)]
\end{aligned}
$$

$$= S''(b)[f'(b) - S'(b)] - S''(a)[f'(a) - S'(a)] - \int_a^b S'''(x)[f'(x) - S'(x)]dx$$

$$= S''(b)[f'(b) - S'(b)] - S''(a)[f'(a) - S'(a)]$$

$$-\sum_{k=0}^{n-1} S'''\left(\frac{x_k + x_{k+1}}{2}\right) \int_{x_k}^{x_{k+1}} [f'(x) - S'(x)]dx$$

$$= S''(b)[f'(b) - S'(b)] - S''(a)[f'(a) - S'(a)]$$

$$-\sum_{k=0}^{n-1} S'''\left(\frac{x_k + x_{k+1}}{2}\right) [f(x) - S(x)]\Big|_{x_k}^{x_{k+1}}$$

$$= S''(b)[f'(b) - S'(b)] - S''(a)[f'(a) - S'(a)]$$

例 21 设函数 $f(x) = \sin x$, 取正整数 n, 将区间 $[0,1]$ 作 n 等分, 记步长 $h = \dfrac{1}{n}$, 取节点 $x_k = kh$, $k = 0, 1, \cdots, n$, 且函数 $f(x)$ 以 x_k 为节点的 n 次 Lagrange 插值多项式 $L_n(x)$, 证明 $\lim\limits_{n\to\infty} \max\limits_{0\leqslant x\leqslant 1} |f(x) - L_n(x)| = 0$.

解 由题意可知, 有

$$L_n(x) = \sum_{k=0}^{n} \sin x_k \prod_{j=0,\, j\neq k}^{n} \frac{x - x_j}{x_k - x_j}$$

对任意的 $x \in [0,1]$, 有 $\left|\prod\limits_{j=0}^{n}(x - x_j)\right| \leqslant 1$, 且 $|f^{(n+1)}(x)| \leqslant 1$, 由插值余项表达式

$$|f(x) - L_n(x)| = \left|\frac{f^{(n+1)}(\xi)}{(n+1)!}\prod_{j=0}^{n}(x - x_j)\right| \leqslant \frac{1}{(n+1)!}$$

因此

$$\lim_{n\to\infty} \max_{0\leqslant x\leqslant 1} |f(x) - L_n(x)| = 0$$

例 22 设函数 $y = f(x)$ 在节点 $x = 0, 1, 2, 3$ 的函数值均为零, 分别求满足下列边界条件的三次样条插值函数 $S(x)$: (1) $f'(0) = 1, f'(3) = 0$; (2)$f''(0) = 1, f''(3) = 0$.

解 (1) 由题意可知, 所求三次样条插值为第一类边界条件, 记插值节点分别为 x_0, x_1, x_2, x_3, 则步长为 $h_1 = h_2 = h_3 = 1$, 所以

$$\mu_1 = \mu_2 = \frac{1}{2}, \quad \lambda_1 = \lambda_2 = \frac{1}{2}, \quad f[x_0, x_1] = 0, \quad f[x_1, x_2] = 0, \quad f[x_2, x_3] = 0$$

因此

$$g_0 = \frac{6}{h_1}(f[x_0, x_1] - y_0') = -6, \quad g_1 = 6\frac{f[x_1, x_2] - f[x_0, x_1]}{h_1 + h_2} = 0$$

$$g_2 = 6\frac{f[x_2, x_3] - f[x_1, x_2]}{h_2 + h_3} = 0, \quad g_3 = \frac{6}{h_3}(y_3' - f[x_2, x_3]) = 0$$

若令 $M_i = f''(x_i)$, $i = 0, 1, 2, 3$, 得到三弯矩线性方程组

$$\begin{bmatrix} 2 & 1 & & \\ 0.5 & 2 & 0.5 & \\ & 0.5 & 2 & 0.5 \\ & & 1 & 2 \end{bmatrix} \begin{bmatrix} M_0 \\ M_1 \\ M_2 \\ M_3 \end{bmatrix} = \begin{bmatrix} -6 \\ 0 \\ 0 \\ 0 \end{bmatrix}$$

解方程组得 $M_0 = -\frac{52}{15}$, $M_1 = \frac{14}{15}$, $M_2 = -\frac{4}{15}$, $M_3 = \frac{2}{15}$, 分别将 M_0, M_1, M_2, M_3 代入

$$\begin{aligned} S(x) = &\frac{(x_{i+1} - x)^3}{6h_i}M_i + \frac{(x - x_i)^3}{6h_i}M_{i+1} \\ &+ \frac{x_{i+1} - x}{h_i}\left(y_i - \frac{h_i^2}{6}M_i\right) + \frac{x - x_i}{h_i}\left(y_{i+1} - \frac{h_i^2}{6}M_{i+1}\right), \quad i = 0, 1, 2 \end{aligned}$$

可得

$$S(x) = \begin{cases} \frac{11}{15}x^3 - \frac{26}{15}x^2 + x, & x \in [0, 1], \\ -\frac{1}{5}x^3 + \frac{16}{15}x^2 - \frac{9}{5}x + \frac{14}{15}, & x \in [1, 2], \\ \frac{1}{15}x^3 - \frac{8}{15}x^2 + \frac{7}{5}x - \frac{6}{5}, & x \in [2, 3] \end{cases}$$

(2) 所求三次样条插值为第二类边界条件, 由 (1) 中的节点和差商值, 且

$$g_1 = \frac{6}{h_1 + h_2}(f[x_1, x_2] - f[x_0, x_1]) = 0, \quad g_2 = \frac{6}{h_2 + h_3}(f[x_2, x_3] - f[x_1, x_2]) = 0$$

由第二类边界条件的三弯矩线性方程组

$$M_0 = 1, \quad M_3 = 0$$

$$\begin{bmatrix} 2 & \lambda_1 \\ \mu_2 & 2 \end{bmatrix} \begin{bmatrix} M_1 \\ M_2 \end{bmatrix} = \begin{bmatrix} g_1 - \mu_1 M_0 \\ g_2 - \mu_2 M_3 \end{bmatrix}$$

得到

$$\begin{bmatrix} 2 & 0.5 \\ 0.5 & 2 \end{bmatrix} \begin{bmatrix} M_1 \\ M_2 \end{bmatrix} = \begin{bmatrix} -0.5 \\ 0 \end{bmatrix}$$

解得 $M_1 = -\dfrac{4}{15}$, $M_2 = \dfrac{1}{15}$.

分别将 M_0, M_1, M_2, M_3 代入

$$\begin{aligned} S(x) = & \frac{(x_{i+1}-x)^3}{6h_i}M_i + \frac{(x-x_i)^3}{6h_i}M_{i+1} \\ & + \frac{x_{i+1}-x}{h_i}\left(y_i - \frac{h_i^2}{6}M_i\right) + \frac{x-x_i}{h_i}\left(y_{i+1} - \frac{h_i^2}{6}M_{i+1}\right), \quad i=0,1,2 \end{aligned}$$

可得

$$S(x) = \begin{cases} -\dfrac{19}{90}x^3 + \dfrac{1}{2}x^2 - \dfrac{13}{45}x, & x \in [0,1], \\ \dfrac{1}{18}x^3 - \dfrac{3}{10}x^2 + \dfrac{23}{45}x - \dfrac{12}{45}, & x \in [1,3], \\ -\dfrac{1}{90}x^3 + \dfrac{1}{10}x^2 - \dfrac{13}{45}x + \dfrac{4}{15}, & x \in [3,4] \end{cases}$$

2.3 习题详解

1. 令节点 $x_0 = 0$, $x_1 = 1$, 写出 $y(x) = e^{-x}$ 的一次 Lagrange 插值多项式 $L_1(x)$ 及插值余项估计.

解 由题意可知 $y_0 = 1$, $y_1 = e^{-1}$, 则 $y(x) = e^{-x}$ 以 x_0 和 x_1 为插值节点的一次插值多项式为

$$L_1(x) = y_0\frac{x-x_1}{x_0-x_1} + y_1\frac{x-x_0}{x_1-x_0} = 1 \times \frac{x-1}{0-1} + e^{-1} \times \frac{x-0}{1-0} = 1 + (e^{-1}-1)x$$

由于 $y'(x) = -e^{-x}$, $y''(x) = e^{-x}$, 所以余项为

$$R_1(x) = \frac{y''(\xi)}{2!}(x-x_0)(x-x_1) = \frac{1}{2}e^{-\xi}(x-0)(x-1), \quad \xi \in (0,1)$$

因此余项估计

$$|R_1(x)| \leqslant \max_{0 \leqslant x \leqslant 1}|R_1(x)| \leqslant \frac{1}{2}\max_{0 \leqslant x \leqslant 1}|e^{-x}| \cdot \max_{0 \leqslant x \leqslant 1}|(x-0)(x-1)| \leqslant \frac{1}{2} \times 1 \times \frac{1}{4} = \frac{1}{8}.$$

2. 设 $f(x)$ 在区间 $[a,b]$ 上具有三阶导数连续, 则求 $f(x)$ 以 $a, \dfrac{a+b}{2}, b$ 为插值节点的二次 Lagrange 插值多项式 $L_2(x)$ 以及插值余项表达式.

解 由题意可知, 记三个点分别为 x_0, x_1, x_2, 则 Lagrange 插值基函数为

$$l_0(x)=\frac{\left(x-\dfrac{a+b}{2}\right)(x-b)}{\left(a-\dfrac{a+b}{2}\right)(a-b)}=\frac{2\left(x-\dfrac{a+b}{2}\right)(x-b)}{(a-b)^2}$$

$$l_1(x)=\frac{(x-a)(x-b)}{\left(\dfrac{a+b}{2}-a\right)\left(\dfrac{a+b}{2}-b\right)}=-\frac{4(x-a)(x-b)}{(b-a)^2}$$

$$l_2(x)=\frac{(x-a)\left(x-\dfrac{a+b}{2}\right)}{(b-a)\left(b-\dfrac{a+b}{2}\right)}=\frac{2(x-a)\left(x-\dfrac{a+b}{2}\right)}{(b-a)^2}$$

因此 Lagrange 插值多项式为

$$L_2(x)=f(a)l_0(x)+f\left(\frac{a+b}{2}\right)l_1(x)+f(b)l_2(x)$$

余项为

$$f(x)-L_2(x)=\frac{f'''(\eta)}{3!}(x-a)\left(x-\frac{a+b}{2}\right)(x-b),\quad \eta\in(a,b)$$

3. 设 $f(x)=x^4$, 利用 Lagrange 插值余项定理写出以 $-1,0,1,2$ 为插值节点的三次插值多项式.

解 记 $f(x)$ 以 $-1,0,1,2$ 为插值节点的三次插值多项式为 $L_3(x)$, 由 Lagrange 插值余项定理有

$$\begin{aligned}f(x)-L_3(x)&=\frac{f^{(4)}(\xi)}{4!}(x+1)(x-0)(x-1)(x-2)\\&=(x+1)(x-0)(x-1)(x-2)\end{aligned}$$

因此

$$\begin{aligned}L_3(x)&=f(x)-(x+1)(x-0)(x-1)(x-2)\\&=x^4-x(x^2-1)(x-2)=2x^3-x^2-2x\end{aligned}$$

4. 已知连续函数 $f(x)$ 在 $x=-1,0,2,3$ 的值分别是 $-4,-1,0,3$, 用 Newton 插值求:

(1) $f(1.5)$ 的近似值; (2) 当 $f(x)=0.5$ 时, x 的近似值.

解 (1) 由题意可知, 根据已知函数 $f(x)$ 的函数值, 构造差商表 (表 2.10):

表 2.10

x	$f(x)$	一阶差商	二阶差商	三阶差商
-1	-4			
0	-1	3		
2	0	0.5	$-\frac{5}{6}$	
3	3	3	$\frac{5}{6}$	$\frac{5}{12}$

因此由 Newton 插值多项式公式得

$$\begin{aligned}N(x) &= -4+3(x+1)-\frac{5}{6}(x+1)x+\frac{5}{12}(x+1)x(x-2)\\&=\frac{5}{12}x^3-\frac{5}{4}x^2+\frac{4}{3}x-1\end{aligned}$$

所以

$$N(1.5)=\frac{5}{12}\cdot 1.5^3-\frac{5}{4}\cdot 1.5^2+\frac{4}{3}\cdot 1.5-1=-0.40625$$

(2) 由于函数 $y=f(x)$ 单调连续, 存在反函数. 令 $y=f(x)$, 则 $x=f^{-1}(y)$. 根据已知 $x=f^{-1}(y)$ 的函数值, 构造差商表 (表 2.11):

表 2.11

y	x	一阶差商	二阶差商	三阶差商
-4	-1			
-1	0	$\frac{1}{3}$		
0	2	2	$\frac{5}{12}$	
3	3	$\frac{1}{3}$	$-\frac{5}{12}$	$-\frac{5}{42}$

则 Newton 插值多项式

$$\begin{aligned}N_3(y) &= -1+\frac{1}{3}(y+4)+\frac{5}{12}(y+4)(y+1)-\frac{5}{42}(y+4)(y+1)y\\&=-\frac{5}{42}y^3-\frac{5}{28}y^2+\frac{163}{84}y+2\end{aligned}$$

因此当 $y=0.5$ 时,

$$x\approx N_3(0.5)=-\frac{5}{42}\cdot 0.5^3-\frac{5}{28}\cdot 0.5^2+\frac{163}{84}\cdot 0.5+2\approx 2.9107$$

所以, 当 $f(x)=0.5$ 时, x 的近似值为 2.9107.

5. 已知 $y=f(x)$ 的函数表 (表 2.12):

表 2.12

x	0	0.1	0.2	0.3	0.4	0.5
$f(x)$	1	1.32	1.68	2.08	2.52	3

写出向前差分表, 并写出 Newton 向前插值公式.

解 由题意可知, 构造如下向前差分表 (表 2.13).

表 2.13

x	$f(x)$	一阶差分	二阶差分	三阶差分	四阶差分	五阶差分
0	1					
0.1	1.32	0.32				
0.2	1.68	0.36	0.04			
0.3	2.08	0.40	0.04	0		
0.4	2.52	0.44	0.04	0	0	
0.5	3	0.48	0.04	0	0	0

因此, Newton 向前插值公式为

$$N(x)=1+0.32t+0.02t(t-1)=1+0.3t+0.02t^2$$

其中, 令 $x=10t$, 整理得 $N(x)=1+3x+2x^2$.

6. 设 $f(x)$ 在 $[a,b]$ 上有连续的二阶导数, 且 $f(a)=f(b)=0$, 求证

$$\max_{a\leqslant x\leqslant b}|f(x)|\leqslant\frac{1}{8}(b-a)^2\max_{a\leqslant x\leqslant b}|f''(x)|$$

证明 由题意可知, $f(x)$ 在 $[a,b]$ 上有连续的二阶导数, 因此插值余项为

$$R(x)=f(x)-L(x)=\frac{f''(\xi)}{2!}(x-a)(x-b),\quad \xi\in(a,b)$$

由于 $L(x)=\dfrac{x-a}{b-a}f(b)+\dfrac{x-b}{a-b}f(b)$, 且 $f(a)=f(b)=0$, 即 $P(x)=0$, 所以有

$$|f(x)|\leqslant|L(x)|+|R(x)|\leqslant\frac{|f''(\xi)|}{2!}|(x-a)(x-b)|$$

在 $[a,b]$ 上有不等式 $|(x-a)(x-b)|\leqslant\dfrac{1}{4}(b-a)^2$, 因此证得

$$\max_{a\leqslant x\leqslant b}|f(x)|\leqslant\frac{1}{8}(b-a)^2\max_{a\leqslant x\leqslant b}|f''(x)|$$

7. 设 $f(x)$ 在区间 $[a,b]$ 上具有二阶导数连续, 求证

$$\max_{a\leqslant x\leqslant b}\left|f(x)-\left[f(a)+\frac{f(b)-f(a)}{b-a}(x-a)\right]\right|\leqslant\frac{1}{8}(b-a)^2M_2$$

其中, $M_2=\max\limits_{a\leqslant x\leqslant b}|f''(x)|$.

证明 由题意可知, 通过两点 $(a,f(a))$ 及 $(b,f(b))$ 的线性插值为

$$L_1(x)=f(a)+\frac{f(b)-f(a)}{b-a}(x-a)$$

于是

$$\begin{aligned}
&\max_{a\leqslant x\leqslant b}\left|f(x)-\left[f(a)+\frac{f(b)-f(a)}{b-a}(x-a)\right]\right|\\
=&\max_{a\leqslant x\leqslant b}|f(x)-L_1(x)|=\max_{a\leqslant x\leqslant b}\left|\frac{f''(\xi)}{2!}(x-a)(x-b)\right|\\
\leqslant&\frac{M_2}{2}\max_{a\leqslant x\leqslant b}|(x-a)(x-b)|\leqslant\frac{1}{8}(b-a)^2M_2
\end{aligned}$$

其中, $M_2=\max\limits_{a\leqslant x\leqslant b}|f''(x)|$.

8. 已知 $\omega(x)=\prod\limits_{i=0}^{n}(x-x_i)$, 证明 $\omega'(x_k)=\prod\limits_{i=0,i\neq k}^{n}(x_k-x_i)$.

证明 由题意可知, $\omega(x)=\prod\limits_{i=0}^{n}(x-x_i)=(x-x)(x-x_1)\cdots(x-x_n)$, 因此

$$\begin{aligned}
\omega'(x_k)&=\lim_{x\to x_k}\frac{\omega(x)-\omega(x_k)}{x-x_k}=\lim_{x\to x_k}\frac{\omega(x)}{x-x_k}\\
&=(x_k-x_0)(x_k-x_1)\cdots(x_k-x_{k-1})(x_k-x_{k+1})\cdots(x_k-x_n)\\
&=\prod_{i=0,i\neq k}^{n}(x_k-x_i)
\end{aligned}$$

9. 证明表达式 $\sum\limits_{k=0}^{n}(x_k-x)^jl_k(x)=0, j=1,2,\cdots,n$.

证明 由题意可知, 设 $f(x)=(x-t)^j$, $j=1,2,\cdots,n$, 因此

$$f(x_k)=(x_k-t)^j$$

由于 $j \leqslant n$, 所以其余项为零, 且

$$f(x) = L(x) = \sum_{k=0}^{n} l_k(x) f(x_k)$$

即 $(x-t)^j = \sum_{k=0}^{n} l_k(x)(x_k - t)^j$, 若令 $t = x$, 有 $\sum_{k=0}^{n} (x_k - x)^j l_k(x) = 0$.

10. 设 $g(x)$ 是 $f(x)$ 以 $x_0, x_1, \cdots, x_{n-1}$ 为插值节点的 $n-1$ 次插值多项式, $h(x)$ 是 $f(x)$ 以 $x_1, x_2, \cdots, x_n$ 为插值节点的 $n-1$ 次插值多项式, 证明函数 $g(x) + \dfrac{x_0 - x}{x_n - x_0}[g(x) - h(x)]$ 是 $f(x)$ 以 $x_0, x_1, \cdots, x_n$ 为插值节点的 n 次插值多项式.

证明　由题意可知, $g(x)$ 和 $h(x)$ 分别满足插值条件

$$g(x_i) = f(x_i),\ i = 0, 1, \cdots, n-1; \quad h(x_i) = f(x_i),\ i = 1, 2, \cdots, n$$

若记

$$s(x) = g(x) + \frac{x_0 - x}{x_n - x_0}[g(x) - h(x)]$$

因为 $g(x)$ 和 $h(x)$ 为 $(n-1)$ 次多项式, 所以 $s(x)$ 为 n 次多项式, 且满足

$$s(x_0) = g(x_0) = f(x_0)$$

且当 $j = 1, 2, \cdots, n-1$ 时, 有

$$s(x_j) = g(x_j) + \frac{x_0 - x_j}{x_n - x_0}[g(x_j) - h(x_j)] = f(x_j) + \frac{x_0 - x_j}{x_n - x_0}[f(x_j) - f(x_j)] = f(x_j)$$

$$s(x_n) = g(x_n) + \frac{x_0 - x_n}{x_n - x_0}[g(x_n) - h(x_n)] = h(x_n) = f(x_n)$$

因此有

$$s(x_i) = f(x_i), \quad i = 0, 1, \cdots, n$$

即 $s(x)$ 为 $f(x)$ 以 $x_0, x_1, \cdots, x_n$ 为插值节点的 n 次插值多项式.

11. 设 $l_i(x)(i = 0, 1, \cdots, n)$ 是关于互异节点 $x_i(i = 0, 1, \cdots, n)$ 的 Lagrange 插值基函数, 求证

$$\sum_{i=0}^{n} l_i(0) x_i^k = \begin{cases} 1, & k = 0, \\ 0, & k = 1, 2, \cdots, n, \\ (-1)^n x_0 x_1 \cdots x_n, & k = n+1 \end{cases}$$

证明 若函数 $f(x)$ 在 $[a,b]$ 上具有 $n+1$ 阶导数, 则有

$$f(x)=\sum_{i=0}^{n}l_i(x)f(x_i)+\frac{f^{(n+1)}(\xi)}{(n+1)!}\omega(x)$$

其中, $\omega(x)=(x-x_0)(x-x_1)\cdots(x-x_n)$.

(1) 当 $f(x)=1$ 时, 余项为零, 因此 $\sum\limits_{i=0}^{n}l_i(x)f(x_i)=1$, 即

$$\sum_{i=0}^{n}l_i(0)=1$$

(2) 当 $f(x)=x^k(k=1,2,\cdots,n)$ 时, 余项仍为零, 因此 $\sum\limits_{i=0}^{n}l_i(x)x_i^k=x^k$, 将 $x=0$ 代入, 即可得到

$$\sum_{i=0}^{n}l_i(x)x_i^k=0$$

(3) 当 $f(x)=x^{n+1}$ 时, 此时余项为 $\omega(x)$, 因此

$$x^{n+1}=\sum_{i=0}^{n}l_i(x)x_i^{n+1}+\omega(x)$$

将 $x=0$ 代入

$$\sum_{i=0}^{n}l_i(0)x_i^{n+1}=(-1)^n x_0x_1\cdots x_n$$

综上证得命题成立.

12. 证明 n 阶差商性质: 若 $F(x)=cf(x)$, 则 $F[x_0,x_1,\cdots,x_n]=cf[x_0,x_1,\cdots,x_n]$.

证明 由差商与函数值关系可得

$$F[x_0,x_1,\cdots,x_n]=\sum_{k=0}^{n}\frac{F(x_k)}{\omega'(x_k)}$$

其中, $\omega'(x_k)=\prod\limits_{i=0,i\neq k}^{n}(x_k-x_i)$.

又由于 $F(x)=cf(x)$, 因此 $F(x_k)=cf(x_k)$, 且

$$F[x_0,x_1,\cdots,x_n]=\sum_{k=0}^{n}\frac{cf(x_k)}{\omega'(x_k)}=c\sum_{k=0}^{n}\frac{f(x_k)}{\omega'(x_k)}=cf[x_0,x_1,\cdots,x_n]$$

证得命题成立.

13. 证明两点三次 Hermite 插值余项是

$$R_3(x)=\frac{f^{(4)}(\xi)}{4!}(x-x_k)^2(x-x_{k+1})^2,\quad \xi\in(x_k,x_{k+1})$$

证明 由题意可知, 若 $x\in[x_k,x_{k+1}]$, 且插值多项式满足条件

$$H_3(x_k)=f(x_k),\quad H_3'(x_k)=f'(x_k),\quad H_3(x_{k+1})=f(x_{k+1}),\quad H_3'(x_{k+1})=f'(x_{k+1})$$

若设插值余项为

$$R(x)=f(x)-H_3(x)$$

由插值条件可知, 显然

$$R(x_k)=R(x_{k+1})=0,\quad R'(x_k)=R'(x_{k+1})=0$$

因此余项 $R(x)$ 可写成

$$R(x)=g(x)(x-x_k)^2(x-x_{k+1})^2$$

其中, $g(x)$ 是关于 x 的待定函数, 若把 x 看成 $[x_k,x_{k+1}]$ 上的一个固定点, 作函数

$$\varphi(t)=f(t)-H_3(t)-g(x)(t-x_k)^2(t-x_{k+1})^2$$

根据余项表达式和插值条件, 有

$$\varphi(x_k)=0,\quad \varphi(x_{k+1})=0,\quad \varphi'(x_k)=0,\quad \varphi'(x_{k+1})=0$$

又由于

$$\varphi(x)=f(x)-H_3(x)-g(x)(x-x_k)^2(x-x_{k+1})^2=f(x)-H_3(x)-R(x)=0$$

因此 $\varphi(t)$ 至少存在 5 个零点, 由 Rolle 中值定理可知, 存在 $\xi_1\in(x_k,x)$ 和 $\xi_2\in(x,x_{k+1})$, 使 $\varphi'(\xi_1)=0,\varphi'(\xi_2)=0$, 即 $\varphi'(x)$ 在 $[x_k,x_{k+1}]$ 上有四个互异零点, 又由 Rolle 中值定理, $\varphi''(t)$ 在 $\varphi'(t)$ 的两个零点间至少有一个零点, 则 $\varphi''(t)$ 在 (x_k,x_{k+1}) 内至少有三个互异零点, 以此类推, $\varphi^{(4)}(t)$ 在 (x_k,x_{k+1}) 内至少有一个零点, 记为 $\xi\in(x_k,x_{k+1})$, 使得

$$\varphi^{(4)}(\xi)=f^{(4)}(\xi)-H_3^{(4)}(\xi)-4!g(x)=0$$

由于 $H_3^{(4)}(t)=0$, 因此 $g(x)=\dfrac{f^{(4)}(\xi)}{4!}$, $\xi\in(x_k,x_{k+1})$, 其中, ξ 依赖于 x, 即证得余项

$$R_3(x)=\frac{f^{(4)}(\xi)}{4!}(x-x_k)^2(x-x_{k+1})^2$$

14. 用插值法求一个二次多项式 $p_2(x)$, 使得曲线 $y=p_2(x)$ 在 $x=0$ 处与曲线 $y=\cos x$ 相切, 在 $x=\dfrac{\pi}{2}$ 处与 $y=\cos x$ 相交, 并证明 $\max\limits_{0\leqslant x\leqslant \pi/2}|p_2(x)-\cos x|\leqslant \dfrac{\pi^3}{324}$.

证明 由题中切点和交点的条件, $p_2(x)$ 满足 $p_2(0)=1$, $p_2'(0)=0$, $p_2\left(\dfrac{\pi}{2}\right)=0$, 因此由重节点差商法, 构造重节点差商表 (表 2.14) 如下:

表 2.14

x	y	一阶差商	二阶差商
0	1		
0	1	0	
$\dfrac{\pi}{2}$	0	$-\dfrac{2}{\pi}$	$-\dfrac{4}{\pi^2}$

因此得到二次插值多项式

$$p_2(x)=1-\frac{4}{\pi^2}x^2$$

该插值多项式余项为

$$R_2(x)=p_2(x)-\cos x=\frac{f^{(3)}(\xi)}{3!}x^2\left(x-\frac{\pi}{2}\right),\quad \xi\in\left(0,\frac{\pi}{2}\right)$$

由 $y=\cos x$, 则 $f^{(3)}(x)=\sin x$, 因此

$$|R_2(x)|=\left|\frac{\sin(\xi)}{3!}x^2\left(x-\frac{\pi}{2}\right)\right|\leqslant\frac{1}{6}\left|x^2\left(x-\frac{\pi}{2}\right)\right|,\quad x\in\left[0,\frac{\pi}{2}\right]$$

若记 $g(x)=x^2\left(x-\dfrac{\pi}{2}\right)$, 令 $g'(x)=x(3x-\pi)=0$, 得 $x_1=0$, $x_2=\dfrac{\pi}{3}$, 所以求得

$$\max g(x)=\left|\left(\frac{\pi}{3}\right)^2\left(\frac{\pi}{3}-\frac{\pi}{2}\right)\right|=\frac{\pi^3}{54}$$

因此 $|R_2(x)|\leqslant\dfrac{1}{6}\left|x^2\left(x-\dfrac{\pi}{2}\right)\right|\leqslant\dfrac{1}{6}\cdot\dfrac{\pi^3}{54}=\dfrac{\pi^3}{324}$, 证得命题成立.

15. 设 $\{x_i\}_{i=1}^n$ 是首项系数为 a_n 的 n 次多项式 $f(x)$ 的互异实零点, 证明有如下等式成立

$$\sum_{j=1}^n\frac{x_j^k}{f'(x_j)}=\begin{cases}0, & 0\leqslant k\leqslant n-2,\\ a_n^{-1}, & k=n-1\end{cases}$$

证明 由题意可知, 设

$$f(x)=a_0+a_1x+\cdots+a_{n-1}x^{n-1}+a_nx^n$$

又由于 $f(x)$ 有 n 个不同实根 $x_1,x_2,\cdots,x_n$, 则函数 $f(x)$ 可表示为

$$f(x)=a_n(x-x_1)(x-x_2)\cdots(x-x_n)$$

且 $f'(x_j)=a_n(x_j-x_1)(x_j-x_2)\cdots(x_j-x_{j-1})(x_j-x_{j+1})\cdots(x_j-x_n)$.

若令 $\omega_n(x)=(x-x_1)(x-x_2)\cdots(x-x_n)$, 则

$$\omega_n'(x_j)=(x_j-x_1)(x_j-x_2)\cdots(x_j-x_{j-1})(x_j-x_{j+1})\cdots(x_j-x_n)$$

得到 $a_n\omega_n'(x_j)=f'(x_j)$, 因此原表达式

$$\sum_{j=1}^{n}\frac{x_j^k}{f'(x_j)}=\sum_{j=1}^{n}\frac{x_j^k}{a_n\omega_n'(x_j)}$$

令 $g(x)=x^k$, 则由差商与节点函数值关系 $g[x_1,x_2,\cdots,x_n]=\sum\limits_{j=1}^{n}\frac{x_j^k}{\omega_n'(x_j)}$, 因此

$$\sum_{j=1}^{n}\frac{x_j^k}{f'(x_j)}=\frac{1}{a_n}g[x_1,x_2,\cdots,x_n]$$

又由差商与导数关系 $g[x_1,x_2,\cdots,x_n]=\frac{g^{(n-1)}(\xi)}{(n-1)!}$, 因此可得到

$$\sum_{j=1}^{n}\frac{x_j^k}{f'(x_j)}=\begin{cases}0, & 0\leqslant k\leqslant n-2,\\ a_n^{-1}, & k=n-1\end{cases}$$

16. 已知等距的插值节点 $x_0<x_1<x_2<x_3$, 其步长为 h, 试证明二次 Lagrange 插值多项式的误差界为

$$\max_{x_0\leqslant x\leqslant x_2}|f(x)-L_2(x)|\leqslant\frac{\sqrt{3}}{27}h^3\max_{x_0\leqslant x\leqslant x_2}|f'''(x)|$$

证明 由题意可知, 令 $x=x_0+th$, 则余项有

$$R_2(x)=f(x)-L_2(x)=\frac{f'''(\xi)}{3!}(x-x_0)(x-x_1)(x-x_2),\quad x_0<\xi<x_2$$

因此

$$\begin{aligned}|R_2(x)| &= |f(x)-L_2(x)| \leqslant \max_{x_0\leqslant x\leqslant x_2}|f(x)-L_2(x)|\\ &\leqslant \frac{1}{6}\max_{x_0\leqslant x\leqslant x_2}|f'''(x)|\cdot\max_{x_0\leqslant x\leqslant x_2}|(x-x_0)(x-x_1)(x-x_2)|\\ &= \frac{1}{6}h^3\max_{0\leqslant t\leqslant 2}|t(t-1)(t-2)|\cdot\max_{x_0\leqslant x\leqslant x_2}|f'''(x)|\end{aligned}$$

考虑函数 $\varphi(t)=t(t-1)(t-2)$, $0\leqslant t\leqslant 2$, 由点 $\varphi'(t)=0$, 即 $3t^2-6t+2=0$, 解得

$$t_1=1-\frac{1}{\sqrt{3}},\quad t_2=1+\frac{1}{\sqrt{3}}$$

代入可知 $\varphi(0)=0$, $\varphi(t_1)=\frac{2\sqrt{3}}{9}$, $\varphi(t_2)=-\frac{2\sqrt{3}}{9}$, $\varphi(2)=0$, 即 $\max\limits_{0\leqslant t\leqslant 2}|\varphi(t)|=\frac{2\sqrt{3}}{9}$. 综上可得 $\max\limits_{x_0\leqslant x\leqslant x_2}|f(x)-L_2(x)|\leqslant\frac{\sqrt{3}}{27}h^3\max\limits_{x_0\leqslant x\leqslant x_2}|f'''(x)|$.

17. 已知函数 $y=\frac{1}{1+x^2}$ 的一组数据 $(0,1),(1,0.5),(2,0.2)$, 试求分段线性插值函数, 并计算 $f(1.5)$ 的近似值.

解 在 $[0,1]$ 区间上, $l_0(x)=\frac{x-1}{0-1}=1-x$, $l_1(x)=\frac{x-0}{1-0}=x$, 因此

$$I_1(x)=1\cdot(1-x)+0.5x=1-0.5x$$

同理在 $[1,2]$ 区间上, $l_1(x)=\frac{x-2}{1-2}=2-x$, $l_2(x)=\frac{x-1}{2-1}=x-1$, 因此

$$I_2(x)=0.5\cdot(2-x)+0.2(x-1)=0.8-0.3x$$

因此该分段线性插值函数为

$$I(x)=\begin{cases}1-0.5x, & x\in[0,1],\\ 0.8-0.3x, & x\in[1,2]\end{cases}$$

且 $f(1.5)\approx I(1.5)=0.35$.

18. 给定数据 $f(1)=3$, $f(2)=13$, $f'(1)=5$, $f'(2)=16$, 构造 Hermite 插值多项式 $H_3(x)$, 计算 $f(1.5)$.

解 (方法一) 由题意可知, $l_0(x)=\frac{x-2}{1-2}=2-x$, $l_1(x)=\frac{x-1}{2-1}=x-1$, 因此 Hermite 插值的基函数为

$$\alpha_0(x)=(1+2l_1(x))l_0^2(x)=(2x-1)(x-2)^2$$

$$\alpha_1(x) = (1 + 2l_0(x))l_1^2(x) = (5 - 2x)(x - 1)^2$$

$$\beta_0(x) = (x - x_0)l_0^2(x) = (x - 1)(x - 2)^2$$

$$\beta_1(x) = (x - x_1)l_1^2(x) = (x - 2)(x - 1)^2$$

因此构造 Hermite 插值多项式 $H_3(x)$ 为

$$\begin{aligned} H_3(x) &= 3\alpha_0(x) + 13\alpha_1(x) + 5\beta_0(x) + 16\beta_1(x) \\ &= x^3 + x^2 + 1 \end{aligned}$$

(方法二) 由重节点差商法可知, 构造重节点差商表 (表 2.15) 如下:

表 2.15

x	y	一阶差商	二阶差商	三阶差商
1	3			
1	3	5		
2	13	10	5	
2	13	16	6	1

因此得到的三次 Hermite 插值多项式为

$$\begin{aligned} H_3(x) &= 3 + 5(x - 1) + 5(x - 1)^2 + (x - 1)^2(x - 2) \\ &= x^3 + x^2 + 1 \end{aligned}$$

19. 求一个次数不高于 3 的多项式 $P_3(x)$, 满足下列插值条件

$$P_3(1) = 2, \quad P_3(2) = 4, \quad P_3(3) = 12, \quad P_3'(2) = 3$$

解　由重节点差商法可知, 构造重节点差商表 (表 2.16) 如下:

表 2.16

x	y	一阶差商	二阶差商	三阶差商
1	2			
2	4	2		
2	4	3	1	
3	12	8	5	2

因此得到的三次插值多项式为

$$\begin{aligned} P_3(x) &= 2 + 2(x - 1) + (x - 1)(x - 2) + 2(x - 1)(x - 2)^2 \\ &= 2x^3 - 9x^2 + 15x - 6 \end{aligned}$$

20. 求一个次数不高于 4 的多项式 $P_4(x)$, 满足下列插值条件

$$P_4(1)=1,\quad P_4'(1)=1,\quad P_4(2)=9,\quad P_4'(2)=20,\quad P_4''(2)=36$$

解 由重节点差商法可知, 构造重节点差商表 (表 2.17) 如下:

表 2.17

x	y	一阶差商	二阶差商	三阶差商	四阶差商
1	1				
1	1	1			
2	9	8	7		
2	9	20	12	5	
2	9	20	18	6	1

因此得到的四次插值多项式为

$$\begin{aligned}P_4(x)&=1+(x-1)+7(x-1)^2+5(x-1)^2(x-2)+(x-1)^2(x-2)^2\\&=x^4-x^3+1\end{aligned}$$

21. 确定参数 a,b,c,d,e 的关系, 使得函数 $S(x)$ 是三次样条插值

$$S(x)=\begin{cases}a(x-2)^2+b(x-1)^3, & x\in(-\infty,1)\\ c(x-2)^2, & x\in(1,3)\\ d(x-2)^2+e(x-3)^3, & x\in(3,+\infty)\end{cases}$$

为了使函数 $S(x)$ 满足条件 $S(0)=26, S(1)=7, S(4)=25$, 求参数 a,b,c,d,e.

解 由三次样条插值理论可知, 在连接点处满足

$$S(1-0)=S(1+0)=S(1)=7;\quad S(3-0)=S(3+0)$$

$$S'(1-0)=S'(1+0);\quad S'(3-0)=S'(3+0)$$

$$S''(1-0)=S''(1+0);\quad S''(3-0)=S''(3+0)$$

且有 $S(0)=4a-b=26$, $S(4)=4d+e=25$, 因此联立即可得到参数

$$a=c=d=7,\quad b=2,\quad e=-3$$

22. 已知函数 $f(x)$ 的测量点 $f(0)=-2, f(1)=0, f(3)=4, f(4)=5$, 求满足自然边界条件 $S''(0)=S''(4)=0$ 的三次样条插值函数 $S(x)$, 并计算 $f(2), f(3.5)$ 的近似值.

解 该题为第二类自然边界条件, 由于 $x_0=0$, $x_1=1$, $x_2=3$, $x_3=4$, 有

$$h_0=x_1-x_0=1,\quad h_1=x_2-x_1=2,\quad h_2=x_3-x_2=1$$

因此 $\mu_1 = \dfrac{h_0}{h_1 + h_0} = \dfrac{1}{3}$, $\mu_2 = \dfrac{h_1}{h_1 + h_2} = \dfrac{2}{3}$, $\lambda_1 = 1 - \mu_1 = \dfrac{2}{3}$, $\lambda_2 = 1 - \mu_2 = \dfrac{1}{3}$.

又由于 $y_0 = -2$, $y_1 = 0$, $y_2 = 4$, $y_3 = 5$, 因此 $f[x_0, x_1] = 2$, $f[x_1, x_2] = 2$, $f[x_2, x_3] = -1$, 且

$$g_1 = \frac{6}{h_1 + h_2}(f[x_1, x_2] - f[x_0, x_1]) = 0$$

$$g_2 = \frac{6}{h_2 + h_3}(f[x_2, x_3] - f[x_1, x_2]) = -2$$

由第二类自然边界条件的三弯矩线性方程组

$$M_0 = M_3 = 0$$

$$\begin{bmatrix} 2 & \lambda_1 \\ \mu_2 & 2 \end{bmatrix} \begin{bmatrix} M_1 \\ M_2 \end{bmatrix} = \begin{bmatrix} g_1 - \mu_1 M_0 \\ g_2 - \mu_2 M_3 \end{bmatrix}$$

得到

$$\begin{bmatrix} 2 & \dfrac{2}{3} \\ \dfrac{2}{3} & 2 \end{bmatrix} \begin{bmatrix} M_1 \\ M_2 \end{bmatrix} = \begin{bmatrix} 0 \\ -2 \end{bmatrix}$$

解得 $M_1 = \dfrac{3}{8}$, $M_2 = -\dfrac{9}{8}$.

分别将 M_0, M_1, M_2, M_3 代入

$$\begin{aligned} S(x) = &\frac{(x_{i+1} - x)^3}{6h_i} M_i + \frac{(x - x_i)^3}{6h_i} M_{i+1} + \frac{x_{i+1} - x}{h_i}\left(y_i - \frac{h_i^2}{6} M_i\right) \\ &+ \frac{x - x_i}{h_i}\left(y_{i+1} - \frac{h_i^2}{6} M_{i+1}\right), \quad i = 0, 1, 2 \end{aligned}$$

可得

$$S(x) = \begin{cases} \dfrac{1}{16}x^3 + \dfrac{31}{16}x - 2, & x \in [0, 1], \\ -\dfrac{1}{8}x^3 + \dfrac{9}{16}x^2 + \dfrac{11}{8}x - \dfrac{29}{16}, & x \in [1, 3], \\ \dfrac{3}{16}x^3 - \dfrac{9}{4}x^2 + \dfrac{157}{16}x - \dfrac{41}{4}, & x \in [3, 4] \end{cases}$$

分别计算 $f(2) \approx S(2) = 1.875$, $f(3.5) \approx S(3.5) = 4.57$.

23. 已知函数 $f(x)$ 的测量点 $f(0) = 0$, $f(2) = 16$, $f(4) = 36$, $f(6) = 54$, $f(10) = 82$, 求满足第一类边界条件 $S'(0) = 8$, $S'(10) = 7$ 的三次样条插值函数 $S(x)$, 并计算 $f(3)$, $f(8)$ 的近似值.

解 由题意可知, 所求三次样条插值为第一类边界条件, 由于 $h_1 = h_2 = h_3 = 2$, $h_4 = 4$, 所以

$$\mu_1 = \mu_2 = \frac{1}{2}, \quad \mu_3 = \frac{1}{3}, \quad \lambda_1 = \lambda_2 = \frac{1}{2}, \quad \lambda_3 = \frac{2}{3}$$

$$f[x_0, x_1] = 8, \quad f[x_1, x_2] = 10, \quad f[x_2, x_3] = 9, \quad f[x_3, x_4] = 7$$

因此

$$g_0 = \frac{6}{h_1}(f[x_0, x_1] - y_0') = 0, \quad g_1 = 6\frac{f[x_1, x_2] - f[x_0, x_1]}{h_1 + h_2} = 3$$

$$g_2 = 6\frac{f[x_2, x_3] - f[x_1, x_2]}{h_2 + h_3} = -\frac{3}{2}, \quad g_3 = 6\frac{f[x_3, x_4] - f[x_2, x_3]}{h_3 + h_4} = -2$$

$$g_4 = \frac{6}{h_4}(y_4' - f[x_3, x_4]) = 0$$

若令 $M_i = f''(x_i)$, $i = 0, 1, 2, 3, 4$, 得到三弯矩线性方程组

$$\begin{bmatrix} 2 & 1 & & & \\ \frac{1}{2} & 2 & \frac{1}{2} & & \\ & \frac{1}{2} & 2 & \frac{1}{2} & \\ & & \frac{1}{3} & 2 & \frac{2}{3} \\ & & & 1 & 2 \end{bmatrix} \begin{bmatrix} M_0 \\ M_1 \\ M_2 \\ M_3 \\ M_4 \end{bmatrix} = \begin{bmatrix} 0 \\ 3 \\ -\frac{3}{2} \\ -2 \\ 15 \end{bmatrix}$$

解方程组得 $M_0 = -1$, $M_1 = 2$, $M_2 = -1$, $M_3 = -1$, $M_4 = \frac{1}{2}$, 分别将 M_0, M_1, M_2, M_3, M_4 代入

$$\begin{aligned} S(x) = &\frac{(x_{i+1} - x)^3}{6h_i}M_i + \frac{(x - x_i)^3}{6h_i}M_{i+1} \\ &+ \frac{x_{i+1} - x}{h_i}\left(y_i - \frac{h_i^2}{6}M_i\right) + \frac{x - x_i}{h_i}\left(y_{i+1} - \frac{h_i^2}{6}M_{i+1}\right), \quad i = 0, 1, 2, 3 \end{aligned}$$

可得

$$S(x)=\begin{cases}\frac{1}{4}x^3-\frac{1}{2}x^2+8x, & x\in[0,2],\\ -\frac{1}{4}x^3+\frac{5}{2}x^2+2x+4, & x\in[2,4],\\ -\frac{1}{2}x^2+14x-12, & x\in[4,6],\\ \frac{1}{16}x^3-\frac{13}{8}x^2+\frac{83}{4}x-\frac{51}{2}, & x\in[6,10]\end{cases}$$

分别计算 $f(3)\approx S(3)=25.75$, $f(8)\approx S(8)=68.5$.

2.4 同步训练题

一、填空题

1. 设 x_0,x_1,x_2 是区间 $[a,b]$ 上的互异节点, $f(x)$ 在 $[a,b]$ 上具有各阶导数, 过该组节点的二次插值多项式的余项为 $R_2(x)=$__________.

2. 设 $l_0(x),l_1(x),\cdots,l_n(x)$ 是以整数点 $x_0,x_1,\cdots,x_n$ 为节点的 Lagrange 插值基函数, 则当 $n\geqslant 2$ 时, $\sum\limits_{k=0}^{n}(x_k^4+x_k^2+3)l_k(x)=$__________.

3. Lagrange 插值公式中 $f(x_i)$ 的系数 $l_i(x)$ 的特点是 $\sum\limits_{i=1}^{n}l_i(x)=$__________, 所以当系数 $l_i(x)$ 满足__________时, 计算不会放大 $f(x_i)$ 的误差.

4. n 阶 Newton 差商 $f[x_0,x_1,\cdots,x_n]$ 与 n 阶导数 $f^{(n)}(x)$ 之间的关系式为__________.

5. 函数

$$f(x)=\begin{cases}0, & -1\leqslant x<0,\\ x^3, & 0\leqslant x<1,\\ x^3+(x-1)^2, & 1\leqslant x\leqslant 2\end{cases} \quad 与\ g(x)=\begin{cases}x^3+2x+1, & -1\leqslant x<0,\\ 2x^3+2x+1, & 0\leqslant x\leqslant 1\end{cases}$$

中, 可以作为三次样条函数的是__________, 另一个函数不是三次样条函数的原因是__________.

6. 已知函数 $f(x)$ 满足 $f(0)=0$, $f(1)=1$, $f(2)=1$, $f'(1)=1$, 则 $f(x)$ 的三次插值多项式 $P_3(x)=$__________.

二、选择题

1. 设 $f(x)=8x^4+3x^3-98x+1$, 则差商 $f[2,4,8,16,32]=$ (　).

A. 2　　B. 3　　C. 5　　D. 8

2. 若节点 $x_i(i=0,1,\cdots,n)$ 互异, 且 $f(x)=(x-x_0)(x-x_1)\cdots(x-x_n)$, 当 $p\leqslant n+1$, 则 $f[x_0,x_1,\cdots,x_p]=$( ).

A. $\begin{cases}0, & p\leqslant n\\ 1, & p=n+1\end{cases}$ B. $\begin{cases}1, & p\leqslant n\\ 0, & p=n+1\end{cases}$

C. $\begin{cases}0, & p\leqslant n\\ 2, & p=n+1\end{cases}$ D. $\begin{cases}1, & p\leqslant n\\ 2, & p=n+1\end{cases}$

3. 确定 $n+1$ 个节点的三次样条函数所需条件个数至少需要 ( ) 个.

A. n B. $2n$ C. $3n$ D. $4n$

4. 区间 $[a,b]$ 上的三次样条插值函数是 ( ).

A. 在 $[a,b]$ 上二阶可导, 节点的函数值已知, 子区间上为 3 次的多项式

B. 在区间 $[a,b]$ 上连续的函数

C. 在区间 $[a,b]$ 上每点可微的函数

D. 在每个子区间上可微的多项式

5. 判断如下命题正确的是 ( ).

A. Lagrange 插值中, 节点数目越多, 得到的插值多项式余项越小

B. 三次样条插值中, 节点数目越多, 得到的样条函数越接近被逼近的函数

C. 高次的 Lagrange 插值多项式很常用

D. 样条函数插值具有比较好的数值稳定性

6. 过 $(0,1)$, $(2,4)$, $(3,1)$ 点的分段线性插值函数 $P(x)=$( ).

A. $\begin{cases}\dfrac{3}{2}x+1, & 0\leqslant x\leqslant 2\\ -3x+10, & 2<x\leqslant 3\end{cases}$ B. $\begin{cases}\dfrac{3}{2}x+1, & 0\leqslant x\leqslant 2\\ -3x^2+10, & 2<x\leqslant 3\end{cases}$

C. $\begin{cases}\dfrac{3}{2}x-1, & 0\leqslant x\leqslant 2\\ -3x+10, & 2<x\leqslant 3\end{cases}$ D. $\begin{cases}\dfrac{3}{2}x+1, & 0\leqslant x\leqslant 2\\ -x+4, & 2<x\leqslant 3\end{cases}$

三、计算与证明题

1. 求次数不小于 3 的多项式 $P(x)$, 使满足条件

$$P(x_0)=f(x_0),\quad P'(x_0)=f'(x_0),\quad P''(x_0)=f''(x_0),\quad P(x_1)=f(x_1)$$

2. 设 $f(x)$ 在 $[x_0,x_3]$ 上有 5 阶连续导数, 且 $x_0<x_1<x_2<x_3$.

(1) 试作一个次数不高于 4 次的多项式 $H_4(x)$, 满足条件

$$\begin{cases}H_4(x_j)=f(x_j), & j=1,2,3\\ H_4'(x_1)=f'(x_1)\end{cases}$$

(2) 推导余项 $E(x)=f(x)-H_4(x)$ 的表达式.

3. 构造 4 次多项式 $P_4(x)$, 满足条件

$$P_4(0)=2,\quad P_4'(0)=-9,\quad P_4(1)=-4,\quad P_4'(1)=4,\quad P_4(2)=44$$

4. 设函数 $f(x)\in C^3[a,b]$, 并且 $f(a)=f(b)=0$. 求一个二次多项式 $P(x)$, 使其满足

$$P(a)=f(a),\quad P'(a)=f'(a),\quad P(b)=f(b)$$

5. 设函数 $f(x)\in C^3[a,b]$, 并且 $f(a)=f(b)=0$. 求一个二次多项式 $P(x)$, 使其满足

$$P(a)=f(a),\quad P(b)=f(b),\quad P'(b)=f'(b)$$

6. 试在 $[0,1]$ 上求一个三次样条函数 $s(x)$, 使它满足插值条件

$$s(0)=0,\quad s\left(\frac{1}{2}\right)=1,\quad s(1)=1,\quad s'(0)=2,\quad s'(1)=1$$

7. 试构造四次多项式 $P_4(x)$, 满足条件

$$P_4(1)=2,\quad P_4'(1)=3,\quad P_4(2)=6,\quad P_4'(2)=7,\quad P_4''(2)=8$$

8. 给出函数 $f(x)=\ln x$ 的函数表格 (表 2.18):

表 2.18

x_i	$f(x_i)$	$f'(x_i)$
$x_0=1$	0	1
$x_1=2$	0.693147	0.50000

用插值法求 $P_3(x)\in P_3$, 使得 $P_3^{(i)}(x_j)\in f^{(i)}(x_j), i,j=0,1$, 并求出 $P_3(1.5)$ 作为 $f(1.5)$ 的近似值.

9. 求 $f(x)=x^2$ 在 $[a,b]$ 上 n 等分的分段线性插值函数, 并估计误差.

10. 设函数 $f(x)$ 是 n 次多项式, 对于互异节点 $\{x_i\}_{i=1}^{k}$, 证明: 当 $k>n$ 时 n 阶差商 $f[x,x_1,\cdots,x_n]\equiv 0$; 当 $k\leqslant n$ 时该差商是 $n-k$ 次多项式.

11. 在区间 $[a,b]$ 上任取插值节点 $a\leqslant x_0<x_1<\cdots<x_n\leqslant b$, 令

$$L(x)=\frac{(x-x_1)(x-x_2)\cdots(x-x_n)}{(x_0-x_1)(x_0-x_2)\cdots(x_0-x_n)}$$

求证:

$$L(x)=1+\frac{x-x_0}{x_0-x_1}+\frac{(x-x_0)(x-x_1)}{(x_0-x_1)(x_0-x_2)}+\cdots+\frac{(x-x_0)(x-x_1)\cdots(x-x_{n-1})}{(x_0-x_1)(x_0-x_2)\cdots(x_0-x_n)}$$

12. 设 $x_0, x_1, \cdots, x_n$ 为互不相同的 $n+1$ 个节点. 记 $a=\min\{x_0, x_1, \cdots, x_n\}$, $b=\max\{x_0, x_1, \cdots, x_n\}$. 设 $f(x)\in C^n[a,b]$, 证明: 存在 $\xi\in(a,b)$, 使得 $f[x_0, x_1, \cdots, x_n]=\dfrac{f^{(n)}(\xi)}{n!}$.

13. 设 $f(x)=\dfrac{1}{a-x}$, 且互不相同, 证明:

$$f[x_0, x_1, \cdots, x_k]=\frac{1}{(a-x_0)(a-x_1)\cdots(a-x_k)}, \quad k=1,2,\cdots,n$$

并写出 $f(x)$ 的 n 次 Newton 插值多项式.

2.5 同步训练题答案

一、

1. $\dfrac{f^{(3)}(\xi)}{3!}\prod_{k=0}^{2}(x-x_k)$.
2. x^4+x^2+3.
3. 1, $l_i(x)>1$.
4. $f[x_0, x_1, \cdots, x_n]=\dfrac{f^{(n)}(\xi)}{n!}$.
5. $g(x)$, 二阶导数不连续.
6. $x-\dfrac{1}{2}x(x-1)^2$.

二、

1. D. 2. A. 3. D. 4. A. 5. B. 6. A.

三、

1. $$P(x)=f(x_0)+f'(x_0)(x-x_0)+\frac{1}{2}f''(x_0)(x-x_0)^2+\left[\frac{f[x_0,x_1]-f'(x_0)}{x_1-x_0}-\frac{1}{2}f''(x_0)\right]\frac{(x-x_0)^3}{x_1-x_0}.$$

2. (1) $H_4(x)=N_3(x)+A\prod_{i=0}^{3}(x-x_i)$, 其中

$$A=\frac{f'(x_1)-f[x_0,x_1]-f[x_0,x_1,x_2](x_1-x_0)-f[x_0,x_1,x_2,x_3](x_1-x_0)(x_1-x_2)}{(x_1-x_0)(x_1-x_1)(x_1-x_2)(x_1-x_3)}$$

(2) $\dfrac{f^{(5)}(\xi)}{5!}(x-x_0)(x-x_1)^2(x-x_2)(x-x_3)$.

3. $P_4(x) = 5x^4 - 3x^3 + x^2 - 9x + 2$.

4. $P(x) = -\dfrac{f'(a)}{b-a}(x-a)(x-b)$.

5. $P(x) = \dfrac{f'(b)}{b-a}(x-a)(x-b)$.

6. $s(x) = \begin{cases} -5x^3 + \dfrac{5}{2}x^2 + 2x + 0, & x \in [0, 0.5], \\ 7x^3 - \dfrac{31}{2}x^2 + 11x - \dfrac{3}{2}, & x \in [0.5, 1]. \end{cases}$

7. $P_4(x) = -x^4 + 8x^3 - 20x^2 + 23x - 8$.

8. $P_3(x) = (x-1) - 0.30685(x-1)^2 + 0.113706(x-1)^2(x-2)$;
$f(1.5) \approx P_3(1.5) = 0.409074$.

9. $\varphi(x) = x_k^2 \dfrac{x - x_{k+1}}{-h} + x_{k+1}^2 \dfrac{x - x_k}{h}$; $\left|x^2 - \varphi(x)\right| \leqslant \dfrac{(b-a)^2}{4n^2}$.

10—13. 略.

第 3 章　函数逼近与曲线拟合

本章主要讲述函数逼近与曲线拟合理论，具体内容包括正交多项式理论、勒让德 (Legendre) 正交多项式、切比雪夫 (Chebyshev) 正交多项式、最佳平方逼近理论、曲线拟合的最小二乘法等.

本章中要理解函数逼近思想，熟练掌握正交多项式结论；掌握 Legendre 正交多项式定义及其性质；掌握 Chebyshev 正交多项式定义及其性质，理解 Chebyshev 正交多项式零点插值，理解利用极性性质做最佳一致逼近；掌握函数最佳平方逼近及其平方误差，并要求计算；掌握曲线拟合的最小二乘法及其平方误差；掌握非线性最小二乘法的线性化，并要求计算.

3.1　知识点概述

1. 权函数

设非负函数 $\rho(x)$ 定义在有限或无限区间 $[a,b]$ 上，如果满足

(1) $\int_a^b x^k\rho(x)dx$ 存在且有限 $(k=0,1,\cdots)$.

(2) 对非负的连续函数 $g(x)$，若 $\int_a^b g(x)\rho(x)dx=0$，有 $g(x)\equiv 0$.

则称 $\rho(x)$ 为 $[a,b]$ 上的权函数.

常用的权函数比如有 $\rho(x)=1$, $\rho(x)=\dfrac{1}{\sqrt{1-x^2}}$, $\rho(x)=e^{-x}$, $\rho(x)=e^{-x^2}$ 等.

2. 函数内积与正交

1) **函数内积**

设函数 $f(x),g(x)\in C[a,b]$, $\rho(x)$ 是 $[a,b]$ 上的权函数，则称

$$(f,\ g)=\int_a^b \rho(x)f(x)g(x)dx$$

为 $f(x)$ 与 $g(x)$ 在 $[a,b]$ 上以 $\rho(x)$ 为权函数的内积，若是离散形式的内积可表示为

$$(f,\ g)=\sum_{k=1}^{m}\rho(x_k)f(x_k)g(x_k)$$

2) 函数正交

设函数 $f(x), g(x) \in C[a,b]$, 若 $(f,\ g)=0$, 则称 $f(x)$ 与 $g(x)$ 在 $[a,b]$ 上带权 $\rho(x)$ 正交.

3) 正交函数族

设在 $[a,b]$ 上给定函数族 $\{\varphi_0(x),\ \varphi_1(x),\ \cdots,\ \varphi_n(x),\ \cdots\}$, 若满足条件

$$(\varphi_j(x),\ \varphi_k(x)) = \begin{cases} A_k > 0, & j=k \\ 0, & j \neq k \end{cases}$$

则称函数系 $\{\varphi_k(x)\}$ 是 $[a,b]$ 上带权 $\rho(x)$ 的正交函数族, 特别地, 当 $A_k=1$ 时, 则称该函数系为标准正交函数族. 若函数族为多项式函数族 $\{p_0(x),\ p_1(x),\cdots\}$, 则称 $\{p_k(x)\}$ 为 $[a,b]$ 上带权 $\rho(x)$ 的正交多项式族, 并称 $p_n(x)$ 是 $[a,b]$ 上带权 $\rho(x)$ 的 n 次正交多项式.

3. 施密特 (Schmidt) 正交化

在区间 $[a,b]$ 上带权 $\rho(x)$ 的多项式基底 $\{1,x,x^2,\cdots,x^n\}$ 化为正交的多项式函数族 $\{\varphi_0(x),\varphi_1(x),\cdots,\varphi_n(x)\}$, 其中

$$\begin{cases} \varphi_0(x)=1, \\ \varphi_n(x)=x^n-\displaystyle\sum_{j=0}^{n-1}\frac{(x^n,\varphi_j(x))}{(\varphi_j(x),\varphi_j(x))}\varphi_j(x), \qquad n=1,2,\cdots \end{cases}$$

正交的多项式函数族 $\{\varphi_0(x),\varphi_1(x),\cdots,\varphi_n(x)\}$ 的一些结论:

(1) 通过 Schmidt 正交化得到的 $\varphi_n(x)$ 是最高次项系数为 1 的 n 次多项式, 在多项式中最高次项系数为 1 的 n 次多项式, 也称为首一多项式.

(2) 任何 n 次多项式均可表示为 $\{\varphi_0(x),\varphi_1(x),\cdots,\varphi_n(x)\}$ 的线性组合.

(3) 当 $k\neq j$ 时, $(\varphi_j(x),\varphi_k(x))=0$, 且 $\varphi_k(x)$ 与任何一次数小于 k 的多项式正交.

(4) 正交的多项式函数族也可以写出如下递推:

$$\varphi_{n+1}(x)=(x-\alpha_n)\varphi_n(x)-\beta_n\varphi_{n-1}(x), \quad n=0,1,2,\cdots$$

其中, 参数 $\alpha_n=\dfrac{(x\varphi_n(x),\varphi_n(x))}{(\varphi_n(x),\varphi_n(x))}$, $\beta_n=\dfrac{(\varphi_n(x),\varphi_n(x))}{(\varphi_{n-1}(x),\varphi_{n-1}(x))}$, 初值 $\varphi_{-1}(x)=0$, $\varphi_0(x)=1$.

(5) n 次正交多项式 $\varphi_n(x)(n\geqslant 1)$ 有 n 个互异的实根 (零点), 并且全部位于区间 (a,b) 内.

4. 勒让德 (Legendre) 多项式

在区间 $[-1,1]$ 上权函数 $\rho(x)=1$, Legendre 正交多项式的表达式为

$$p_0(x)=1,\quad p_n(x)=\frac{1}{2^n\cdot n!}\cdot\frac{d^n}{dx^n}[(x^2-1)^n],\quad n=1,\ 2,\ \cdots$$

其中 $p_n(x)$ 的首项系数是 $\dfrac{(2n)!}{2^n\cdot(n!)^2}$.

Legendre 正交多项式有以下一些重要性质.

(1) 正交性: $\displaystyle\int_{-1}^{1}p_m(x)p_n(x)dx=\begin{cases}\dfrac{2}{2n+1}, & m=n,\\ 0, & m\neq n.\end{cases}$

(2) 奇偶性: $p_n(-x)=(-1)^n\cdot p_n(x)$.

(3) 递推关系: $\begin{cases}p_0(x)=1,\quad p_1(x)=x,\\ p_{n+1}(x)=\dfrac{2n+1}{n+1}xp_n(x)-\dfrac{n}{n+1}p_{n-1}(x),\end{cases}\quad n=1,\ 2,\ \cdots.$

由此可得前几项:

$$p_2(x)=\frac{1}{2}(3x^2-1)$$

$$p_3(x)=\frac{1}{2}(5x^3-3x)$$

$$p_4(x)=\frac{1}{8}(35x^4-30x^2+3)$$

$$p_5(x)=\frac{1}{8}(63x^5-70x^3+15x)$$

$$p_6(x)=\frac{1}{16}(231x^6-315x^4+105x^2-5)$$

5. 第一类切比雪夫 (Chebyshev) 多项式

在区间 $[-1,1]$ 上权函数 $\rho(x)=\dfrac{1}{\sqrt{1-x^2}}$, Chebyshev 正交多项式的表达式为

$$T_n(x)=\cos(n\arccos x),\quad -1\leqslant x\leqslant 1,\quad n=0,\ 1,\ 2,\cdots$$

其中 $T_n(x)$ 的首项系数是 2^{n-1}.

Chebyshev 正交多项式的重要性质如下所示.

(1) 正交性: $\displaystyle\int_{-1}^{1}\frac{1}{\sqrt{1-x^2}}T_m(x)T_n(x)dx=\begin{cases}0, & m\neq n,\\ \dfrac{\pi}{2}, & m=n\neq 0,\\ \pi, & m=n=0.\end{cases}$

(2) 奇偶性: $T_n(-x) = (-1)^n T_n(x)$.

(3) 递推关系: $\begin{cases} T_0(x) = 1, \quad T_1(x) = x, \\ T_{n+1}(x) = 2x \cdot T_n(x) - T_{n-1}(x), \end{cases} n = 1,\ 2,\ \cdots.$

由此可得前几项:

$$T_2(x) = 2x^2 - 1$$

$$T_3(x) = 4x^3 - 3x$$

$$T_4(x) = 8x^4 - 8x^2 + 1$$

$$T_5(x) = 16x^5 - 20x^3 + 5x$$

$$T_6(x) = 32x^6 - 48x^4 + 18x^2 - 1$$

(4) $T_n(x)$ 在 $[-1,1]$ 上有 n 个不同零点 $x_k = \cos\dfrac{(2k-1)\pi}{2n}$, $k = 1, 2, \cdots, n$.

(5) $T_n(x)$ 在 $[-1,1]$ 上有 $n+1$ 个不同极值点 $x'_k = \cos k\dfrac{\pi}{n}$, $k = 0, 1, \cdots, n$, 轮流取到最大值 1 和最小值 -1, 称为交错点组.

(6) 极性: 设 $\tilde{T}_n(x)$ 是首项系数为 1 的 Chebyshev 多项式, 则

$$\frac{1}{2^{n-1}} = \max_{-1\leqslant x\leqslant 1} |\tilde{T}_n(x) - 0| \leqslant \max_{-1\leqslant x\leqslant 1} |P(x) - 0|, \quad \forall P(x) \in \tilde{H}_n$$

6. 其他常用的正交多项式

(1) 第二类 Chebyshev 正交多项式

$$U_n(x) = \frac{\sin[(n+1)\arccos x]}{\sqrt{1-x^2}}, \quad n = 0,\ 1,\ 2,\ \cdots$$

是在区间 $[-1,1]$ 上权函数 $\rho(x) = \sqrt{1-x^2}$ 的 n 次正交多项式.

(2) 拉盖尔 (Laguerre) 正交多项式

$$L_n(x) = e^x \frac{d^n}{dx^n}(x^n e^{-x}), \quad n = 0,\ 1,\ 2,\ \cdots$$

是在区间 $[0,+\infty)$ 上权函数 $\rho(x) = e^{-x}$ 的 n 次正交多项式.

(3) Hermite 正交多项式

$$H_n(x) = (-1)^n \cdot e^{x^2} \cdot \frac{d^n}{dx^n}(e^{-x^2}), \quad n = 0,\ 1,\ 2,\ \cdots$$

是在区间 $(-\infty,\ +\infty)$ 上权函数 $\rho(x) = e^{-x^2}$ 的 n 次正交多项式.

7. 最佳平方逼近

对于给定的函数 $f(x) \in C[a,b]$, 若 $C[a,\ b]$ 中的一个子集 $\Phi = \text{span}\{\varphi_0, \varphi_1, \cdots, \varphi_n\}$, 若存在 $S^*(x) = \sum_{j=0}^{n} a_j^* \varphi_j(x) \in \Phi$, 使得

$$\int_a^b \rho(x)[f(x) - S^*(x)]^2 dx = \min_{S(x)\in\Phi} \int_a^b \rho(x)[f(x) - S(x)]^2 dx$$

则称 $S^*(x)$ 是 $f(x)$ 在集合 Φ 中的最佳平方逼近函数. 最佳平方逼近的平方误差为

$$\|\delta(x)\|_2^2 = \|f\|_2^2 - \sum_{k=0}^{n} a_k^*(\varphi_k, f)$$

8. 利用正交多项式作最佳平方逼近

若 $C[a,\ b]$ 中的一个正交多项式基底 $\Phi = \text{span}\{p_0(x), p_1(x), \cdots, p_n(x)\}$, 求最佳平方逼近多项式为 $S_n^*(x) = a_0^* p_0(x) + a_1^* p_1(x) + \cdots + a_n^* p_n(x)$, 此时法方程组变为对角形方程组, 求得系数

$$a_k^* = \frac{(f, p_k)}{(p_k, p_k)}, \quad k = 0, 1, 2, \cdots, n$$

因此 $f(x)$ 的最佳平方逼近多项式为

$$S_n^*(x) = \sum_{k=0}^{n} \frac{(f, p_k)}{(p_k, p_k)} p_k(x)$$

平方误差为 $\|\delta(x)\|_2^2 = \|f\|_2^2 - \sum_{k=0}^{n} \frac{(f, p_k)^2}{(p_k, p_k)}$.

9. 曲线拟合的最小二乘法

对于给定的试验离散数据 $(x_i, y_i), i = 1, 2, \cdots, m$, 若函数类中的一个子集 $\Phi = \text{span}\{\varphi_0, \varphi_1, \cdots, \varphi_n\}$, 若存在 $S^*(x) = \sum_{j=0}^{n} a_j^* \cdot \varphi_j(x) \in \Phi$, 使得

$$\sum_{i=1}^{m} [S^*(x_i) - y_i]^2 = \min_{S(x)\in\Phi} \sum_{i=1}^{m} [S(x_i) - y_i]^2$$

则称 $S^*(x)$ 是 $f(x)$ 在集合 Φ 中的最小二乘函数, 最小二乘法的平方误差为

$$\|\delta(x)\|_2^2 = \|f\|_2^2 - \sum_{k=0}^{n} a_k^*(\varphi_k, f)$$

Haar 条件: 设 $\varphi_0,\varphi_1,\cdots,\varphi_n\in C[a,b]$ 的任意线性组合在点集 $\{x_i,i=0,1,2,\cdots,m\}(m\geqslant n)$ 上至多只有 n 个不同的零点.

10. 利用正交多项式作最小二乘

如果基底 $\varphi_0,\varphi_1,\cdots,\varphi_n\in C[a,b]$ 的任意线性组合在点集 $\{x_i,i=0,1,2,\cdots,m\}(m\geqslant n)$ 上满足正交, 实际用得最多得是采用正交多项式基底, 即

$$(\varphi_j,\varphi_k)=\sum_{i=0}^{m}\rho(x_i)\varphi_j(x_i)\varphi_k(x_i)=\begin{cases}A_k>0, & j=k,\\ 0, & j\neq k\end{cases}$$

此时法方程组变为对角形方程组, 则法方程的解为

$$a_k^*=\frac{(f,\varphi_k)}{(\varphi_k,\varphi_k)}=\frac{\sum\limits_{i=0}^{n}\rho(x_i)f(x_i)\varphi_k(x_i)}{\sum\limits_{i=0}^{n}\rho(x_i)\varphi_k^2(x_i)},\quad k=0,1,2,\cdots,n$$

平方误差为 $\|\delta(x)\|_2^2=\|f\|_2^2-\sum\limits_{k=0}^{n}\dfrac{(f,\varphi_k)^2}{(\varphi_k,\varphi_k)}$.

11. 非线性最小二乘法的线性化 (表 3.1)

表 3.1 非线性拟合问题为线性变换

曲线拟合方程	变量代换	变换后线性拟合方程
$y=ax^b$	$Y=\ln y$	$Y=\ln a+bx$
$y=ae^{\frac{b}{x}}$	$Y=\ln y,X=\dfrac{1}{x}$	$Y=\ln a+bX$
$y=\dfrac{1}{a+be^{-x}}$	$Y=\dfrac{1}{y},X=\dfrac{1}{x}$	$Y=a+bX$
$y=\dfrac{1}{ax+b}$	$Y=\dfrac{1}{y}$	$Y=b+ax$
$y=\dfrac{x}{ax+b}$	$Y=\dfrac{1}{y},X=\dfrac{1}{x}$	$Y=a+bX$
$y^2=ax^2+bx+c$	$Y=y^2$	$Y=ax^2+bx+c$
$y=\dfrac{1}{ax^2+bx+c}$	$Y=\dfrac{1}{y}$	$Y=ax^2+bx+c$
$y=a+\dfrac{b}{x}+\dfrac{c}{x^2}$	$X=\dfrac{1}{x}$	$y=a+bX+cX^2$

3.2 典型例题解析

例 1 数据量特别大时, 该选择下述哪种方法进行函数逼近 ( ).

A. Lagrange 插值多项式　　B. 三次 Hermite 插值函数

C. 三次样条插值函数　　D. 最小二乘拟合

分析　由插值与拟合的区别, 插值的缺点是高次插值容易出现 Runge 现象, 节点测量本身具有误差. 因此在数据量特别大时, 一般采用数据拟合的思想, 所以会使用最小二乘拟合. 因此选 D.

解　D

例 2　求函数 $f(x)=\sin x$ 在区间 $[0,\pi]$ 上的最佳平方逼近一次多项式 $P_1(x)=a+bx$, 则 $b=(\quad)$.

A. 1　　B. 0　　C. -1　　D. 2

分析　由题意可知 $\varphi_0=1$, $\varphi_1=x$, 分别计算如下内积

$$(1,1)=\pi,\quad (1,x)=(x,1)=\frac{\pi^2}{2},\quad (x,x)=\frac{\pi^3}{3},\quad (1,f)=2,\quad (x,f)=\pi$$

因此法方程为

$$\begin{bmatrix}\pi & \dfrac{\pi^2}{2}\\ \dfrac{\pi^2}{2} & \dfrac{\pi^3}{3}\end{bmatrix}\begin{bmatrix}a\\ b\end{bmatrix}=\begin{bmatrix}2\\ \pi\end{bmatrix}$$

解得 $a=\dfrac{2}{\pi}, b=0$, 因此选 B.

解　B.

例 3　试将数据 $(-1,2),(1,2),(2,5),(3,10)$ 最小二乘拟合为 $f(x)=a_0+a_1x+a_2x^2$, 则 $a_1=(\quad)$.

A. 1　　B. 0　　C. -1　　D. 2

分析　由题意可知, 设 $\varphi_0=1$, $\varphi_1=x$, $\varphi_2=x^2$, 分别计算内积

$$(1,1)=4,\quad (1,x)=(x,1)=5,\quad (x,x)=(1,x^2)=(x^2,1)=15$$

$$(x,x^2)=(x^2,x)=35,\quad (x^2,x^2)=99,\quad (1,f)=19,\quad (x,f)=40,\quad (x^2,f)=114$$

因此法方程为

$$\begin{bmatrix}4 & 5 & 15\\ 5 & 15 & 35\\ 15 & 35 & 99\end{bmatrix}\begin{bmatrix}a_0\\ a_1\\ a_2\end{bmatrix}=\begin{bmatrix}19\\ 40\\ 114\end{bmatrix}$$

解得 $a_0=1, a_1=0, a_2=1$, 其最小二乘拟合为 $y=1+x^2$, 因此选 B.

解　B.

例 4　求参数当 $r=$________ 时, 多项式 $p(x)=x^2+r$ 在 $[-1,1]$ 上与零偏差最小.

分析 本题考察 Chebyshev 多项式的极性, 由于在所有首项系数为 1 的多项式中, 与零的偏差最小的是 Chebyshev 多项式, 因此 $p(x)=x^2+r=\frac{1}{2}T_2(x)=x^2-\frac{1}{2}$, 所以 $r=-\frac{1}{2}$.

解 $r=-\frac{1}{2}$.

例 5 求参数 $a=$________, $b=$________ 时, 使得 $\int_0^{\frac{\pi}{2}}[ax+b-\sin x]^2dx$ 达到最小.

分析 由于 $\int_0^{\frac{\pi}{2}}[ax+b-\sin x]^2dx=\int_0^{\frac{\pi}{2}}[\sin x-(ax+b)]^2dx$, 由最佳平方逼近理论, 该问题等价于函数 $f(x)=\sin x$, 权函数 $\rho(x)=1$ 在区间 $\left[0,\frac{\pi}{2}\right]$ 上的最佳平方逼近一次多项式 $S(x)=ax+b$, 因此选取 $\varphi_0=1$, $\varphi_1=x$, 则分别计算内积

$$(\varphi_0,\varphi_0)=\frac{\pi}{2},\quad (\varphi_0,\varphi_1)=(\varphi_1,\varphi_0)=\frac{\pi^2}{8},\quad (\varphi_1,\varphi_1)=\frac{\pi^3}{24},\quad (1,f)=1,\quad (x,f)=1$$

可得法方程组为

$$\begin{bmatrix}\frac{\pi}{2} & \frac{\pi^2}{8}\\ \frac{\pi^2}{8} & \frac{\pi^3}{24}\end{bmatrix}\begin{bmatrix}b\\ a\end{bmatrix}=\begin{bmatrix}1\\ 1\end{bmatrix}$$

解得 $a=\frac{96-24\pi}{\pi^3}, b=\frac{8(\pi-3)}{\pi^2}$.

解 $a=\frac{96-24\pi}{\pi^3}, b=\frac{8(\pi-3)}{\pi^2}$.

例 6 当自变量 x 满足________时, Chebyshev 正交多项式 $T_n(x)$ 满足的递推关系 $T_{n+1}(x)=2xT_n(x)-T_{n-1}(x)$ 是稳定的.

分析 本题考察 Chebyshev 正交多项式定义, 由于 $T_n(x)=\cos(n\arccos x)$, 因此要求定义域 $|x|\leqslant 1$.

解 $|x|\leqslant 1$.

例 7 在某个低温过程中, 函数 y 依赖于温度 t 时刻的试验数据 (表 3.2) 如下:

表 3.2

t	1	2	3	4
y	0.8	1.5	1.8	2.0

且已知经验公式 $S(t)=a_0t+a_1t^2$, 则用最小二乘法分别求得参数 $a_0=$__________,
$a_1=$__________.

分析 由题意可知令 $\varphi_0=t,\varphi_1=t^2$, 分别计算内积

$$(t,t)=30,\quad (t,t^2)=(t^2,t)=100,\quad (t^2,t^2)=354,\quad (t,y)=17.2,\quad (t^2,y)=55$$

因此法方程为

$$\begin{bmatrix}30 & 100\\ 100 & 354\end{bmatrix}\begin{bmatrix}a_0\\ a_1\end{bmatrix}=\begin{bmatrix}17.2\\ 55\end{bmatrix}$$

解得 $a_0=0.9497, a_1=-0.1129$.

解 $a_0=0.9497, a_1=-0.1129$.

例 8 设 $\{\varphi_0(x),\varphi_1(x),\cdots,\varphi_n(x)\}$ 是在区间 $[a,b]$ 上带权函数 $\rho(x)$ 的正交多项式序列, 证明对任意不超过 n 次的多项式 $p(x)$ 均可由其线性表示, 即 $p(x)=\sum\limits_{k=0}^{n}\dfrac{(p,\varphi_k)}{(\varphi_k,\varphi_k)}\varphi_k(x)$.

证明 由于正交函数序列 $\{\varphi_0(x),\varphi_1(x),\cdots,\varphi_n(x)\}$ 是线性无关的, 因此其可以作为不超过 n 次的多项式构成的线性空间的一组基底, 因此

$$p(x)=\sum_{k=0}^{n}c_k\varphi_k(x)$$

其中, $c_k\ (k=0,1,2,\cdots,n)$ 为待定系数. 对上式两边分别与 φ_k 作内积, 由正交性可得

$$(p(x),\varphi_k)=\left(\sum_{k=0}^{n}c_k\varphi_k(x),\varphi_k\right)=c_k(\varphi_k,\varphi_k)$$

因此解得 $c_k=\dfrac{(p(x),\varphi_k)}{(\varphi_k,\varphi_k)}$, $k=0,1,2,\cdots,n$. 代入表达式即证得命题正确.

例 9 求 $f(x)=\dfrac{1}{x}$ 在区间 $[1,e]$ 上的最佳平方逼近一次多项式, 并计算平方误差.

解 由题意可知 $\varphi_0=1$, $\varphi_1=x$, 则 $S(x)=a_0+a_1x$, 分别计算如下内积:

$$(1,1)=e-1,\quad (1,x)=(x,1)=\frac{e^2-1}{2},\quad (x,x)=\frac{e^3-1}{3},\quad (1,f)=1,\quad (x,f)=e-1$$

因此得到法方程组为

$$\begin{bmatrix}e-1 & \dfrac{e^2-1}{2}\\ \dfrac{e^2-1}{2} & \dfrac{e^3-1}{3}\end{bmatrix}\begin{bmatrix}a_0\\ a_1\end{bmatrix}=\begin{bmatrix}1\\ e-1\end{bmatrix}$$

解得 $a_0 \approx 1.2014, a_1 \approx -0.3332$. 因此其最佳平方逼近一次多项式为

$$S(x) = 1.2014 - 0.3332x$$

由于 $(f, f) = \int_1^e \frac{1}{x^2} dx = 1 - \frac{1}{e}$, 则平方误差为

$$\|\delta(x)\|_2^2 = \|f\|_2^2 - (1.2014 - 0.3332 \times (e-1)) \approx 0.0033$$

例 10　求 $f(x) = \sin x$ 在区间 $[0, \pi]$ 上的最佳平方逼近二次多项式, 并计算平方误差.

解　由题意可知 $\varphi_0 = 1$, $\varphi_1 = x$, $\varphi_2 = x^2$, 则 $S(x) = a_0 + a_1 x + a_2 x^2$, 分别计算如下内积

$$(1,1) = \pi, \quad (1, x) = (x, 1) = \frac{\pi^2}{2}, \quad (1, x^2) = (x, x) = (x^2, 1) = \frac{\pi^3}{3}$$

$$(x, x^2) = \frac{\pi^4}{4}, \quad (x^2, x^2) = \frac{\pi^5}{5}, \quad (1, f) = 2, \quad (x, f) = \pi, \quad (x^2, f) = \pi^2 - 4$$

因此建立法方程组为

$$\begin{bmatrix} \pi & \frac{\pi^2}{2} & \frac{\pi^3}{3} \\ \frac{\pi^2}{2} & \frac{\pi^3}{3} & \frac{\pi^4}{4} \\ \frac{\pi^3}{3} & \frac{\pi^4}{4} & \frac{\pi^5}{5} \end{bmatrix} \begin{bmatrix} a_0 \\ a_1 \\ a_2 \end{bmatrix} = \begin{bmatrix} 2 \\ \pi \\ \pi^2 - 4 \end{bmatrix}$$

解得 $a_0 \approx -0.0505, a_1 \approx 1.3122, a_2 \approx -0.4177$. 因此其最佳平方逼近二次多项式为

$$S(x) = -0.0505 + 1.3122x - 0.4177x^2$$

由于 $(f, f) = \int_0^\pi \sin^2(x) dx = \frac{\pi}{2}$, 则平方误差为

$$\|\delta(x)\|_2^2 = \|f\|_2^2 - (-0.0505 \times 2 + 1.3122 \times \pi - 0.4177 \times (\pi^2 - 4)) \approx 0.0011$$

例 11　求多项式 $f(x) = 2x^4 + x^3 + 5x^2 + 1$ 在 $[-1, 1]$ 上的最佳一致逼近三次多项式.

解　设所求最佳一致逼近三次多项式为 $P_3^*(x)$, 由最佳一致逼近的定义可知, $f(x)$ 与 $P_3^*(x)$ 应满足 $\|f(x) - P_3^*(x)\|_\infty$ 最小, 即

$$\max_{-1 \leqslant x \leqslant 1} |f(x) - P_3^*(x)| = \min$$

由 Chebyshev 正交多项式的极性, 在所有首项系数为 1 的多项式中, $\tilde{T}_n(x)$ 的最大值是最小的, 因此, 可设

$$\frac{1}{2}[f(x)-P_3^*(x)]=\frac{1}{2^{4-1}}T_4(x)$$

所以

$$P_3^*(x)=f(x)-\frac{1}{4}T_4(x)=x^3+7x^2+\frac{3}{4}$$

就是 $f(x)$ 在 $[-1,1]$ 上的最佳一致逼近三次多项式.

例 12 分别利用 Legendre 多项式和 Chebyshev 多项式基底, 求函数 $f(x)=e^x$, $x\in[-1,\ 1]$ 上的最佳平方逼近二次多项式, 并求平方误差.

解 (1) 由题意可知, 取 Legendre 多项式基底 $p_0=1$, $p_1=x$, $p_2=\frac{1}{2}(3x^2-1)$, 由其正交性可知

$$(p_0,p_0)=2,\quad (p_1,p_1)=\frac{2}{3},\quad (p_2,p_2)=\frac{2}{5}$$

$$(p_0,p_1)=(p_1,p_0)=(p_0,p_2)=(p_2,p_0)=(p_1,p_2)=(p_2,p_1)=0$$

而

$$(p_0,f(x))=\int_{-1}^{1}e^x dt\approx 2.3504$$

$$(p_1,f(x))=\int_{-1}^{1}xe^x dt\approx 0.7358$$

$$(p_2,f(x))=\int_{-1}^{1}\frac{1}{2}(3x^2-1)e^x dt\approx 0.1431$$

若令 $f(x)=e^x=a_0p_0+a_1p_1+a_2p_2$, 由正交性, 两边分别与基底作内积, 则

$$a_0=\frac{(p_0,f(x))}{(p_0,p_0)}\approx 1.1752,\quad a_1=\frac{(p_1,f(x))}{(p_1,p_1)}\approx 1.1037,\quad a_2=\frac{(p_2,f(x))}{(p_2,p_2)}\approx 0.3578$$

因此

$$\begin{aligned}f(x)&=1.1752+1.1037x+0.3578\times\frac{1}{2}(3x^2-1)\\&=0.5367x^2+1.1037x+0.9963\end{aligned}$$

(2) 同理, 取 Chebyshev 多项式基底 $T_0=1$, $T_1=x$, $T_2=2x^2-1$, 由其正交性可知

$$(T_0,T_0)=\pi,\quad (T_1,T_1)=\frac{\pi}{2},\quad (T_2,T_2)=\frac{\pi}{2}$$

$$(T_0,T_1)=(T_1,T_0)=(T_0,T_2)=(T_2,T_0)=(T_1,T_2)=(T_2,T_1)=0$$

而

$$(T_0,f(x))=\int_{-1}^{1}\frac{1}{\sqrt{1-x^2}}e^x dt\approx 3.9775$$

$$(T_1,f(x))=\int_{-1}^{1}\frac{1}{\sqrt{1-x^2}}xe^x dt\approx 1.7755$$

$$(T_2,f(x))=\int_{-1}^{1}\frac{1}{\sqrt{1-x^2}}(2x^2-1)e^x dt\approx 0.4265$$

若令 $f(x)=e^x=a_0T_0+a_1T_1+a_2T_2$, 由正交性, 两边分别与基底作内积, 则

$$a_0=\frac{(T_0,f(x))}{(T_0,T_0)}\approx 1.2661,\quad a_1=\frac{(T_1,f(x))}{(T_1,T_1)}\approx 1.1303,\quad a_2=\frac{(T_2,f(x))}{(T_2,T_2)}\approx 0.2715$$

因此

$$\begin{aligned}f(x)&=1.2661+1.1303x+0.2715(2x^2-1)\\&=0.5430x^2+1.1303x+0.9946\end{aligned}$$

例 13 设 $f(x)=e^{2x}$, $x\in[-1,\ 1]$, 求出 $f(x)$ 在 $\Phi=\text{span}\{1,x\}$ 中的最佳平方逼近多项式.

解 由题意可知, 取 Legendre 多项式基底 $p_0=1$, $p_1=x$, 由其正交性可知

$$(p_0,p_0)=2,\quad (p_1,p_1)=\frac{2}{3},\quad (p_0,p_1)=(p_1,p_0)=0$$

而

$$(p_0,f(x))=\int_{-1}^{1}e^{2x}dx=\frac{e^4-1}{2e^2},\quad (p_1,f(x))=\int_{-1}^{1}xe^{2x}dx=\frac{e^4+3}{4e^2}$$

若令 $f(x)=e^{2x}=a_0p_0+a_1p_1$, 由正交性, 两边分别与基底作内积, 则

$$a_0=\frac{(p_0,f(x))}{(p_0,p_0)}=\frac{e^4-1}{4e^2},\quad a_1=\frac{(p_1,f(x))}{(p_1,p_1)}=\frac{3(e^4+3)}{8e^2}$$

因此

$$f(x)=\frac{e^4-1}{4e^2}+\frac{3(e^4+3)}{8e^2}x$$

例 14 利用节点值 $\cos\frac{\pi}{6}=\frac{\sqrt{3}}{2}$, $\cos\frac{\pi}{3}=\frac{1}{2}$, $\cos\frac{\pi}{2}=0$, 求函数 $\cos x$ 的最小二乘拟合直线 $S(x)=a_0+a_1x$.

解 由题意可知, 取 $\varphi_0 = 1$, $\varphi_1 = x$, 分别计算如下内积

$$(1,1) = 3, \quad (1,x) = (x,1) = \pi, \quad (x,x) = \frac{7\pi^2}{18},$$

$$(1,f) = \frac{\sqrt{3}+1}{2}, \quad (x,f) = \frac{2+\sqrt{3}}{12}\pi$$

因此建立法方程组为

$$\begin{bmatrix} 3 & \pi \\ \pi & \frac{7}{18}\pi^2 \end{bmatrix} \begin{bmatrix} a_0 \\ a_1 \end{bmatrix} = \begin{bmatrix} \frac{\sqrt{3}+1}{2} \\ \frac{2+\sqrt{3}}{12}\pi \end{bmatrix}$$

解得 $a_0 = \dfrac{4\sqrt{3}+1}{6}$, $a_1 = -\dfrac{3\sqrt{3}}{2\pi}$. 因此其最小二乘拟合曲线为

$$S(x) = \frac{4\sqrt{3}+1}{6} - \frac{3\sqrt{3}}{2\pi}x$$

例 15 表 3.3 中的资料说明各种等级特种装备在碰撞时严重损伤的比率, 利用最小二乘法求其拟合直线, 并计算平方误差.

表 3.3

装备型号	重量/吨	损伤比率/%
豪华型	4.8	3.1
中级别	3.7	4.0
经济型	3.4	5.2
轻便型	2.8	6.4
普通型	1.9	9.6

解 由题意可知, 取 $\varphi_0 = 1$, $\varphi_1 = x$, 设其最小二乘拟合直线为 $S(x) = a_0 + a_1 x$, 分别计算如下内积:

$$(1,1) = 5, \quad (1,x) = (x,1) = 16.6, \quad (x,x) = 59.74,$$

$$(1,f) = 0.283, \quad (x,f) = 0.8352$$

因此建立法方程组为

$$\begin{bmatrix} 5 & 16.6 \\ 16.6 & 59.74 \end{bmatrix} \begin{bmatrix} a_0 \\ a_1 \end{bmatrix} = \begin{bmatrix} 0.283 \\ 0.8352 \end{bmatrix}$$

解得 $a_0 \approx 0.1315$, $a_1 \approx -0.0225$. 因此其最小二乘拟合曲线为

$$S(x) = 0.1315 - 0.0225x$$

由于 $(f,f) = \sum_{i=1}^{5} f^2(x_i) = 0.018577$, 则平方误差为

$$\|\delta(x)\|_2^2 = \|f\|_2^2 - (0.1315 \times 0.283 - 0.0225 \times 0.8352) \approx 1.5 \times 10^{-4}$$

例 16 在某次试验中, 需要观察水分的渗透速度, 测得时间 t 与水的重量 w 的数据如表 3.4.

表 3.4

t/s	1	2	4	8	16	32	64
w/g	4.22	4.02	3.85	4.59	3.44	3.02	2.59

若已知 t 与 w 的经验公式为 $w = at^s$, 试用最小二乘法确定参数 a 和 s, 并计算平方误差.

解 由题意可知, 两边取对数, 得 $\ln w = \ln a + s\ln t$, 因此记为 $Y = A + sx$, 其中, $Y = \ln w$, $A = \ln a$, $x = \ln t$, 设 $\varphi_0 = 1$, $\varphi_1 = x$, 分别计算内积

$$(1,1) = 7, \quad (1,x) = (x,1) = \sum_{i=1}^{7} \ln t_i = 14.5561, \quad (x,x) = \sum_{i=1}^{7} \ln^2 t_i = 43.7212$$

$$(1,Y) = \sum_{i=1}^{7} \ln w_i = 8.9955, \quad (x,Y) = \sum_{i=1}^{7} \ln t_i \cdot \ln w_i = 17.2158$$

$$(Y,Y) = \sum_{i=1}^{7} \ln^2 w_i = 11.8019$$

因此建立法方程组为

$$\begin{bmatrix} 7 & 14.5561 \\ 14.5561 & 43.7212 \end{bmatrix} \begin{bmatrix} A \\ s \end{bmatrix} = \begin{bmatrix} 8.9955 \\ 17.2158 \end{bmatrix}$$

解得 $A = 1.5154$, $s = -0.1107$, 由 $a = e^A = 4.5512$, 此最小二乘拟合的经验公式为 $I = 4.5512t^{-0.1107}$. 平方误差为

$$\|\delta(x)\|_2^2 = (Y,Y) - (1.5154 \times 8.9955 - 0.1107 \times 17.2158) \approx 0.076$$

例 17 设 $T_n(x)$ 为 n 次 Chebyshev 多项式, 证明:

(1) $T_m(T_n(x)) = T_{mn}(x)$.

(2) $T_{m+n}(x)+T_{m-n}(x)=2T_m(x)T_n(x)$.

(3) $T_n(2x^2-1)=T_{2n}(x)$.

证明 (1) 由 Chebyshev 多项式定义 $T_n(x)=\cos(n\arccos x)$, 令 $x=\cos\theta$, 则

$$T_m(T_n(x))=T_m(\cos(n\theta))=\cos(mn\theta)=T_{mn}(x)$$

(2) 同样令 $x=\cos\theta$, 利用三角函数和差化积公式, 则

$$\begin{aligned}T_{m+n}(x)+T_{m-n}(x)&=\cos(m+n)\theta+\cos(m-n)\theta\\&=2\cos(m\theta)\cos(n\theta)=2T_m(x)T_n(x)\end{aligned}$$

(3) 令 $x=\cos\theta$, 则

$$T_n(2x^2-1)=T_n(\cos(2\theta))=\cos(2n\theta)=T_{2n}(x)$$

例 18 设 $f(x)$ 是在 $[-1,1]$ 上的连续偶函数, 证明 $f(x)$ 在 $\Phi=\text{span}\{1,x,\cdots,x^n\}$ 中的最佳平方逼近多项式也是偶函数.

证明 由题意可知, 令 $\varphi_0=1,\varphi_1=x,\cdots,\varphi_n=x^n$, 则最佳平方逼近多项式为

$$P_n(x)=c_0\varphi_0+c_1\varphi_1+\cdots+c_n\varphi_n$$

其中, $c_0,c_1,\cdots,c_n$ 为待定参数, 且当 $i+j$ 为偶数时

$$(\varphi_i,\varphi_j)=\int_{-1}^1 x^{i+j}dx=\frac{2}{i+j+1}$$

又因为 $f(x)$ 是在 $[-1,1]$ 上的一个连续的偶函数, 所以

$$\int_{-1}^1 f(x)x^{2k+1}dx=0\quad\left(k=0,\cdots,\left[\frac{n-1}{2}\right]\right)$$

因此取法方程的偶数行, 可得 $k=\left[\dfrac{n-1}{2}\right]$ 阶齐次线性方程组

$$\begin{bmatrix}\dfrac{2}{3}&\dfrac{2}{5}&\cdots\\\dfrac{2}{5}&\dfrac{2}{7}&\cdots\\\vdots&\vdots&\ddots\end{bmatrix}\begin{bmatrix}c_1\\c_3\\\vdots\\c_{2k+1}\end{bmatrix}=0$$

该线性方程组的系数矩阵为奇数阶的希尔伯特 (Hilbert) 矩阵, 其行列式不为零, 则该齐次线性方程组只有零解, 即 $c_1 = c_3 = \cdots = c_{2k+1} = 0$, 因此表达式 $P_n(x) = c_0\varphi_0 + c_1\varphi_1 + \cdots + c_n\varphi_n$ 中只有偶数项, 命题成立.

例 19 证明第二类 Chebyshev 多项式族 $\{U_n(x)\}$ 是在 $[-1,1]$ 上带权 $\omega(x) = \sqrt{1-x^2}$ 的正交多项式.

证明 由第二类 Chebyshev 多项式定义 $U_n(x) = \dfrac{\sin[(n+1)\arccos x]}{\sqrt{1-x^2}}$, 令 $x = \cos\theta$, 可得

$$\begin{aligned}
&\int_{-1}^{1} \omega(x)U_n(x)U_m(x)dx \\
=& \int_{-1}^{1} \sqrt{1-x^2}\frac{\sin[(n+1)\arccos x]}{\sqrt{1-x^2}}\frac{\sin[(m+1)\arccos x]}{\sqrt{1-x^2}}dx \\
=& \int_{\pi}^{0} \frac{1}{\sin\theta}\sin[(n+1)\theta]\sin[(m+1)\theta](-\sin\theta)d\theta \\
=& \int_{0}^{\pi} \sin[(n+1)\theta]\sin[(m+1)\theta]d\theta \triangleq I(n,m)
\end{aligned}$$

当 $n = m$ 时, $I(n,m) = \displaystyle\int_0^{\pi} \frac{1-\cos 2(n+1)\theta}{2}d\theta = \frac{\pi}{2}$.

当 $n \neq m$ 时, 利用分部积分,

$$\begin{aligned}
I(n,m) &= -\frac{1}{m+1}\int_0^{\pi} \sin(n+1)\theta d(\cos(m+1)\theta) \\
&= \frac{1}{m+1}\int_0^{\pi} \cos(m+1)\theta d(\sin(n+1)\theta) \\
&= \frac{n+1}{m+1}\int_0^{\pi} \cos(m+1)\theta\cos(n+1)\theta d\theta \\
&= \frac{n+1}{(m+1)^2}\int_0^{\pi} \cos(n+1)\theta d(\sin(m+1)\theta) \\
&= -\frac{n+1}{(m+1)^2}\int_0^{\pi} \sin(m+1)\theta d(\cos(n+1)\theta) \\
&= \frac{(n+1)^2}{(m+1)^2}\int_0^{\pi} \sin(m+1)\theta\sin(n+1)\theta d\theta = \frac{(n+1)^2}{(m+1)^2}I(n,m)
\end{aligned}$$

因此 $I(n,m) = \dfrac{(n+1)^2}{(m+1)^2}I(n,m)$, 则 $I(n,m) = 0$, 即证得是相互正交的.

例 20 设 $T_n(x)$ 为 n 次 Chebyshev 多项式, 令 $T_n^* = T_m(2x-1)$, $x \in [0,1]$, 试证明 $\{T_n^*\}$ 是在 $[0,1]$ 上带权函数 $\rho(x) = \dfrac{1}{\sqrt{x-x^2}}$ 的正交多项式序列.

证明 由题意可知, 令 $t = 2x-1$, 则

$$
\begin{aligned}
(T_n^*(x), T_m^*(x)) &= \int_0^1 \frac{1}{\sqrt{x-x^2}} T_n(2x-1)T_m(2x-1)dx \\
&= \int_{-1}^1 \frac{1}{\sqrt{\dfrac{t+1}{2} - \left(\dfrac{t+1}{2}\right)^2}} T_n(t)T_m(t)\frac{1}{2}dt \\
&= \int_{-1}^1 \frac{1}{\sqrt{1-t^2}} T_n(t)T_m(t)dt
\end{aligned}
$$

由 Chebyshev 多项式的正交性即可证得 $(T_n^*(x), T_m^*(x)) = \begin{cases} 0, & m \neq n, \\ \dfrac{\pi}{2}, & m = n \neq 0, \\ \pi, & m = n = 0. \end{cases}$

3.3 习题详解

1. 判断 $1, x, x^2 - \dfrac{1}{3}$ 在 $[-1,1]$ 正交, 并求一个三次多项式, 使其在 $[-1,1]$ 上与上述函数两两正交.

解 由题意可知, 因为

$$
\int_{-1}^1 1 \cdot xdx = 0, \quad \int_{-1}^1 1 \cdot \left(x^2 - \frac{1}{3}\right)dx = 0, \quad \int_{-1}^1 x \cdot \left(x^2 - \frac{1}{3}\right)dx = 0
$$

所以 $1, x, x^2 - \dfrac{1}{3}$ 在 $[-1,1]$ 正交. 若设所求三次多项式为

$$
P_3(x) = a_0 + a_1 x + a_2\left(x^2 - \frac{1}{3}\right) + x^3
$$

则由其在 $[-1,1]$ 上与上述函数两两正交, 可得

$$
a_2 = -\frac{\displaystyle\int_{-1}^1 x^3\left(x^2 - \frac{1}{3}\right)dx}{\displaystyle\int_{-1}^1 \left(x^2 - \frac{1}{3}\right)^2 dx} = 0, \quad a_1 = -\frac{\displaystyle\int_{-1}^1 x^3 \cdot xdx}{\displaystyle\int_{-1}^1 x^2 dx} = -\frac{3}{5},
$$

$$a_0 = -\frac{\int_{-1}^{1} x^3 \cdot 1dx}{\int_{-1}^{1} 1dx} = 0$$

因此三次多项式为 $P_3(x) = x^3 - \frac{3}{5}x$.

2. 用格拉姆-施密特 (Gram-Schmidt) 正交化方法确定 $[0,1]$ 上带权函数 $w(x) = \ln\frac{1}{x}$ 的前三个法正交多项式.

解　由题意可知, 取 $\varphi_0(x) = 1$, $\varphi_1(x) = x$, $\varphi_2(x) = x^2$, 则由 Gram-Schmidt 正交化方法

$$p_0(x) = 1, \quad p_1(x) = x - \frac{(x,1)}{(1,1)}1, \quad p_2(x) = x^2 - \frac{(x^2,p_1)}{(p_1,p_1)}p_1 - \frac{(x^2,1)}{(1,1)}1$$

由

$$(1,1) = \int_0^1 \left(\ln\frac{1}{x}\cdot 1\right)dx = -\int_0^1 \ln x dx = -x\ln x|_0^1 + \int_0^1 1dx = 1$$

$$(x,1) = \int_0^1 \left(\ln\frac{1}{x}\cdot x\right)dx = -\int_0^1 x\ln x dx = -\frac{1}{2}x^2\ln x\Big|_0^1 + \int_0^1 \frac{x}{2}dx = \frac{1}{4}$$

因此求得 $p_1(x) = x - \frac{1}{4}$.

同理, 多次利用分部积分

$$(x^2,1) = \int_0^1 \left(\ln\frac{1}{x}\cdot x^2\right)dx = -\int_0^1 x^2\ln x dx = \frac{1}{9}$$

$$(p_1,p_1) = \int_0^1 \ln\frac{1}{x}\cdot\left(x-\frac{1}{4}\right)^2 dx = -\int_0^1 \ln x\cdot\left(x-\frac{1}{4}\right)^2 dx = \frac{7}{144}$$

$$(x^2,p_1) = \int_0^1 \ln\frac{1}{x}\cdot x^2\left(x-\frac{1}{4}\right)dx = -\int_0^1 \ln x\cdot\left(x^3-\frac{1}{4}x^2\right)dx = \frac{5}{144}$$

因此 $p_2(x) = x^2 - \frac{5}{7}p_1 - \frac{1}{9} = x^2 - \frac{5}{7}x + \frac{17}{252}$.

3. 证明任一向量空间中的 n 个非零向量, 如果它们之间是正交的, 则必线性无关.

证明　设 $d_1, d_2, \cdots, d_n$ 是 n 个正交的非零向量, 即 $d_i^{\mathrm{T}}d_j = 0\ (i \neq j)$, 若存在系数 $k_1, k_2, \cdots, k_n$, 使得 $\sum_{i=1}^{n} k_i d_i = 0$, 则对任意的 d_j, 有

$$0 = d_j^{\mathrm{T}} \sum_{i=1}^{n} k_i d_i = \sum_{i=1}^{n} k_i (d_j^{\mathrm{T}} d_i) = k_j \quad (j = i)$$

因此 $d_1, d_2, \cdots, d_n$ 是线性无关的.

4. 求区间 $[0,1]$ 上关于 $\omega(x) = \sqrt{x}$ 权函数的正交多项式 $g_0(x)$, $g_1(x)$, $g_2(x)$.

解 由题意可知, 令 $g_0(x) = 1$, 则设 $g_1(x) = x + r_0 g_0(x)$, 由正交性

$$r_0 = -\frac{(x, g_0(x))}{(g_0(x), g_0(x))} = -\frac{\int_0^1 \sqrt{x} x dx}{\int_0^1 \sqrt{x} dx} = -\frac{3}{5}$$

因此 $g_1(x) = x + r_0 g_0(x) = x - \dfrac{3}{5}$.

同理可设 $g_2(x) = x^2 + r_1 g_1(x) + r_2 g_0(x)$, 同样由正交性

$$r_1 = -\frac{(x^2, g_1(x))}{(g_1(x), g_1(x))} = -\frac{\int_0^1 \sqrt{x} x^2 \left(x - \frac{3}{5}\right) dx}{\int_0^1 \sqrt{x} \left(x - \frac{3}{5}\right)^2 dx} = -\frac{10}{9}$$

$$r_2 = -\frac{(x^2, g_0(x))}{(g_0(x), g_0(x))} = -\frac{\int_0^1 \sqrt{x} x^2 dx}{\int_0^1 \sqrt{x} dx} = -\frac{3}{7}$$

因此 $g_2(x) = x^2 + r_1 g_1(x) + r_2 g_0(x) = x^2 - \dfrac{10}{9} x + \dfrac{5}{21}$.

5. 证明第一类 Chebyshev 多项式 $T_n(x)$ 满足微分方程

$$(1 - x^2) T_n''(x) - x T_n'(x) + n^2 T_n(x) = 0$$

证明 由题意可知, 令 $x = \cos\theta$, 则 $T_n(x) = \cos(n\theta)$, 从而

$$T_n'(x) = \frac{dT_n(x)}{d\theta} \frac{d\theta}{dx} = -n \sin(n\theta) \frac{1}{-\sin\theta} = \frac{n \sin n\theta}{\sin\theta}$$

$$T_n''(x) = \frac{d}{d\theta} \left(\frac{n \sin n\theta}{\sin\theta} \right) \frac{d\theta}{dx} = \left(\frac{n^2 \cos n\theta}{\sin\theta} - \frac{n \sin n\theta \cos\theta}{\sin^2\theta} \right) \frac{1}{-\sin\theta}$$
$$= \frac{n^2 \sin\theta \cos n\theta - n \sin n\theta \cos\theta}{\sin^3\theta}$$

因此

$$(1 - x^2) T_n''(x) - x T_n'(x) + n^2 T_n(x)$$

$$= \sin^2\theta \frac{n^2 \sin\theta \cos n\theta - n \sin n\theta \cos\theta}{\sin^3\theta} - \cos\theta \frac{n \sin n\theta}{\sin\theta} + n^2 \cos(n\theta) = 0$$

6. 将 $f(x) = \arccos x$ 在区间 $[-1, 1]$ 上按 Chebyshev 三次多项式展开.

解 由题意可知, 设 $f(x) = \sum_{k=0}^{n} c_k T_k(x) = c_0 T_0 + c_1 T_1 + \cdots + c_n T_n$, 两边同时和 T_k 作内积, 则由正交性

$$(f(x), T_k) = c_k (T_k, T_k)$$

解得 $c_k = \dfrac{(f(x), T_k)}{(T_k, T_k)}$, 由于当 $k \geqslant 1$ 时

$$\begin{aligned}
(f(x), T_k) &= \int_{-1}^{1} \frac{1}{\sqrt{1-x^2}} T_k(x) f(x) dx \\
&\xlongequal{x=\cos\theta} \int_{\pi}^{0} \frac{1}{\sin\theta} \cos k\theta \cdot \theta \cdot (-\sin\theta) d\theta = \int_{0}^{\pi} \theta \cos k\theta d\theta \\
&= \frac{\theta}{k} \sin k\theta \Big|_0^{\pi} - \int_0^{\pi} \frac{1}{k} \sin k\theta d\theta = \frac{1}{k^2} \cos k\theta \Big|_0^{\pi} = \frac{\cos k\pi - 1}{k^2} \\
&= \frac{(-1)^k - 1}{k^2}
\end{aligned}$$

解得 $c_k = \dfrac{(f(x), T_k)}{(T_k, T_k)} = 2\dfrac{(-1)^k - 1}{\pi k^2}$, 而当 $k = 0$ 时, $c_0 = \dfrac{(f(x), T_0)}{(T_0, T_0)} = \dfrac{\pi}{2}$, 因此

$$f(x) = \frac{\pi}{2} - \sum_{k=1}^{\infty} 2\frac{(-1)^k - 1}{\pi k^2} T_k(x)$$

因此, 按 Chebyshev 三次多项式展开为

$$f(x) = \frac{\pi}{2} + \frac{4}{\pi} x + \frac{4}{9\pi}(4x^3 - 3x) = \frac{16}{9\pi} x^3 + \frac{8}{3\pi} x + \frac{\pi}{2}$$

7. 证明第二类 Chebyshev 多项式的递推关系 $u_{n+1}(x) = 2x u_n(x) - u_{n-1}(x)$.

证明 由题意可知, 令 $x = \cos\theta$, 则

$$\begin{aligned}
2x u_n(x) - u_{n-1}(x) &= 2x \frac{\sin[(n+1)\arccos x]}{\sqrt{1-x^2}} - \frac{\sin(n \arccos x)}{\sqrt{1-x^2}} \\
&= 2\cos\theta \frac{\sin[(n+1)\theta]}{\sin\theta} - \frac{\sin(n\theta)}{\sin\theta}
\end{aligned}$$

$$= \frac{2\cos\theta\sin[(n+1)\theta] - \sin(n\theta)}{\sin\theta}$$

$$= \frac{\sin(n+2)\theta + \sin(n\theta) - \sin(n\theta)}{\sin\theta} = \frac{\sin(n+2)\theta}{\sin\theta} = u_{n+1}(x)$$

8. 求下列多项式在 $[-1,1]$ 上的最佳一致逼近二次多项式:

(1) $f(x) = 2x^3 + x^2 + 2x + 1$; (2) $f(x) = 4x^3 + 2x^2 + x + 1$.

解 (1) 设所求最佳一致逼近二次多项式为 $P_2^*(x)$, 由最佳一致逼近的定义可知, $f(x)$ 与 $P_2^*(x)$ 应满足 $\|f(x) - P_2^*(x)\|_\infty$ 最小, 即

$$\max_{-1\leqslant x\leqslant 1} |f(x) - P_2^*(x)| = \min$$

由 Chebyshev 正交多项式的极性, 在所有首项系数为 1 的多项式中, $\tilde{T}_n(x)$ 的最大值是最小的, 因此, 可设

$$\frac{1}{2}[f(x) - P_2^*(x)] = \frac{1}{2^{3-1}}T_3(x)$$

所以

$$P_2^*(x) = f(x) - \frac{1}{2}T_3(x) = x^2 + \frac{7}{2}x + 1$$

就是 $f(x)$ 在 $[-1,1]$ 上的最佳一致逼近二次多项式.

(2) 同 (1), 可设

$$\frac{1}{4}[f(x) - P_2^*(x)] = \frac{1}{2^{3-1}}T_3(x)$$

所以

$$P_2^*(x) = f(x) - T_3(x) = 2x^2 + 4x + 1$$

就是 $f(x)$ 在 $[-1,1]$ 上的最佳一致逼近二次多项式.

9. 确定 a 与 b, 使得 $\max\limits_{2\leqslant x\leqslant 4} |x^2 + ax + b|$ 达到最小.

解 由最佳平方逼近理论, 该问题等价于函数 $f(x) = x^2$ 在区间 $[2,4]$ 上权函数 $\rho(x) = 1$ 的最佳平方逼近一次多项式, 因此选取 $\varphi_0 = 1$, $\varphi_1 = x$, 则

$$(\varphi_0, \varphi_0) = \int_2^4 1dx = 2, \quad (\varphi_0, \varphi_1) = (\varphi_1, \varphi_0) = \int_2^4 xdx = 6$$

$$(\varphi_1, \varphi_1) = \int_2^4 x^2dx = \frac{56}{3}, \quad (\varphi_0, f) = \int_2^4 x^2dx = \frac{56}{3}, \quad (\varphi_1, f) = \int_2^4 x^3dx = 60$$

可得法方程为

$$\begin{bmatrix} 2 & 6 \\ 6 & \dfrac{56}{3} \end{bmatrix} \begin{bmatrix} a_0 \\ a_1 \end{bmatrix} = \begin{bmatrix} \dfrac{56}{3} \\ 60 \end{bmatrix}$$

解得 $a_0 = -\dfrac{26}{3}$, $a_1 = 6$, 因此 $a = -a_1 = -6$, $b = -a_0 = \dfrac{26}{3}$, 所求最佳平方逼近一次多项式为

$$P_1(x) = \frac{26}{3} - 6x$$

10. 求 $f(x) = \ln x$ 在区间 $[1, e]$ 上的线性最佳平方逼近多项式 $S_1(x) = a+bx$, 并计算平方误差.

解　由题意可知 $\varphi_0 = 1$, $\varphi_1 = x$, 则 $S(x) = a_0 + a_1 x$, 因此法方程为

$$\begin{bmatrix} (1,1) & (1,x) \\ (x,1) & (x,x) \end{bmatrix} \begin{bmatrix} a_0 \\ a_1 \end{bmatrix} = \begin{bmatrix} (1,f) \\ (x,f) \end{bmatrix}$$

分别计算如下内积:

$$(1,1) = e - 1, \quad (1,x) = (x,1) = \frac{e^2-1}{2}, \quad (x,x) = \frac{e^3-1}{3}$$

$$(1,f) = 1, \quad (x,f) = \frac{e^2+1}{4}$$

因此

$$\begin{bmatrix} e-1 & \dfrac{e^2-1}{2} \\ \dfrac{e^2-1}{2} & \dfrac{e^3-1}{3} \end{bmatrix} \begin{bmatrix} a_0 \\ a_1 \end{bmatrix} = \begin{bmatrix} 1 \\ \dfrac{e^2+1}{4} \end{bmatrix}$$

解得 $a_0 = -0.4652, a_1 = 0.5633$. 由于 $(f,f) = \displaystyle\int_1^e \ln^2 x dx = e - 2$, 则平方误差为

$$\|\delta(x)\|_2^2 = \|f\|_2^2 - \left(-0.4652 + 0.5633 \times \frac{e^2+1}{4}\right) \approx 0.0021$$

11. 已知 $f(x) = |x|$ 在 $[-1,1]$ 上, 求在 $\Phi = \text{span}\{1, x^2, x^4\}$ 上的最佳平方逼近.

解　由题意可知, 设 $\varphi_0 = 1$, $\varphi_1 = x^2$, $\varphi_2 = x^4$, 则 $S(x) = a_0 + a_1 x^2 + a_2 x^4$, 分别计算法方程中的内积

$$(1,1) = 2, \quad (1,x^2) = (x^2,1) = \frac{2}{3}, \quad (1,x^4) = \frac{2}{5}, \quad (x^2,x^4) = \frac{2}{7}, \quad (x^4,x^4) = \frac{2}{9}$$

$$(1,f)=1,\quad (x^2,f)=\frac{1}{2},\quad (x^4,f)=\frac{1}{3}$$

因此法方程为

$$\begin{bmatrix} 2 & \frac{2}{3} & \frac{2}{5} \\ \frac{2}{3} & \frac{2}{5} & \frac{2}{7} \\ \frac{2}{5} & \frac{2}{7} & \frac{2}{9} \end{bmatrix}\begin{bmatrix} a_0 \\ a_1 \\ a_2 \end{bmatrix}=\begin{bmatrix} 1 \\ \frac{1}{2} \\ \frac{1}{3} \end{bmatrix}$$

解得 $a_0=\frac{15}{128}$, $a_1=\frac{105}{64}$, $a_2=-\frac{105}{128}$. 因此最佳平方逼近多项式为

$$S(x)=\frac{15}{128}+\frac{105}{64}x^2-\frac{105}{128}x^4$$

12. 已知 $f(x)=x^2$ 在区间 $[0,1]$ 上, 分别求在 $\Phi_1=\text{span}\{1,x\}$ 和 $\Phi_2=\text{span}\{x^{100},x^{101}\}$ 上的最佳平方逼近, 并比较其结果.

解 (1) 由题意可知, 设 $\varphi_0=1$, $\varphi_1=x$, 则 $S(x)=a_0+a_1x$, 分别计算内积

$$(1,1)=1,\quad (1,x)=\frac{1}{2},\quad (x,x)=\frac{1}{3},\quad (1,f)=\frac{1}{3},\quad (x^2,f)=\frac{1}{4}$$

因此法方程为

$$\begin{bmatrix} 1 & \frac{1}{2} \\ \frac{1}{2} & \frac{1}{3} \end{bmatrix}\begin{bmatrix} a_0 \\ a_1 \end{bmatrix}=\begin{bmatrix} \frac{1}{3} \\ \frac{1}{4} \end{bmatrix}$$

解得 $a_0=-\frac{1}{6}$, $a_1=1$, 即求得 $S(x)=-\frac{1}{6}+x$. 计算其平方误差为

$$\|\delta(x)\|_2^2=\|f\|_2^2-\left(-\frac{1}{6}\times\frac{1}{3}+1\times\frac{1}{4}\right)\approx 0.0056$$

(2) 同 (1) 设 $\varphi_0=x^{100}$, $\varphi_1=x^{101}$, 则 $S(x)=a_0x^{100}+a_1x^{101}$, 分别计算内积

$$(x^{100},x^{100})=\frac{1}{201},\quad (x^{101},x^{100})=(x^{100},x^{101})=\frac{1}{202}$$

$$(x^{101},x^{101})=\frac{1}{203},\quad (x^{100},f)=\frac{1}{103},\quad (x^{101},f)=\frac{1}{104}$$

因此法方程为

$$\begin{bmatrix} \frac{1}{201} & \frac{1}{202} \\ \frac{1}{202} & \frac{1}{203} \end{bmatrix}\begin{bmatrix} a_0 \\ a_1 \end{bmatrix}=\begin{bmatrix} \frac{1}{103} \\ \frac{1}{104} \end{bmatrix}$$

解得 $a_0 \approx 375.243$, $a_1 \approx -375.148$, 即求得 $S(x) = 375.243 - 375.148x$. 计算其平方误差为

$$\|\delta(x)\|_2^2 = \|f\|_2^2 - \left(375.243 \times \frac{1}{103} - 375.148 \times \frac{1}{104}\right) \approx 0.1641$$

比较两种平方误差可知, 采用第一种基底的平方误差比较小.

13. 求数据 $(1,0),(2,2),(3,2),(4,5),(5,4)$ 的最小二乘拟合 $S_1(x) = a + bx$, 并求平方误差.

解 由题意可知, 设 $\varphi_0 = 1$, $\varphi_1 = x$, 则 $S(x) = a_0 + a_1 x$, 分别计算内积

$$(1,1) = 5, \quad (1,x) = (x,1) = 15, \quad (x,x) = 55, \quad (1,f) = 13, \quad (x,f) = 50$$

因此法方程为

$$\begin{bmatrix} 5 & 15 \\ 15 & 55 \end{bmatrix} \begin{bmatrix} a_0 \\ a_1 \end{bmatrix} = \begin{bmatrix} 13 \\ 50 \end{bmatrix}$$

解得 $a_0 = -0.7$, $a_1 = 1.1$, 因此最小二乘拟合为 $y = -0.7 + 1.1x$. 平方误差为

$$\|\delta(x)\|_2^2 = (f,f) - (-0.7 \times 13 + 1.1 \times 50) \approx 3.1$$

14. 求数据 $(-2,0),(-1,1),(1,1),(2,0)$ 的最小二乘拟合 $S_2(x) = a_0 + a_1 x + a_2 x^2$, 并求平方误差.

解 由题意可知, 设 $\varphi_0 = 1$, $\varphi_1 = x$, $\varphi_2 = x^2$, 则 $S_2(x) = a_0 + a_1 x + a_2 x^2$, 分别计算内积

$$(1,1) = 4, \quad (1,x) = (x,1) = 0, \quad (x,x) = (1,x^2) = (x^2,1) = 10$$

$$(x,x^2) = (x^2,x) = 0, \quad (x^2,x^2) = 34, \quad (1,f) = 2, \quad (x,f) = 0, \quad (x^2,f) = 2$$

因此法方程为

$$\begin{bmatrix} 4 & 0 & 10 \\ 0 & 10 & 0 \\ 10 & 0 & 34 \end{bmatrix} \begin{bmatrix} a_0 \\ a_1 \\ a_2 \end{bmatrix} = \begin{bmatrix} 2 \\ 0 \\ 2 \end{bmatrix}$$

解得 $a_0 = \frac{4}{3}$, $a_1 = 0$, $a_2 = -\frac{1}{3}$, 因此最小二乘拟合为 $y = \frac{4}{3} - \frac{1}{3}x^2$. 平方误差为

$$\|\delta(x)\|_2^2 = \|f\|_2^2 - \left(\frac{4}{3} \times 2 + 0 \times 40 - \frac{1}{3} \times 2\right) = 0$$

15. 观测物体的直线运动, 得到如表 3.5.

表 3.5

t/s	0	0.9	1.9	3.0	3.9	5.0
s/m	0	10	30	50	80	110

试用最小二乘拟合这组数据的运动方程 $s(x)=\dfrac{1}{2}at^2+v_0t$.

解 由题意可知, 设 $\varphi_0=t$, $\varphi_1=t^2$, 设 $s(x)=a_0t+a_1t^2$, 分别计算内积

$$(t,t)=53.63,\quad (t,t^2)=(t^2,t)=218.907$$

$$(t^2,t^2)=951.0323,\quad (t,s)=1078,\quad (t^2,s)=4533.2,\quad (s,s)=22000$$

因此其法方程为

$$\begin{bmatrix} 53.63 & 218.907 \\ 218.907 & 951.0323 \end{bmatrix}\begin{bmatrix} a_0 \\ a_1 \end{bmatrix}=\begin{bmatrix} 1078 \\ 4533.2 \end{bmatrix}$$

解得 $a_0=10.6576$, $a_1=2.3135$, 因此 $s(x)=10.6576t+2.3135t^2$, 即 $v_0=10.6576$, $a=4.6270$. 平方误差为

$$\|\delta(x)\|_2^2=22000-(10.6576\times 1078+2.3135\times 4533.2)=23.549$$

16. 给出下列数据 (表 3.6):

表 3.6

x	-3	-2	-1	2	4
y	14.3	8.3	4.7	8.3	22.7

用最小二乘法求形如 $y=a+bx^2$ 的经验公式, 并求平方误差.

解 由题意可知, 设 $\varphi_0=1$, $\varphi_1=x^2$, 则 $S(x)=a_0+a_1x^2$, 分别计算内积

$$(1,1)=5,\quad (1,x^2)=(x^2,1)=34,\quad (x^2,x^2)=370$$

$$(1,f)=58.3,\quad (x^2,f)=563,\quad (f,f)=879.65$$

因此法方程为

$$\begin{bmatrix} 5 & 34 \\ 34 & 370 \end{bmatrix}\begin{bmatrix} a_0 \\ a_1 \end{bmatrix}=\begin{bmatrix} 58.3 \\ 563 \end{bmatrix}$$

解得 $a_0=3.5$, $a_1=1.2$, 此最小二乘拟合为 $y=3.5+1.2x^2$. 平方误差为

$$\|\delta(x)\|_2^2=\|f\|_2^2-(3.5\times 58.3+1.2\times 563)=0$$

17. 给出下列数据 (表 3.7):

表 3.7

x	-0.70	-0.50	0.25	0.75
y	0.99	1.21	2.57	4.23

用最小二乘法求形如 $y = ae^{bx}$ 的经验公式, 并求平方误差.

解　由题意可知, 两边取对数, 得 $\ln y = \ln a + bx$, 因此记 $Y = A + bx$, 设 $\varphi_0 = 1$, $\varphi_1 = x$, 分别计算内积

$$(1,1) = 4, \quad (1,x) = (x,1) = -0.2, \quad (x,x) = 1.365$$

$$(1,Y) = 2.566678, \quad (x,Y) = 1.229353, \quad (Y,Y) = 3.0073421$$

因此法方程为

$$\begin{bmatrix} 4 & -0.2 \\ -0.2 & 1.365 \end{bmatrix} \begin{bmatrix} A \\ b \end{bmatrix} = \begin{bmatrix} 2.566678 \\ 1.229353 \end{bmatrix}$$

解得 $A = 0.691769$, $b = 1.001983$, 由 $a = e^A = 1.997245$, 此最小二乘拟合的经验公式为 $y = 1.997245e^{1.001983}$. 平方误差为

$$\|\delta(x)\|_2^2 = \|f\|_2^2 - (A \times 2.566678 + b \times 1.229353) = 3 \times 10^{-6}$$

18. 设一发射源的发射强度公式为 $I = I_0 e^{-at}$, 试验测得如表 3.8.

表 3.8

t	0.2	0.3	0.4	0.5	0.6	0.7	0.8
I	3.16	2.38	1.75	1.34	1.00	0.74	0.56

试用最小二乘法确定 I_0 与 a.

解　由题意可知, 两边取对数, 得 $\ln I = \ln I_0 - at$, 因此记为 $Y = A + Bt$, 设 $\varphi_0 = 1$, $\varphi_1 = t$, 分别计算内积

$$(1,1) = 7, \quad (1,t) = (t,1) = 3.5, \quad (t,t) = 2.03$$

$$(1,Y) = 1.989, \quad (t,Y) = 0.1858, \quad (Y,Y) = 2.9013583$$

因此法方程为

$$\begin{bmatrix} 7 & 3.5 \\ 3.5 & 2.03 \end{bmatrix} \begin{bmatrix} A \\ B \end{bmatrix} = \begin{bmatrix} 1.989 \\ 0.1858 \end{bmatrix}$$

解得 $A=1.72825$, $B=-2.888$, 由 $I_0=e^A=5.631$, $a=-B=2.888$, 此最小二乘拟合的经验公式为 $I=5.631e^{-2.888t}$. 平方误差为

$$\|\delta(x)\|_2^2=\|f\|_2^2-(A\times 1.989+b\times 0.1858)\approx 4.6\times 10^{-4}$$

19. 已知一组试验数据 (表 3.9).

表 3.9

x	1	2	3	4	5
y	4	4.5	6	8	8.5
ω	2	1	3	1	1

试求最小二乘拟合曲线.

解 由题意可知, 假设采用基函数 $\varphi_0=1$, $\varphi_1=x$, $\varphi_2=x^2$ 作最小二乘, 则 $S_2(x)=a_0+a_1x+a_2x^2$, 分别计算带权重内积

$$(1,1)=8,\quad (1,x)=(x,1)=22,\quad (x,x)=(1,x^2)=(x^2,1)=74$$

$$(x,x^2)=(x^2,x)=280,\quad (x^2,x^2)=1142,\quad (1,f)=47$$

$$(x,f)=145.5,\quad (x^2,f)=528.5$$

因此法方程为

$$\begin{bmatrix} 8 & 22 & 74 \\ 22 & 74 & 280 \\ 74 & 280 & 1142 \end{bmatrix}\begin{bmatrix} a_0 \\ a_1 \\ a_2 \end{bmatrix}=\begin{bmatrix} 47 \\ 145.5 \\ 528.5 \end{bmatrix}$$

解得 $a_0=3$, $a_1=0.81$, $a_2=0.07$, 因此最小二乘拟合为 $S(x)=3+0.81x+0.07x^2$. 平方误差为

$$\|\delta(x)\|_2^2=\|f\|_2^2-(3\times 47+0.81\times 145.5+0.07\times 528.5)=0.65.$$

3.4 同步训练题

一、填空题

1. Legendre 正交多项式中, 若阶数 $m=n$, $(p_m(x),p_n(x))=$__________.

2. 在区间 $[0,1]$ 上, 权函数 $\rho(x)=1$, 对多项式基底 $\{1,x,x^2,\cdots,x^n\}$ 利用 Schmidt 正交化方法, 若 $T_0=1$, 则 $T_1=$__________.

3. Chebyshev 正交多项式是定义在区间 $[-1,1]$ 上权函数__________ 的多项式.

4. Chebyshev 正交多项式中, 若阶数 $m=n\neq 0$, $(T_m(x),T_n(x))=$______.

5. 已知一组数据如下 (表 3.10):

表 3.10

x	2	4	6	8
y	2	11	28	48

用最小二乘拟合这组数据的直线表达式为__________.

二、选择题

1. 求数据 $(1,0),(2,2),(3,2),(4,5),(5,4)$ 的最小二乘拟合函数 $y=a+bx$, 则 $b=($ $)$.

A. 0.9　　B. 1　　C. 1.1　　D. 1.2

2. 设函数 $f(x)=x^2-2x+3$, 则函数 $f(x)$ 在 $[0,1]$ 上关于 $\Phi=\{1,x,x^2\}$ 的最佳平方逼近多项式为 ( ).

A. x^2-x-1　　B. $4x+\dfrac{11}{6}$　　C. x^2-2x+3　　D. x^2

3. 求多项式 $f(x)=8x^3$ 在 $[0,1]$ 上的最佳一致逼近二次多项式为 ( ).

A. x^2　　B. $(x+1)^2$　　C. $3x^2+3x+1$　　D. $3x^2+\dfrac{15}{4}x+1$

4. 求数据 $(-1,2),(0,1),(1,2),(2,4)$ 的最小二乘拟合 $f(x)=a_0+a_1x^2$, 则 $a_0=($ $)$.

A. $\dfrac{5}{6}$　　B. $\dfrac{7}{6}$　　C. $\dfrac{1}{6}$　　D. $\dfrac{2}{3}$

5. 对于 Chebyshev 多项式 $T_n(x)$, 则 $\displaystyle\int_0^1 \frac{T_n^2(x)}{\sqrt{1-x^2}}dx=($ $)$.

A. 0　　B. π　　C. 1　　D. $\dfrac{\pi}{2}$

三、计算与证明题

1. 求函数 $y=\sqrt{x}$, $x\in[0,1]$ 在指定区间上的最佳平方逼近一次多项式.

2. 求 $f(x)=\sin x$, $x\in[0,0.1]$ 在空间 $\Phi=\mathrm{span}\{1,x,x^2\}$ 的最佳平方逼近多项式, 并给出平方误差.

3. 设在区间 $[-1,1]$ 上, $\varphi_k=1-\dfrac{1}{2}x-\dfrac{1}{8}x^2-\dfrac{3}{24}x^3-\dfrac{15}{384}x^4-\dfrac{165}{3840}x^5$, 试将 $\varphi(x)$ 降低到三次多项式, 并估计误差.

4. 设函数 $f\in C[0,\pi]$, 利用权函数 $w(x)\equiv 1$, 求 $f(x)$ 在 $[0,\pi]$ 上形如 $p(x)=\displaystyle\sum_{j=0}^{n}a_j\cos(jx)$ 的三角多项式最小二乘逼近.

5. 一个物体的直线运动方程 $s=\dfrac{1}{2}gt^2+v_0t$, 测得数据为表 3.11.

表 3.11

t/s	0	0.9	1.9	3	3.9	5
s/m	0	10	30	50	80	110

求该物体的初速度 v_0 及加速度 g (计算取 3 位小数).

6. 求数据 (表 3.12):

表 3.12

x	−3	−2	−1	0	1	2	3
y	4	2	3	0	−1	−2	−5

的最小二乘拟合 $y=a_0+a_1x+a_2x^2$.

7. 观测的数据 (表 3.13):

表 3.13

x	1	2	3	4	5	6	7
y	2	4	5	6	8	7	1

试用 Chebyshev 多项式求它的二次多项式拟合 $P(x)$ 以及 $P\left(\dfrac{5}{2}\right)$, $P\left(\dfrac{13}{2}\right)$.

8. 对于某个长度测量了 n 次, 得到 n 个近似值 $x_1,x_2,\cdots,x_n$, 通常取平均值 $\bar{x}=\dfrac{1}{n}(x_1+x_2+\cdots+x_n)$ 作为所求长度, 请利用最小二乘思想说明理由.

3.5 同步训练题答案

一、

1. $\dfrac{2}{2n+1}$. 2. $x-\dfrac{1}{2}$. 3. $\dfrac{1}{\sqrt{1-x^2}}$. 4. $\dfrac{\pi}{2}$. 5. $y=-16.5+7.75x$.

二、

1. C. 2. C. 3. D. 4. B. 5. D.

三、

1. $S(x)=\dfrac{4}{5}x+\dfrac{4}{15}$.

2. $\sin x\approx -0.025x^2+1.001x$, $\|\delta\|_2^2\approx 0.9893\times 10^{-12}$.

3. $\dfrac{1029}{1024}-\dfrac{1993}{4096}x-\dfrac{21}{128}x^2-\dfrac{183}{1024}x^3\approx 0.0076$.

4. $a_0 = \frac{1}{\pi}\int_0^\pi f(x)dx, a_j = \frac{2}{\pi}\int_0^\pi f(x)\cos(jx)dx \ (j = 1, 2, \cdots, n)$.

5. $v_0 = -0.968$, $g = 9.979$.

6. $y = \frac{2}{3} - \frac{39}{28}x - \frac{11}{84}x^2$.

7. $P(x) = -3 + \frac{67}{14}x - \frac{4}{7}x^2$, $P\left(\frac{5}{2}\right) = \frac{151}{28}$, $P\left(\frac{13}{2}\right) = \frac{111}{28}$.

8. 略.

第 4 章　数值积分与数值微分

本章主要讲述数值积分和数值微分理论, 具体内容包括求积公式的代数精确度、插值型求积公式、复化求积公式、Romberg 算法、Gauss 型求积公式、数值微分等内容.

本章中要理解数值积分和数值微分的思想, 理解机械求积原理, 掌握求积公式的代数精确度; 掌握插值型求积公式原理及余项, 掌握 Newton-Cotes 公式, 重点掌握梯形公式及余项, 掌握 Simpson 公式, 理解 Simpson 公式余项, 理解 Cotes 公式及余项, 会用常见的 Newton-Cotes 公式计算; 掌握复化求积公式, 重点掌握复化梯形公式及余项, 掌握复化 Simpson 公式, 理解复化 Cotes 公式, 会用复化求积公式进行计算, 掌握求积公式的收敛阶; 掌握步长减半技术, 掌握复化梯形公式的减半递推, 掌握 Romberg 算法, 并要求会计算; 掌握 Gauss 型求积公式原理及余项, 掌握 Gauss-Legendre 求积, 理解 Gauss-Chebyshev 求积公式, 掌握数值微分原理和插值型数值微分公式.

4.1　知识点概述

1. 机械求积公式

设给定一组节点 $a \leqslant x_0 < x_1 < \cdots < x_n \leqslant b$, 且已知函数 $f(x)$ 在这些节点上的值, 由插值或函数逼近近似代替得

$$I(f) = \int_a^b f(x)dx \approx I_n(f) = \int_a^b \varphi(x)dx = \sum_{k=0}^{n} A_k f(x_k)$$

这样构造出的求积公式称为机械求积公式, 其中, x_k 称为求积节点, A_k 称为求积系数.

2. 代数精确度

若 $I(f)$ 的求积公式

$$I(f) = \int_a^b f(x)dx \approx I_n(f) = \sum_{k=0}^{n} A_k f(x_k)$$

对所有的不高于 m 次多项式都准确成立, 但至少对 1 个 $m+1$ 次多项式是不准确成立的, 则称该求积公式具有 m 次代数精度 (或代数精确度).

实际应用过程中, 只要利用多项式的基底来验证代数精度即可, 比如求积公式 $I_n(f)$ 对于 $f(x)=x^k\ (k=0,1,2,\cdots,m)$ 均能准确成立, 但对 $f(x)=x^{m+1}$ 不能准确成立.

3. 插值型求积

设给定一组节点 $a\leqslant x_0<x_1<\cdots<x_n\leqslant b$, 且已知函数 $f(x)$ 在这些节点上的值, 作 Lagrange 插值多项式

$$L_n(x)=\sum_{k=0}^{n}l_k(x)f(x_k)$$

其中, $l_k(x)(k=0,1,2,\cdots,n)$ 为 n 次 Lagrange 插值基函数. 因此用 $L_n(x)$ 近似代替被积函数 $f(x)$ 可得

$$I(f)=\int_a^b f(x)dx\approx I_n(f)=\sum_{k=0}^{n}A_kf(x_k)$$

其中, $A_k=\displaystyle\int_a^b l_k(x)\,dx$, 该机械求积公式的求积系数 A_k 由插值表达式得到, 则称该求积公式为插值型求积公式.

4. 求积公式余项

积分真值 $I(f)=\displaystyle\int_a^b f(x)dx$ 与求积公式给出的近似值之差, 称为求积公式的余项, 常用 $R(f)$ 表示, 机械求积公式的余项

$$R(f)=\int_a^b[f(x)-L_n(x)]dx=\int_a^b R_n(x)dx=\int_a^b\frac{f^{(n+1)}(\xi)}{(n+1)!}\omega_{n+1}(x)\,dx$$

其中, ξ 依赖于 x, 这里 $\omega_{n+1}(x)=(x-x_0)(x-x_1)\cdots(x-x_n)$.

通常地, 若被积函数 $f(x)$ 是一个不高于 n 次的多项式, 由于 $f^{(n+1)}(x)=0$, 其积分余项 $R(f)=0$, 因此, n 阶插值多项式形式的数值积分公式至少有 n 阶代数精度.

5. 牛顿–科茨 (Newton-Cotes) 公式

求积系数 $A_k=\displaystyle\int_a^b l_k(x)\,dx$ 与被积函数 $f(x)$ 无关, 而与节点 x_k 及积分区间 $[a,b]$ 有关, 在等距节点插值型求积公式的求积系数化简为

$$A_k=\int_a^b l_k(x)\,dx=(b-a)C_k^{(n)},\quad k=0,1,\cdots,n$$

其中

$$C_k^{(n)} = \frac{(-1)^{n-k}}{nk!(n-k)!}\int_0^n t(t-1)\cdots(t-k+1)(t-k-1)\cdots(t-n)dt$$

显然 $C_k^{(n)}$ 是一个仅与 n,k 有关, 与 $f(x),a,b$ 都无关的常数, 称其为 Newton-Cotes 系数, 由此得到一个插值型求积公式

$$I_n(f) = (b-a)\sum_{k=0}^{n} C_k^{(n)} f(x_k)$$

这个积分公式称为 Newton-Cotes 求积公式.

一般地, 取 $C_0^{(0)} = 1$, 利用函数的 Taylor 展开

$$I(f)=\int_a^b f(x)dx=f(x_0)(b-a)+\int_a^b \left[f'(x_0)(x-x_0)+\frac{f''(x_0)}{2!}(x-x_0)^2+\cdots\right]dx$$

此时系数 $C_0^{(0)} = 1$, 当 $x_0 = a$, $x_0 = \dfrac{a+b}{2}$, $x_0 = b$ 时, 分别称为

左矩形公式: $I(f) \approx f(a)(b-a)$.

中矩形公式: $I(f) \approx f\left(\dfrac{a+b}{2}\right)(b-a)$.

右矩形公式: $I(f) \approx f(b)(b-a)$.

6. 常用的 Newton-Cotes 求积公式

梯形公式 (两点公式) 当 $n=1$ 时, 求积系数 $C_0^{(1)} = C_1^{(1)} = \dfrac{1}{2}$, 因此

$$T(f) = \frac{(b-a)}{2}(f(a)+f(b))$$

梯形公式具有以下结论:

(1) 梯形公式的代数精度为 1 阶.

(2) 梯形公式的余项为

$$R_T(f) = -\frac{(b-a)^3}{12}f''(\eta), \quad \eta \in (a,b)$$

(3) 梯形公式几何意义是用梯形面积近似代替曲边梯形的面积.

Simpson 公式 (三点公式或抛物公式) 当 $n=2$ 时, 求积系数 $C_0^{(2)} = \dfrac{1}{6}$, $C_1^{(2)} = \dfrac{4}{6}$, $C_2^{(2)} = \dfrac{1}{6}$, 因此

$$S(f) = \frac{b-a}{6}\left[f(a)+4f\left(\frac{a+b}{2}\right)+f(b)\right]$$

Simpson 公式具有以下结论:

(1) Simpson 公式的代数精度为 3 阶.

(2) Simpson 公式的余项为

$$R_S(f) = -\frac{(b-a)}{180}h^4 f^{(4)}(\eta), \quad \eta \in (a,b)$$

其中, $h = \dfrac{b-a}{2}$.

(3) Simpson 公式的几何意义是 $S(f)$ 恰好是经过三点 $(a, f(a))$, $\left(\dfrac{a+b}{2}, f\left(\dfrac{a+b}{2}\right)\right)$, $(b, f(b))$ 的抛物线所围成的曲边梯形的面积.

Cotes 公式 (五点公式) 当 $n = 4$ 时, Cotes 求积公式及其余项如下:

$$C(f) = \frac{b-a}{90}[7f(x_0) + 32f(x_1) + 12f(x_2) + 32f(x_3) + 7f(x_4)]$$

$$R_C(f) = -\frac{2(b-a)}{945}h^6 f^{(6)}(\eta), \quad \eta \in (a,b)$$

其中, $h = \dfrac{b-a}{4}$.

可以验证 Cotes 公式的代数精度为 5 阶, 且由梯形公式、Simpson 公式和 Cotes 公式的余项表达式我们能得到更一般的余项表述.

对于 Newton-Cotes 求积公式, 若 n 为偶数, 且 $f(x) \in C^{n+2}[a,b]$, 则求积公式的误差余项为

$$R(f) = \frac{h^{n+3} f^{(n+2)}(\xi)}{(n+2)!} \int_0^n t^2(t-1)\cdots(t-n)dt, \quad \xi \in (a,b)$$

若 n 为奇数, 且 $f(x) \in C^{n+1}[a,b]$, 则误差余项为

$$R(f) = \frac{h^{n+2} f^{(n+1)}(\eta)}{(n+1)!} \int_0^n t(t-1)\cdots(t-n)dt, \quad \eta \in (a,b)$$

因此, 当 n 为偶数时, 若被积函数 $f(x)$ 是 $n+1$ 次多项式, 误差余项 $R(f) = 0$, 即求积公式对 $n+1$ 次多项式准确成立, 这表明此时该求积公式的代数精度可达到 $n+1$; 同理, 当 n 为奇数时, 该求积公式的代数精度可达到 n.

7. 复化求积技术

复化梯形公式 将求积区间 $[a,b]$ 作 n 等分, 则步长 $h=\dfrac{b-a}{n}$, 分点 $x_k=a+kh, k=0,1,2,\cdots,n$, 对每一个小区间上的积分 $\displaystyle\int_{x_k}^{x_{k+1}} f(x)dx$ 应用梯形公式, 得到复化梯形公式

$$T_n(f)=\sum_{k=0}^{n-1}\frac{x_{k+1}-x_k}{2}[f(x_k)+f(x_{k+1})]=\frac{h}{2}\sum_{k=0}^{n-1}[f(x_k)+f(x_{k+1})]$$

在复化梯形公式中, 每一个内节点 $x_1,x_2,\cdots,x_{n-1}$, 既是前一个小区间的终点, 又是后一个小区间的起点, 因此又可以写为

$$T_n(f)=\frac{h}{2}\left[f(a)+2\sum_{k=1}^{n-1}f(x_k)+f(b)\right]$$

复化梯形公式的余项为

$$R_{T_n}(f)=I(f)-T_n(f)=\sum_{k=1}^{n}\left[-\frac{h^3}{12}f''(\eta_k)\right],\quad \eta_k\in(x_{k-1},x_k)$$

经过化简可得两种结果:

(1) 复化梯形公式的余项为

$$R_{T_n}(f)=-\frac{(b-a)}{12}h^2f''(\eta),\quad \eta\in(a,b)$$

(2) 复化梯形公式余项的近似表达式为

$$R_{T_n}(f)=\sum_{k=1}^{n}\left[-\frac{h^3}{12}f''(\eta_k)\right]\approx-\frac{h^2}{12}[f'(b)-f'(a)]$$

利用余项复化梯形公式的端点修正公式

$$\tilde{T}_n(f)=T_n(f)-\frac{h^2}{12}[f'(b)-f'(a)]$$

复化 Simpson 公式 记 $x_{k+\frac{1}{2}}=\dfrac{1}{2}(x_k+x_{k+1})$, 对每一个小区间上的积分 $\displaystyle\int_{x_k}^{x_{k+1}} f(x)dx$ 应用 Simpson 公式, 可得复化 Simpson 公式

$$S_n(f)=\sum_{k=0}^{n-1}\frac{h}{6}[f(x_k)+4f(x_{k+\frac{1}{2}})+f(x_{k+1})]$$

与复化梯形公式类似, 每个内节点 $x_1, x_2, \cdots, x_n$ 需用两次, 因此有

$$S_n(f) = \frac{h}{6}\left[f(a) + 2\sum_{k=1}^{n-1} f(x_k) + 4\sum_{k=0}^{n-1} f(x_{k+\frac{1}{2}}) + f(b)\right]$$

复化 Simpson 的余项表达式

$$R_{S_n}(f) = I(f) - S_n(f) = -\frac{h}{180}\left(\frac{h}{2}\right)^4 \sum_{k=1}^{n} f^{(4)}(\eta_k), \quad \eta_k \in (x_{k-1}, x_k)$$

经过化简可得两种结果:

(1) 复化 Simpson 公式的余项为

$$R_{S_n}(f) = -\frac{b-a}{180}\left(\frac{h}{2}\right)^4 f^{(4)}(\eta), \quad \eta \in (a, b)$$

(2) 复化 Simpson 公式余项的近似表达式为

$$R_{S_n}(f) \approx -\frac{1}{180}\left(\frac{h}{2}\right)^4 [f^{(3)}(b) - f^{(3)}(a)]$$

复化 Cotes 公式 由复化求积思想, 记 $x_{k+\frac{1}{4}} = x_k + \frac{1}{4}h$, $x_{k+\frac{1}{2}} = x_k + \frac{1}{2}h$, $x_{k+\frac{3}{4}} = x_k + \frac{3}{4}h$ 对每一个小区上的积分 $\int_{x_k}^{x_{k+1}} f(x)dx$ 应用 Cotes 公式, 可得到复化 Cotes 公式

$$C_n(f) = \sum_{k=0}^{n-1} \frac{h}{90}[7f(x_k) + 32f(x_{k+\frac{1}{4}}) + 12f(x_{k+\frac{1}{2}}) + 32f(x_{k+\frac{3}{4}}) + 7f(x_{k+1})]$$

其误差余项为

$$R_{C_n}(f) = I(f) - C_n(f) = -\frac{2(b-a)}{945}\left(\frac{h}{4}\right)^6 f^{(6)}(\eta), \quad \eta \in (a, b)$$

8. 复化求积公式的收敛阶

对于复合求积公式 $\int_a^b f(x)dx \approx I_n$, 若当 $h \to 0$ 时, 有求积余项

$$\frac{R_n(f)}{h^p} = \frac{\int_a^b f(x)dx - I_n}{h^p} \to c \quad (c \neq 0)$$

则称复合求积公式 I_n 是 p 阶收敛的.

复化梯形公式、复化 Simpson 公式和复化 Cotes 公式的收敛阶分别具有 2 阶、4 阶和 6 阶的收敛性.

9. 步长减半技术

复化梯形公式步长减半 将积分区间 $[a,b]$ 分成 n 个相等的子区间, 此时 $h=\dfrac{b-a}{n}$, 由复化梯形公式的余项可得

$$R_{T_n}(f)=I(f)-T_n(f)\approx-\frac{1}{12}h^2[f'(b)-f'(a)]$$

将上述每个子区间二等分, 即将 $[a,b]$ 分为 $2n$ 个子区间, 则有

$$E_{T_{2n}}(f)=I(f)-T_{2n}(f)\approx-\frac{1}{12}\left(\frac{h}{2}\right)^2[f'(b)-f'(a)]$$

因此

$$\frac{I(f)-T_n(f)}{I(f)-T_{2n}(f)}\approx 4$$

由此可得

$$I(f)\approx T_{2n}(f)+\frac{1}{3}[T_{2n}(f)-T_n(f)]$$

或得到

$$I(f)\approx\frac{4}{3}T_{2n}(f)-\frac{1}{3}T_n(f)$$

若 $T_{2n}(f)$ 作为积分真值 $\int_a^b f(x)dx$ 的近似值, 其误差约为 $\frac{1}{3}[T_{2n}(f)-T_n(f)]$, 即在区间逐次减半进行计算过程中, 可以用前后两次计算的结果 $T_{2n}(f)$ 和 $T_n(f)$ 来估计误差与确定步长.

复化 Simpson 公式和复化 Cotes 公式步长减半 同样对于复化 Simpson 公式和复化 Cotes 公式, 由相应的余项公式也可以进行步长减半技术得到

$$\frac{I(f)-S_n(f)}{I(f)-S_{2n}(f)}\approx 16,\quad \frac{I(f)-C_n(f)}{I(f)-C_{2n}(f)}\approx 64$$

分别求解可得

$$I(f)\approx S_{2n}(f)+\frac{1}{15}[S_{2n}(f)-S_n(f)]$$

$$I(f)\approx C_{2n}(f)+\frac{1}{63}[C_{2n}(f)-C_n(f)]$$

10. 复化梯形的减半递推

复化梯形公式的减半递推形式为

$$\begin{cases} T_1(f) = \dfrac{b-a}{2}[f(a)+f(b)], \\ T_{2n}(f) = \dfrac{1}{2}T_n(f) + \dfrac{b-a}{2n}\displaystyle\sum_{k=0}^{n-1}[f(x_{k+\frac{1}{2}})] \end{cases}$$

11. Richardson 外推法

根据复化梯形公式的步长减半技术, 经过化简得到

$$I_n(f) = \frac{4}{3}T_{2n}(f) - \frac{1}{3}T_n(f) = S_n(f)$$

这表明, 二分前后复化梯形公式 $T_n(f)$ 和 $T_{2n}(f)$ 的线性组合的结果实际上就是用复化 Simpson 公式 $S_n(f)$ 求得的近似值.

同理对复化 Simpson 公式进行修正

$$I(f) = \frac{16}{15}S_{2n}(f) - \frac{1}{15}S_n(f) = C_n(f)$$

可以验证修正后的复化 Simpson 公式恰好就是复化的 Cotes 公式.

综合上述的讨论, 这种将粗糙的梯形公式 $T_n(f)$ 逐步加工成精度较高的 Simpson 公式 $S_n(f)$ 和 Cotes 公式 $C_n(f)$ 的方法称为龙贝格 (Romberg) 方法.

12. Romberg 算法

将 $T_n(f)$ 与 $T_{2n}(f)$ 作线性组合, 即可产生收敛速度较快的 Simpson 序列 $\{S_{2^k}(f)\}: S_1, S_2, S_4, \cdots$.

$$S_n(f) = \frac{4T_{2n}(f) - T_n(f)}{4-1}$$

将 $S_n(f)$ 与 $S_{2n}(f)$ 作线性组合, 即可产生收敛速度更快的 Cotes 序列$\{C_{2^k}(f)\}$: $C_1, C_2, C_4, \cdots$.

$$C_n(f) = \frac{4^2S_{2n}(f) - S_n(f)}{4^2-1}$$

这种加速过程还可以继续进行下去, 例如, 通过 $C_n(f)$ 与 $C_{2n}(f)$ 作线性组合, 可以产生一个新的序列, 称为 Romberg 序列 $\{R_{2^k}(f)\}: R_1, R_2, R_4, \cdots$.

$$R_n(f) = \frac{4^3C_{2n}(f) - C_n(f)}{4^3-1}$$

经过进一步的分析, 当 $f(x)$ 满足一定的条件, Romberg 序列 $\{R_{2^k}(f)\}$ 比 Cotes 序列 $\{C_{2^k}(f)\}$ 更快收敛到积分 $\int_a^b f(x)dx$ 的真值 I.

更一般地, 以 $T_0^{(k)}$ 表示步长减半 k 次后求得的梯形值, 且以 $T_m^{(k)}$ 表示序列 $\{T_0^{(k)}\}$ 的 m 次加速值, Richardson 外推法的递推公式可写成

$$T_m^{(k)} = \frac{4^m}{4^m-1}T_{m-1}^{(k+1)} - \frac{1}{4^m-1}T_{m-1}^{(k)}, \quad k=1,2,\cdots$$

Romberg 算法的计算过程如下:

(1) 取 $k=0, h=b-a$, 求 $T_0^{(0)} = \frac{h}{2}[f(a)+f(b)]$.

(2) 利用梯形步长减半公式求 $T_0^{(k)}$, 其中, k 为区间的减半次数, 即

$$T_0^{(k)}(f) = \frac{1}{2}T_0^{(k-1)}(f) + \frac{b-a}{2^k}\sum_{j=0}^{2^{k-1}-1} f(x_{j+\frac{1}{2}})$$

或

$$T_0^{(k)}(f) = \frac{1}{2}T_0^{(k-1)}(f) + \frac{b-a}{2^k}\sum_{j=0}^{2^{k-1}-1} f\left[a+(2j+1)\frac{b-a}{2^k}\right]$$

(3) 依横行次序求加速值, 逐个求出第 k 行其余各元素 $T_j^{(k-j)}(j=1,2,\cdots,k)$.

(4) 当表中相邻对角元素之差的绝对值小于预先给定的精度时, 终止计算.

13. Gauss 型求积

机械求积公式 $\int_a^b f(x)dx \approx \sum_{k=0}^{n} A_k f(x_k)$ 的代数精度不超过 $2n+1$ 阶.

若带权求积公式 $\int_a^b \rho(x)f(x)dx \approx \sum_{k=0}^{n} A_k f(x_k)$ 具有 $2n+1$ 次代数精度, 则称该公式为 Gauss 型求积公式, 求积公式的节点 $x_k(k=0,1,\cdots,n)$ 称为 Gauss 点组. 其中, $\rho(x)$ 为权函数, 一般常用权函数 $\rho(x)=1$.

Gauss 型求积公式求解步骤为

(1) 利用区间 $[a,b]$ 上的 $n+1$ 次正交多项式确定 Gauss 点 x_k $(k=0,1,\cdots,n)$;

(2) 利用 Gauss 点确定求积系数 A_k $(k=0,1,\cdots,n)$.

若 $n+1$ 个节点 $x_0,x_1,\cdots,x_n$ 是插值型求积公式

$$\int_a^b \rho(x)f(x)dx \approx \sum_{k=0}^{n} A_k f(x_k)$$

的 Gauss 点组的充分必要条件是 $n+1$ 次多项式 $\omega_{n+1}(x)=(x-x_0)(x-x_1)\cdots(x-x_n)$ 与任意次数不超过 n 的多项式 $p(x)$ 正交, 即

$$\int_a^b \rho(x)p(x)\omega_{n+1}(x)dx=0$$

14. 高斯-勒让德 (Gauss-Legendre) 求积公式

在 Gauss 求积公式 $\int_a^b f(x)\rho(x)dx\approx\sum_{k=0}^n A_kf(x_k)$ 中, 以 Legendre 多项式 $P_{n+1}(x)$ 的 $n+1$ 个实根作为 Gauss 点的插值求积公式

$$\int_{-1}^1 f(x)dx\approx\sum_{k=0}^n A_kf(x_k)$$

称为 Gauss-Legendre 求积公式.

若取 $P_1(x)=x$ 的零点 $x_0=0$ 作节点, 构造求积公式

$$\int_{-1}^1 f(x)dx\approx 2f(x_0)$$

这样构造出的一点 Gauss-Legendre 求积公式是中矩形公式.

再取 $P_2(x)=\frac{1}{2}(3x^2-1)$ 的两个零点 $\pm\frac{1}{\sqrt{3}}$, 构造求积公式为

$$\int_{-1}^1 f(x)dx\approx f\left(-\frac{1}{\sqrt{3}}\right)+f\left(\frac{1}{\sqrt{3}}\right)$$

三点 Gauss-Legendre 公式是

$$\int_{-1}^1 f(x)dx\approx\frac{5}{9}f\left(-\frac{\sqrt{15}}{5}\right)+\frac{8}{9}f(0)+\frac{5}{9}f\left(\frac{\sqrt{15}}{5}\right)$$

15. 高斯-切比雪夫 (Gauss-Chebyshev) 求积公式

由 Chebyshev 正交多项式的 $n+1$ 个根

$$x_k=\cos\left(\frac{2k-1}{2(n+1)}\pi\right),\quad k=1,2,\cdots,n+1$$

作为 Gauss 点的插值求积公式

$$\int_{-1}^{1} \frac{f(x)}{\sqrt{1-x^2}}dx \approx \sum_{k=0}^{n} A_k f(x_k)$$

称为 Gauss-Chebyshev 求积公式.

通过计算可知系数为 $A_k = \dfrac{\pi}{n+1}$, 使用时将 $n+1$ 个节点公式改为 n 个节点, 于是 Gauss-Chebyshev 求积公式写成

$$\int_{-1}^{1} \frac{f(x)}{\sqrt{1-x^2}}dx \approx \frac{\pi}{n}\sum_{k=1}^{n} f(x_k)$$

其中, $x_k = \cos\dfrac{2k-1}{2n}\pi\ (k=1,2,\cdots,n)$. 求积公式余项为

$$R(f) = \frac{2\pi}{2^{2n}(2n)!}f^{(2n)}(\eta), \quad \eta \in (-1,1)$$

16. 利用插值多项式求导

运用插值原理, 建立插值多项式 $y = P_n(x)$ 作为它的近似, 取 $P_n'(x)$ 的值作为 $f'(x)$ 的近似值, 这样建立的数值公式 $f'(x) \approx P_n'(x)$, 称为插值型的求导公式.

插值型的求导公式的余项为

$$f'(x) - P_n'(x) = \frac{f^{(n+1)}(\xi)}{(n+1)!}\omega_{n+1}'(x_k)$$

两点公式

$$f'(x_0) = \frac{1}{h}[f(x_1) - f(x_0)] - \frac{h}{2}f''(\xi)$$

$$f'(x_1) = \frac{1}{h}[f(x_1) - f(x_0)] + \frac{h}{2}f''(\xi)$$

三点公式

$$f'(x_0) = \frac{1}{2h}[-3f(x_0) + 4f(x_1) - f(x_2)] + \frac{h^2}{3}f'''(\xi_0)$$

$$f'(x_1) = \frac{1}{2h}[-f(x_0) + f(x_2)] - \frac{h^2}{6}f'''(\xi_1)$$

$$f'(x_2) = \frac{1}{2h}[f(x_0) - 4f(x_1) + 3f(x_2)] + \frac{h^2}{3}f'''(\xi_2)$$

用插值多项式 $P_n(x)$ 作为 $f(x)$ 的近似函数, 还可以建立高阶数值微分公式:

$$f^{(k)}(x) \approx P_n^{(k)}(x), \quad k = 1,2,\cdots$$

4.2 典型例题解析

例 1 含有 $n+1$ 个互异节点的插值型求积公式的代数精确度为 ( ).

A. $n-1$ B. n C. $n+1$ D. 至少是 n

分析 如果求积公式是插值型, 则

$$R(f) = \int_a^b \frac{f^{(n+1)}(\xi)}{(n+1)!}\omega_{n+1}(x)\,dx$$

其中, ξ 依赖于 x, 这里 $\omega_{n+1}(x) = (x-x_0)(x-x_1)\cdots(x-x_n)$. 若被积函数 $f(x)$ 是一个不高于 n 次的多项式, 由于 $f^{(n+1)}(x)=0$, 其积分余项 $R(f)=0$, 因此, n 阶插值多项式形式的数值积分公式至少有 n 阶代数精度, 因此选 D.

解 D.

例 2 设 $A_k\,(k=0,1,\cdots,n)$ 是区间 $[a,b]$ 上的插值型求积公式的系数, 则 $\sum\limits_{k=0}^{n} A_k =$ ( ).

A. $b-a$ B. 0 C. 1 D. n

分析 由题意可知, 如为插值型求积公式, 则 $I(f)=\int_a^b f(x)dx \approx \sum\limits_{k=0}^{n} A_k f(x_k)$, 该求积公式代数精确度至少为 n 次, 因此不妨取 $f(x)=1$, 则

$$b-a = \int_a^b 1dx = \sum_{k=0}^{n} A_k$$

因此正确选项为 A.

解 A.

例 3 已知求积公式 $\int_1^2 f(x)dx \approx \frac{1}{6}f(1) + Af\left(\frac{2}{3}\right) + \frac{1}{6}f(2)$, 则参数 $A =$ ( ).

A. $\frac{1}{6}$ B. $\frac{1}{3}$ C. $\frac{1}{2}$ D. $\frac{2}{3}$

分析 本题考察代数精确度的定义, 至少对 $f(x)=1$ 成立, 因此

$$1 = \int_1^2 1dx = \frac{1}{6} + A + \frac{1}{6}$$

因此解得 $A=\frac{2}{3}$, 正确选项为 D.

解 D.

例 4 当 n 为奇数时, Newton-Cotes 求积公式 $I_n=(b-a)\sum\limits_{i=0}^{n}C_i^{(n)}f(x_i)$ 的代数精确度为 ( ).

A. $\dfrac{n+1}{2}$ B. n C. $n+1$ D. $n+2$

分析 若 n 为奇数, 则求积公式的误差余项为

$$R(f)=\frac{h^{n+2}f^{(n+1)}(\eta)}{(n+1)!}\int_0^n t(t-1)\cdots(t-n)dt,\quad \eta\in(a,b)$$

该求积公式的代数精度可达到 n, 正确选项为 B.

解 B.

例 5 若复化梯形公式计算定积分 $\int_0^1 e^{-x}dx$ 要求截断误差的绝对值不超过 5.0×10^{-5}, 则 $n\geqslant$ ( ).

A. 41 B. 42 C. 43 D. 40

分析 由步长 $h=\dfrac{1}{n}$, $f(x)=e^{-x}$, 则 $f''(x)=e^{-x}$, 又由复化梯形公式的余项为

$$R_{T_n}(f)=-\frac{(b-a)}{12}h^2f''(\eta)$$

只需 $|R_{T_n}(f)|=\left|-\dfrac{(b-a)}{12}h^2f''(\eta)\right|\leqslant\dfrac{1}{12}h^2=\dfrac{1}{12n^2}\leqslant5.0\times10^{-5}$, 解得 $n\geqslant40.8$, 因此, 正确选项为 A.

解 A.

例 6 若求积公式 $I_n\approx\sum\limits_{k=0}^{5}A_kf(x_k)$ 为 Gauss 型, 下列说法正确的是 ( ).

A. 不能确定该求积公式的稳定性

B. $\sum\limits_{k=0}^{5}A_k\neq b-a$

C. 该求积公式的代数精确度为 9

D. $\int_a^b(x^4+3x)w(x)dx=0$, 其中, $w(x)=\prod\limits_{k=0}^{5}(x-x_k)$

分析 本题考察 Gauss 型求积的含义, 由于 Gauss 型求积的系数 $A_k\geqslant0$, 因此该数值求积公式是数值稳定的; 而 Gauss 型求积公式的代数精确度为 $2n+1$ 次,

因此取 $f(x)=1$, $b-a=\int_a^b 1dx=\sum_{k=0}^{5}A_k$; 又由该求积公式中总共 6 个点, 因此 $n=5$, 代数精确度为 11 次, 而选项 D 说明由 Gauss 节点构成的多项式与不同阶数的多项式是相互正交的, 因此, 正确选项为 D.

解　D.

例 7　设 $\int_a^b f(x)dx$ 的某求积公式代数精确度为 n, 则用该求积公式求积时, 以下说法错误的是 (　).

A. 若 $f(x)$ 为次数 n 的任一多项式, 则误差为 0

B. 若 $f(x)$ 为次数 $n+1$ 的多项式, 则一定有误差

C. 若 $f(x)$ 为次数 $n+1$ 的多项式, 则可能有误差 0

D. 若 $f(x)$ 为次数小于 n 的多项式, 则误差为 0

分析　本题考察求积公式的余项, 由于

$$R(f)=\int_a^b \frac{f^{(n+1)}(\xi)}{(n+1)!}\omega_{n+1}(x)\,dx,\quad \xi\in(a,b)$$

因此, 若 $f(x)$ 为次数 $n+1$ 的多项式, 则 $R(f)=\int_a^b \omega_{n+1}(x)\,dx\neq 0$, 只有选项 C 是错误的.

解　C.

例 8　已知点 $(x_0,y_0),(x_1,y_1)$, 则插值两点求导公式是 (　).

A. $y_1'\approx -\frac{1}{h}(y_0-y_1)$　　B.$y_1'\approx \frac{1}{h}(y_0-y_1)$

C. $y_1'\approx -\frac{1}{h}(x_0-x_1)$　　D. $y_1'\approx -\frac{1}{h}(x_1-x_0)$

分析　本题考察插值型求导, 由于

$$p_1(x)=\frac{x-x_1}{x_0-x_1}y_0+\frac{x-x_0}{x_1-x_0}y_1$$

因此 $y_1'\approx p_1'(x)=\frac{1}{h}(y_1-y_0)$, 选项 A 正确.

解　A.

例 9　用单节点的 Gauss-Legendre 求积公式计算积分 $\int_0^2 \frac{(x-1)^2}{x^2+1}dx$ 的值为 (　).

分析 本题考察单节点 Gauss-Legendre 求积公式, 先对区间 $[0,2]$ 作变换 $x=t+1$, 可得

$$\int_0^2 \frac{(x-1)^2}{x^2+1}dx = \int_{-1}^1 \frac{t^2}{(t+1)^2+1}dt$$

因此 $f(t)=\dfrac{t^2}{(t+1)^2+1}$, 由于单节点 Gauss-Legendre 求积公式为

$$\int_{-1}^1 \frac{t^2}{(t+1)^2+1}dt = 2f(0) = 0$$

即此题答案为 0.

解 0.

例 10 用 Romberg 方法计算 $\displaystyle\int_1^3 \frac{dy}{y}$, 计算结果见表 4.1, 则位置 A 的值为 ( ).

表 4.1

n \ k	0	1	2	3
0	1.3333333			
1	1.1666667	1.1111112		
2	1.1166667	1.1000000	1.09925925	
3	1.1032107	A	1.09864043	1.09863061

分析 本题 Romberg 方法的步长减半递推, 由于

$$S_n(f) = \frac{4}{3}T_{2n}(f) - \frac{1}{3}T_n(f)$$

因此 $A = \dfrac{4}{3} \times 1.1032107 - \dfrac{1}{3} \times 1.1166667 = 1.0987254$.

解 1.0987254.

例 11 形如 $\displaystyle\int_a^b f(x)dx \approx \sum_{k=0}^n A_k f(x_k)$ 的插值型求积公式, 其代数精确度至多可达到 ( ) 阶.

分析 若该插值型求积公式为 Gauss 型求积公式, 则具有最高阶代数精确度 $2n+1$ 次.

解 $2n+1$.

例 12 已知函数节点为 $f(1)=1, f(2)=2, f(3)=0$, 利用插值型求导的三点式求 $f'(1) \approx$__________.

分析　记节点为 $x_0=1$, $x_1=2$, $x_2=3$, 步长为 $h=1$, 因此由插值型求导公式

$$f'(x_0)=\frac{1}{2h}[-3f(x_0)+4f(x_1)-f(x_2)]$$

因此 $f'(1)=\dfrac{1}{2}[-3f(1)+4f(2)-f(3)]=2.5$.

解　2.5.

例 13　给定求积节点 $x_0=\dfrac{1}{4},x_1=\dfrac{1}{2},x_2=\dfrac{3}{4}$, (1) 试推出 $\displaystyle\int_0^1 f(x)dx$ 的插值型求积公式, 并指明其代数精确度, (2) 用所求公式计算 $\displaystyle\int_0^1 x^2dx$.

解　(1) 由题意可知, 对 3 个节点的 Lagrange 插值基函数分别为 $l_0(x)$, $l_1(x)$, $l_2(x)$, 因此

$$A_0=\int_0^1 l_0(x)dx=\int_0^1\frac{(x-x_1)(x-x_2)}{(x_0-x_1)(x_0-x_2)}dx=\frac{2}{3}$$

$$A_1=\int_0^1 l_1(x)dx=\int_0^1\frac{(x-x_0)(x-x_2)}{(x_1-x_0)(x_1-x_2)}dx=-\frac{1}{3}$$

$$A_2=\int_0^1 l_2(x)dx=\int_0^1\frac{(x-x_0)(x-x_1)}{(x_2-x_0)(x_2-x_1)}dx=\frac{2}{3}$$

即所求插值型求积公式为 $\displaystyle\int_0^1 f(x)dx\approx\frac{1}{3}\left[2f\left(\frac{1}{4}\right)-f\left(\frac{1}{2}\right)+2f\left(\frac{3}{4}\right)\right]$. 又由于该插值型求积公式是由二次插值函数积分而来的, 至少具有 2 次代数精确度, 将 $f(x)=x^3,x^4$ 代入有

$$\frac{1}{4}=\int_0^1 x^3dx=\frac{1}{3}\left[2\left(\frac{1}{4}\right)^3-\left(\frac{1}{2}\right)^3+2\left(\frac{3}{4}\right)^3\right]=\frac{1}{4}$$

$$\frac{1}{5}=\int_0^1 x^4dx\neq\frac{1}{3}\left[2\left(\frac{1}{4}\right)^4-\left(\frac{1}{2}\right)^4+2\left(\frac{3}{4}\right)^4\right]=\frac{37}{192}$$

因此该求积公式具有 3 次代数精确度.

(2) 由 (1) 可知

$$\int_0^1 x^2dx\approx\frac{1}{3}\left[2\left(\frac{1}{4}\right)^2-\left(\frac{1}{2}\right)^2+2\left(\frac{3}{4}\right)^2\right]=\frac{1}{3}$$

由于该求积公式具有 3 次代数精确度, 从而 $\dfrac{1}{3}$ 为 $\displaystyle\int_0^1 x^2dx$ 的精确值.

例 14 设有计算积分 $I(f)=\int_0^1 \frac{f(x)}{\sqrt{x}}dx$ 的一个求积公式 $I(f)\approx af\left(\frac{1}{5}\right)+bf(1)$.

(1) 求 a,b 使以上求积公式代数精确度尽可能高, 并指出所达到的最高代数精确度;

(2) 如果 $f(x)\in C^3[0,1]$, 试给出该求积公式的截断误差.

解 (1) 由题意可知, 为使求积公式代数精确度尽可能高, 分别取 $f(x)=1,x$ 时, 等式恒成立, 因此

$$\begin{cases}\int_0^1 \frac{1}{\sqrt{x}}dx=2=a+b\\ \int_0^1 \frac{x}{\sqrt{x}}dx=\frac{2}{3}=\frac{1}{5}a+b\end{cases}$$

解得 $a=\frac{5}{3}, b=\frac{1}{3}$, 于是得到求积公式为

$$I(f)\approx\frac{5}{3}f\left(\frac{1}{5}\right)+\frac{1}{3}f(1)$$

继续验证当 $f(x)=x^2$ 时, $\int_0^1 \frac{x^2}{\sqrt{x}}dx=\frac{2}{5}=\frac{5}{3}\times\left(\frac{1}{5}\right)^2+\frac{1}{3}\times 1$, 而当 $f(x)=x^3$ 时, $\int_0^1 \frac{x^3}{\sqrt{x}}dx=\frac{2}{7}\neq\frac{5}{3}\times\left(\frac{1}{5}\right)^3+\frac{1}{3}\times 1=\frac{26}{75}$, 因此该求积公式具有最高代数精确度为 2 次.

(2) 由于该求积公式具有最高代数精确度为 2 次, 因此利用重节点差商作二次多项式 $H(x)$, 满足 $H\left(\frac{1}{5}\right)=f\left(\frac{1}{5}\right), H'\left(\frac{1}{5}\right)=f'\left(\frac{1}{5}\right), H(1)=f(1)$, 其余项为

$$f(x)-H(x)=\frac{1}{3!}f'''(\xi)\left(x-\frac{1}{5}\right)^2(x-1)$$

且满足 $\int_0^1 \frac{H(x)}{\sqrt{x}}dx=\frac{5}{3}H\left(\frac{1}{5}\right)+\frac{1}{3}H(1)=\frac{5}{3}f\left(\frac{1}{5}\right)+\frac{1}{3}f(1)$, 于是利用积分第二中值定理求积公式的截断误差为

$$\begin{aligned}&\int_0^1 \frac{f(x)}{\sqrt{x}}dx-\left[\frac{5}{3}f\left(\frac{1}{5}\right)+\frac{1}{3}f(1)\right]\\ =&\int_0^1 \frac{f(x)}{\sqrt{x}}dx-\int_0^1 \frac{H(x)}{\sqrt{x}}dx\end{aligned}$$

$$
\begin{aligned}
&=\int_0^1 \frac{1}{3!}f'''(\xi)\left(x-\frac{1}{5}\right)^2(x-1)\frac{1}{\sqrt{x}}dx\\
&=\frac{1}{6}f'''(\eta)\int_0^1\left(x-\frac{1}{5}\right)^2(x-1)\frac{1}{\sqrt{x}}dx\\
&=\frac{1}{3}f'''(\eta)\int_0^1\left(t^2-\frac{1}{5}\right)^2(t^2-1)dt=-\frac{16}{1575}f'''(\eta),\quad \eta\in(0,1)
\end{aligned}
$$

例 15　分别用复化梯形法和复化 Simpson 公式计算下列积分, 结果保留 5 位小数.

(1) $\int_0^1 \frac{x}{4+x^2}dx$, 8 等分积分区间;

(2) $\int_0^1 x\left(1+e^{-x}\right)^{\frac{1}{2}}dx$, 10 等分积分区间.

解　(1) 由 8 等分积分区间, 因此复化梯形公式步长为 $h=\frac{b-a}{n}=\frac{1}{8}$, 而复化 Simpson 公式步长为 $h=\frac{b-a}{n}=\frac{1}{4}$, 函数为 $f(x)=\frac{x}{4+x^2}$, 构造函数值表格如表 4.2 所示.

表 4.2

复化梯形节点	复化 Simpson 节点	函数值 $f(x_k)$
x_0	x_0	0
x_1	$x_{0.5}$	0.03113
x_2	x_1	0.06154
x_3	$x_{1.5}$	0.09057
x_4	x_2	0.11765
x_5	$x_{2.5}$	0.14235
x_6	x_3	0.16438
x_7	$x_{3.5}$	0.18361
x_8	x_4	0.2

因此复化梯形公式为

$$T_8=\frac{h}{2}\left[f(0)+2\sum_{i=1}^{7}f(x_i)+f(1)\right]=0.11140$$

复化 Simpson 公式为

$$S_4=\frac{h}{6}\left[f(0)+2\sum_{i=1}^{3}f(x_i)+4\sum_{i=1}^{3}f(x_{i+0.5})+f(1)\right]=0.11157$$

(2) 同理, 由 10 等分积分区间, 因此复化梯形公式步长为 $h=\frac{b-a}{n}=0.1$, 而复化 Simpson 公式步长为 $h = \dfrac{b-a}{n} = 0.2$, 函数为 $f(x) = x(1+e^{-x})^{\frac{1}{2}}$, 构造函数值表格 (表 4.3) 如下:

表 4.3

复化梯形节点	复化 Simpson 节点	函数值 $f(x_k)$
x_0	x_0	0
x_1	$x_{0.5}$	0.13802
x_2	x_1	0.26972
x_3	$x_{1.5}$	0.39582
x_4	x_2	0.51696
x_5	$x_{2.5}$	0.63374
x_6	x_3	0.74671
x_7	$x_{3.5}$	0.85635
x_8	x_4	0.96310
x_9	$x_{4.5}$	1.06739
x_{10}	x_5	1.16956

因此复化梯形公式为

$$T_{10} = \frac{h}{2}\left[f(0) + 2\sum_{i=1}^{9} f(x_i) + f(1)\right] = 0.61726$$

复化 Simpson 公式为

$$S_5 = \frac{h}{6}\left[f(0) + 2\sum_{i=1}^{4} f(x_i) + 4\sum_{i=1}^{4} f(x_{i+0.5}) + f(1)\right] = 0.61746$$

例 16 试确定常数 A, B, C 和 x_1, 使得求积公式 $\int_0^1 f(x)dx \approx Af(0) + Bf(x_1) + Cf(1)$ 具有尽可能高的代数精确度, 并指出所达到的最高代数精确度; 它是否为 Gauss 型公式.

解 为使求积公式具有尽可能高的代数精确度, 依次将 $f(x) = 1, x, x^2, x^3$ 代入求积公式得到

$$\begin{cases} A + B + C = 1 = \displaystyle\int_0^1 1dx, \\ A \times 0 + Bx_1 + C \times 1 = Bx_1 + C = \dfrac{1}{2} = \displaystyle\int_0^1 xdx, \\ A \times 0^2 + Bx_1^2 + C \times 1^2 = Bx_1^2 + C = \dfrac{1}{3} = \displaystyle\int_0^1 x^2dx, \\ A \times 0^3 + Bx_1^3 + C \times 1^3 = Bx_1^3 + C = \dfrac{1}{4} = \displaystyle\int_0^1 x^3dx \end{cases}$$

解得 $A=\frac{1}{6}, B=\frac{2}{3}, C=\frac{1}{6}, x_1=\frac{1}{2}$, 从而求积公式为

$$\int_0^1 f(x)dx \approx \frac{1}{6}f(0)+\frac{2}{3}f\left(\frac{1}{2}\right)+\frac{1}{6}f(-1)$$

继续令 $f(x)=x^4$ 代入得到

$$\frac{1}{6}\times 0^4+\frac{2}{3}\times\left(\frac{1}{2}\right)^4+\frac{1}{6}\times 1^4=\frac{5}{24}\neq\frac{1}{5}=\int_0^1 x^4dx$$

从而求积公式只具有 3 次代数精度, 而 Gauss 型求积公式需要达到 5 次, 因此该求积公式不是 Gauss 型求积公式.

例 17　用复化 Simpson 公式计算: $\int_0^\pi \sin x dx$ 要使误差小于 0.005, 求积区间 $[0,\pi]$ 应分多少个子区间? 并用复化 Simpson 公式求此积分值.

解　由题意可知, $f(x)=\sin x$, 则 $f^{(4)}(x)=\sin x$, 步长 $h=\frac{\pi}{n}$, 又由复合 Simpson 公式计算的误差为

$$R_n(f)=-\frac{b-a}{2880}h^4f^{(4)}(\eta),\quad \eta\in[0,\pi]$$

因此只要 $|R_n(f)|\leqslant\frac{\pi}{2880}\left(\frac{\pi}{n}\right)^4\leqslant 0.005$ 即可, 解得 $n>2.147$, 取 $n=3$ 此时

$$\begin{aligned}S_3=\frac{h}{6}&\left[f(0)+2\left(f\left(\frac{\pi}{3}\right)+f\left(\frac{2\pi}{3}\right)\right)\right.\\&\left.+4\left(f\left(\frac{\pi}{6}\right)+f\left(\frac{3\pi}{6}\right)+f\left(\frac{5\pi}{6}\right)\right)+f(\pi)\right]\approx 2.0008632\end{aligned}$$

例 18　用 Romberg 求积方法计算下列积分, 结果保留 5 位小数.

(1) $\int_0^1 \frac{4}{1+x^2}dx$;　　(2) $\int_0^{\frac{\pi}{4}} \sin(x^2)dx$.

解　(1) 由题意可知, 对于积分 $I=\int_0^1\frac{4}{1+x^2}dx$, 记 $f(x)=\frac{4}{1+x^2}$, 则由 Romberg 方法可知表 4.4.

表 4.4

n \ k	0	1	2	3
0	3			
1	3.1	3.1333333		
2	3.1311765	3.1415686	3.1421176	
3	3.1468005	3.1415925	3.1415941	3.1415857

因此计算得 $I=\int_0^1 \frac{4}{1+x^2}dx \approx 3.14159.$

(2) 同理, 对于积分 $I=\int_0^{\frac{\pi}{4}} \sin(x^2)dx$, 记 $f(x)=\sin(x^2)$, 则由 Romberg 方法, 则 (表 4.5)

表 4.5

n \ k	0	1	2	3
0	0.22716			
1	0.17390	0.156146		
2	0.161288	0.157147	0.157147	
3	0.158184	0.157150	0.157154	0.157154

因此计算得 $I=\int_0^{\frac{\pi}{4}} \sin(x^2)dx \approx 0.15715.$

例 19 给定积分 $I=\int_0^{\frac{\pi}{2}} \sin x dx$, 则

(1) 利用复化梯形公式计算上述积分值, 使其截断误差不超过 0.5×10^{-3}.

(2) 取同样的求积节点, 改用复化 Simpson 公式计算时, 截断误差是多少?

(3) 如果要求截断误差不超过 10^{-6}, 那么使用复化 Simpson 公式计算时, 应将积分区间分成多少等份?

解 (1) 由 $f(x)=\sin x$, $f''(x)=-\sin x$, 步长 $h=\frac{\pi}{2n}$, 又由复化梯形公式的余项

$$R_{T_n}(f)=-\frac{(b-a)}{12}h^2 f''(\eta), \quad \eta\in\left(0,\frac{\pi}{2}\right)$$

因此只需满足

$$|R_{T_n}(f)|\leqslant\frac{(b-a)}{12}h^2=\frac{\pi^3}{96n^2}\leqslant 0.5\times10^{-3}$$

解得 $n\geqslant 25.6$, 所以取 $n=26$. 此时步长为 $h=\frac{\pi}{52}$, 且

$$T_{26}=\frac{h}{2}\left[f(0)+f\left(\frac{\pi}{2}\right)+2\sum_{k=1}^{25}f(x_k)\right]=\frac{1}{2}\times\frac{\pi}{52}\left[0+1+2\sum_{i=1}^{25}\sin\left(\frac{i\pi}{52}\right)\right]\approx 0.9465$$

(2) 若 $n=26$, 步长 $h=\frac{\pi}{52}$, 则由复化 Simpson 公式的余项

$$R_{S_n}(f)=-\frac{b-a}{180}\left(\frac{h}{2}\right)^4 f'''(\eta), \quad \eta\in\left(0,\frac{\pi}{2}\right)$$

因此 $|R_{S_n}(f)| \leqslant \frac{\pi}{2\times 180}\left(\frac{1}{2}\times\frac{\pi}{52}\right)^4 \approx 7\times 10^{-9}$.

(3) 若使用复化 Simpson 公式计算时, 要求截断误差不超过 10^{-6}, 则只需满足

$$|R_{S_n}(f)| \leqslant \frac{\pi}{2\times 180}\left(\frac{1}{2}\times\frac{\pi}{2n}\right)^4 \leqslant 10^{-6}$$

因此解得 $n \geqslant 7.6$, 取 $n=8$, 即应将积分区间分成 8 等份即可满足要求.

例 20　分别用 $n=2,3$ 的 Gauss-Legendre 公式计算 $\int_1^3 e^x \sin x dx$.

解　由题意可知, 作变换 $x=t+2$, 则 $\int_1^3 e^x \sin x dx = \int_{-1}^1 e^{t+2}\sin(t+2)dt$, 因此 $f(t)=e^{t+2}\sin(t+2)$, 当 $n=2$ 时,

$$\int_1^3 e^x \sin x dx \approx \frac{5}{9}f(-\sqrt{0.6}) + \frac{5}{9}f(0) + \frac{5}{9}f(\sqrt{0.6}) \approx 10.9484026$$

而当 $n=3$ 时,

$$\begin{aligned}\int_1^3 e^x \sin x dx \approx\ & 0.3478548\times[f(-0.8611363)+f(0.8611363)]\\ & +0.6521452\times[f(-0.3399810)+f(0.3399810)] \approx 10.9501401\end{aligned}$$

例 21　已知函数 $y=e^x$ 给定数据 (表 4.6).

表 4.6

x	2.5	2.6	2.7	2.8	2.9
y	12.1825	13.4637	14.8797	16.4446	18.1741

用二点、三点微分公式计算 $x=2.7$ 的一阶、二阶导数值.

解　(1) 由题意可知, 利用插值型二点公式, 取步长 $h=0.1$, 节点 $x_0=2.6$, $x_1=2.7$ 时,

$$f'(2.7)\approx \frac{1}{0.1}[f(2.7)-f(2.6)] = 14.1600$$

取节点 $x_0=2.7, x_1=2.8$ 时,

$$f'(2.7)\approx \frac{1}{0.1}[f(2.8)-f(2.7)] = 15.6490$$

(2) 利用插值型三点公式, 取步长 $h=0.1$, 节点 $x_0=2.6, x_1=2.7, x_2=2.8$

$$f'(2.7)\approx\frac{1}{2\times 0.1}[f(2.8)-f(2.6)]=14.9045$$

插值型三点公式的二阶导数为

$$f''(2.7)\approx\frac{1}{0.1^2}[f(2.8)-2f(2.7)+f(2.6)]=14.8900$$

例 22 用下列方法计算积分 $\int_1^3\frac{dy}{y}$, 并比较结果.

(1) Romberg 方法;

(2) 三点及五点 Gauss 公式;

(3) 将积分区间分为四等份, 用复化两点 Gauss 公式.

解 (1) 对于积分 $I=\int_1^3\frac{dy}{y}$, 记 $f(y)=\frac{1}{y}$, 则由 Romberg 方法, 则 (表 4.7)

表 4.7

n \ k	0	1	2	3
0	1.3333333			
1	1.1666667	1.1111111		
2	1.1166667	1.1000000	1.0992593	
3	1.1032107	1.0987253	1.0986403	1.0986304

因此计算得 $I=\int_1^3\frac{dy}{y}\approx 1.0986304.$

(2) 在积分区间 $[1,3]$ 作变换, $y=t+2$, 则 $\int_1^3\frac{dy}{y}=\int_{-1}^1\frac{dt}{t+2}$, 其中 $f(t)=\frac{1}{t+2}$, 因此由三点 Gauss 公式

$$\int_1^3\frac{dy}{y}=\int_{-1}^1\frac{dt}{t+2}\approx\frac{5}{9}f(-\sqrt{0.6})+\frac{5}{9}f(0)+\frac{5}{9}f(\sqrt{0.6})\approx 1.0980393.$$

若利用五点 Gauss 公式

$$\int_1^3\frac{dy}{y}=\int_{-1}^1\frac{dt}{t+2}\approx 0.2369269\left(\frac{1}{2-0.9061798}+\frac{1}{2+0.9061798}\right)$$
$$+0.4786289\left(\frac{1}{2-0.5384693}+\frac{1}{2+0.5384693}\right)$$

$$+ 0.5688889 \times \frac{1}{2} = 1.0986093.$$

(3) 若将区间 $[1, 3]$ 四等分, 则区间分为 $[1, 1.5]$, $[1.5, 2]$, $[2, 2.5]$, $[2.5, 3]$, 对每个小区间进行区间变化, 再用两点 Gauss 公式得

$$I_1 = \int_1^{1.5} \frac{dy}{y} = \int_{-1}^{1} \frac{0.5dt}{2.5 + 0.5t} \approx \left(\frac{0.5}{2.5 - 0.5 \times \frac{1}{\sqrt{3}}} + \frac{0.5}{2.5 + 0.5 \times \frac{1}{\sqrt{3}}} \right) = 0.4054054$$

$$I_2 = \int_{1.5}^{2} \frac{dy}{y} = \int_{-1}^{1} \frac{0.5dt}{3.5 + 0.5t} \approx \left(\frac{0.5}{3.5 - 0.5 \times \frac{1}{\sqrt{3}}} + \frac{0.5}{3.5 + 0.5 \times \frac{1}{\sqrt{3}}} \right) = 0.2876712$$

$$I_3 = \int_{2}^{2.5} \frac{dy}{y} = \int_{-1}^{1} \frac{0.5dt}{4.5 + 0.5t} \approx \left(\frac{0.5}{4.5 - 0.5 \times \frac{1}{\sqrt{3}}} + \frac{0.5}{4.5 + 0.5 \times \frac{1}{\sqrt{3}}} \right) = 0.2231405$$

$$I_4 = \int_{2.5}^{3} \frac{dy}{y} = \int_{-1}^{1} \frac{0.5dt}{5.5 + 0.5t} \approx \left(\frac{0.5}{5.5 - 0.5 \times \frac{1}{\sqrt{3}}} + \frac{0.5}{5.5 + 0.5 \times \frac{1}{\sqrt{3}}} \right) = 0.1823204$$

因此用复化两点 Gauss 公式积分值为 $I = I_1 + I_2 + I_3 + I_4 \approx 1.0985375$. 此题积分真值

$$\int_1^3 \frac{dy}{y} = \ln 3 = 1.098612888 \cdots$$

例 23 证明对于 $f(x)$ 在区间 $[a, b]$ 上可积, 复化梯形公式与复化 Simpson 公式当 $n \to \infty$ 时收敛到积分 $\int_a^b f(x)dx$.

证明 要证明复化梯形公式或复化 Simpson 公式收敛, 则只需利用余项趋近 0 即可, 由于复化梯形公式的余项为

$$\begin{aligned} R_{T_n}(f) = I - T_n &= -\frac{b-a}{12} h^2 f''(\eta) \\ &= -\frac{b-a}{12} \left(\frac{b-a}{n} \right)^2 f''(\eta) = -\frac{(b-a)^3}{12n^2} f''(\eta) \end{aligned}$$

和复化 Simpson 公式余项为

$$\begin{aligned} R_{S_n}(f) = I - S_n &= -\frac{b-a}{180} \left(\frac{h}{2} \right)^4 f^{(4)}(\eta) \\ &= -\frac{b-a}{180} \left(\frac{b-a}{2n} \right)^4 f^{(4)}(\eta) = -\frac{(b-a)^5}{2880n^4} f^{(4)}(\eta) \end{aligned}$$

当 $n\to\infty$ 时, 余项都趋近于 0, 因此这两种数值求积公式收敛到积分 $\int_a^b f(x)dx$.

例 24 设 $f(x)$ 在区间 $[a,b]$ 上可积, 求证 Romberg 序列 $\{R_{2^k}\}_{k=0}^{\infty}$ 当 $k\to\infty$ 时趋于积分值 $\int_a^b f(x)dx$.

证明 由 Romberg 序列的构造

$$R_{2^k}=\frac{64}{63}C_{2^{k+1}}-\frac{1}{63}C_{2^k},\quad C_{2^k}=\frac{16}{15}S_{2^{k+1}}-\frac{1}{15}S_{2^k}$$

又由例 20 中的复化 Simpson 公式的收敛性

$$\begin{aligned}\lim_{k\to\infty}C_{2^k}&=\frac{16}{15}\lim_{k\to\infty}S_{2^{k+1}}-\frac{1}{15}\lim_{k\to\infty}S_{2^k}\\&=\frac{16}{15}\int_a^b f(x)dx-\frac{1}{15}\int_a^b f(x)dx=\int_a^b f(x)dx\end{aligned}$$

因此

$$\begin{aligned}\lim_{k\to\infty}R_{2^k}&=\frac{64}{63}\lim_{k\to\infty}C_{2^{k+1}}-\frac{1}{63}\lim_{k\to\infty}C_{2^k}\\&=\frac{64}{63}\int_a^b f(x)dx-\frac{1}{63}\int_a^b f(x)dx=\int_a^b f(x)dx\end{aligned}$$

所以证得 Romberg 序列 $\{R_{2^k}\}_{k=0}^{\infty}$ 当 $k\to\infty$ 时趋于积分值 $\int_a^b f(x)dx$.

例 25 证明等式 $n\sin\frac{\pi}{n}=\pi-\frac{\pi^3}{3!n^2}+\frac{\pi^5}{5!n^4}-\cdots$, 试依据 $n\sin\frac{\pi}{n}, n=3,6,9$ 的值, 用外推算法求 π 的近似值.

证明 由题意可知, 令 $f(n)=n\sin\frac{\pi}{n}$, 则由 $\sin\frac{\pi}{n}$ 的 Taylor 展开, 可得

$$f(n)=n\sin\frac{\pi}{n}=n\left[\frac{\pi}{n}-\frac{1}{3!}\left(\frac{\pi}{n}\right)^3+\frac{1}{5!}\left(\frac{\pi}{n}\right)^5-\cdots\right]=\pi-\frac{\pi^3}{3!n^2}+\frac{\pi^5}{5!n^4}-\cdots$$

又由

$$\sin\frac{\pi}{n}=\frac{\pi}{n}\left(1-\frac{\pi^2}{3!n^2}+\frac{\pi^4}{5!n^4}-\cdots\right)$$

若记 $T_n(0)=n\sin\frac{\pi}{n}\approx\pi$, 其误差为 $O\left(\frac{\pi}{n}\right)^2$, 因此按照步长减半技术, 建立外推法

$$T_n(1)=\frac{4}{3}T_{2n}(0)-\frac{1}{3}T_n(0);\quad T_n(2)=\frac{16}{15}T_{2n}(1)-\frac{1}{15}T_n(1)$$

其误差分别为 $O\left(\frac{\pi}{n}\right)^4$ 和 $O\left(\frac{\pi}{n}\right)^6$, 计算如表 4.8.

表 4.8

n \ k	0	1	2
3	2.598076		
6	3.000000	3.133975	
9	3.105829	3.141705	3.141580

即 $\pi \approx 3.141580$.

例 26 令 $P(x)$ 是 n 次实多项式, 满足 $\int_a^b P(x)x^k dx = 0,\ k = 0, \cdots, n-1$, 证明 $P(x)$ 在开区间 (a,b) 中有 n 个实单根.

证明 由题意可知, 当 $k=0$ 时, $\int_a^b P(x)dx = 0$, 所以 $P(x)$ 在 $[a,b]$ 上至少有一个零点. 若 $P(x)$ 有 $k(\geqslant 1)$ 个零点 $x_i, i = 1, 2, \cdots, k$, 在 $[a,b]$ 上, 则有

$$P(x) = (x-x_1)(x-x_2)\cdots(x-x_k)g(x) = Q_k(x)g(x)$$

其中, $Q_k(x) = (x-x_1)(x-x_2)\cdots(x-x_k)$, 且 $g(x) > 0$ 或者 $g(x) < 0$.

又由于

$$Q_k(x) = a_k x^k + a_{k-1}x^{k-1} + \cdots + a_1 x + a_0 = \sum_{i=0}^{k} a_i x^i \quad (k \leqslant n-1)$$

所以由条件

$$\int_a^b P(x)Q_k(x)dx = \int_a^b P(x)\sum_{i=0}^{k} a_i x^i dx = \sum_{i=0}^{k} a_i \int_a^b P(x)x^i dx = 0$$

若零点个数 $k \leqslant n-1$, 有

$$\int_a^b P(x)Q_k(x)dx = \int_a^b g(x)Q_k^2(x)dx \neq 0$$

矛盾, 因此 $k \geqslant n$, 即 $P(x)$ 在 $[a,b]$ 至少有 n 个零点, 但 $P(x)$ 是 n 次实多项式, 只有 $k=n$, 命题成立.

例 27 对于 Gauss 型求积公式 $\int_a^b \rho(x)f(x)dx \approx \sum_{k=0}^{n} A_k f(x_k)$, 证明

$$A_k = \int_a^b \rho(x)l_k(x)dx = \int_a^b \rho(x)l_k^2(x)dx$$

其中, $l_k(x), k=0,1,2,\cdots,n$ 是以 $x_0,x_1,\cdots,x_n$ 为插值节点的 Lagrange 插值基函数.

证明 由于 Gauss 型求积公式是对以 $[a,b]$ 上带权 $\rho(x)$ 的 $n+1$ 次正交多项式的零点为插值节点的 Lagrange 插值多项式进行积分而得, 所以

$$\begin{aligned}\int_a^b \rho(x)f(x)dx &\approx \int_a^b \rho(x)\sum_{k=0}^n l_k(x)f(x_k)dx\\ &=\sum_{k=0}^n\int_a^b \rho(x)l_k(x)dxf(x_k)=\sum_{k=0}^n A_kf(x_k)\end{aligned}$$

即 $A_k=\displaystyle\int_a^b \rho(x)l_k(x)dx$.

又由于 Gauss 求积公式 $\displaystyle\int_a^b \rho(x)f(x)dx\approx\sum_{k=0}^n A_kf(x_k)$ 的代数精确度为 $2n+1$, 因此对 $2n$ 次多项式 $l_k^2(x)$, $k=0,1,2,\cdots,n$, 求积公式精确成立, 有

$$\int_a^b \rho(x)\ l_k^2(x)dx=\sum_{k=0}^n A_kl_k^2(x)dx$$

由 $l_k(x)$ 为 Lagrange 插值基函数, 满足 $l_k(x_j)=\begin{cases}1, & j=k,\\ 0, & j\neq k,\end{cases}$ 因此

$$A_k=\int_a^b \rho(x)l_k^2(x)dx,\quad k=0,1,2,\cdots,n$$

综上 $A_k=\displaystyle\int_a^b \rho(x)l_k(x)dx=\int_a^b \rho(x)\ l_k^2(x)dx$.

4.3 习题详解

1. 确定下列求积公式中的待定参数, 使其代数精确度尽量高, 并指明所构造出的求积公式所具有的代数精确度.

(1) $\displaystyle\int_{-h}^h f(x)dx\approx A_{-1}f(-h)+A_0f(0)+A_1f(h)$.

(2) $\displaystyle\int_{-1}^1 f(x)dx\approx\frac{1}{3}[f(-1)+2f(x_1)+3f(x_2)]$.

(3) $\int_0^h f(x)dx \approx \frac{h}{2}[f(0)+f(h)]+ah^2[f'(0)-f'(h)]$.

(4) $\int_{-2}^2 f(x)dx \approx A_0 f(-\alpha)+A_1 f(0)+A_2 f(\alpha)$.

(5) $\int_{-1}^1 f(x)dx \approx C[f(x_0)+f(x_1)+f(x_2)]$.

解　(1) 由代数精确度的定义, 分别取 $f(x)=1,x,x^2$, 代入得到

$$\begin{cases} A_{-1}+A_0+A_1=\int_{-h}^h 1dx=2h, \\ -hA_{-1}+A_0\cdot 0+hA_1=\int_{-h}^h xdx=0, \\ (-h)^2A_{-1}+A_0\cdot 0^2+A_1h^2=\int_{-h}^h x^2dx=\frac{2}{3}h^3 \end{cases}$$

解得 $A_{-1}=\frac{1}{6}h$, $A_0=\frac{2}{3}h$, $A_1=\frac{1}{6}h$. 又由于当 $f(x)=x^3$ 时,

$$A_{-1}(-h)^3+A_0\cdot 0^3+A_1h^3=-\frac{1}{6}h^4+\frac{1}{6}h^3=0=\int_{-h}^h x^3dx$$

而当 $f(x)=x^4$ 时

$$A_{-1}(-h)^4+A_0\cdot 0^4+A_1h^4=\frac{1}{6}h^5+\frac{1}{6}h^5=\frac{1}{3}h^5\neq\frac{2}{5}h^5=\int_{-h}^h x^4dx$$

从而此求积公式最高具有 3 次代数精度.

(2) 由代数精确度的定义, 当 $f(x)=1$ 时, $\int_{-1}^1 1dx=2=\frac{1}{3}[1+2+3]$, 因此取 $f(x)=x,x^2$, 代入得到

$$\begin{cases} (-1+2x_1+3x_2)/3=\int_{-1}^1 xdx=0, \\ \left[(-1)^2+2x_1^2+3x_2^2\right]/3=\int_{-1}^1 x^2dx=\frac{2}{3} \end{cases}$$

解得 $x_1=\frac{2-3\sqrt{2}}{7}, x_2=\frac{1+2\sqrt{2}}{7}$ 或者 $x_1=\frac{2+3\sqrt{2}}{7}, x_2=\frac{1-2\sqrt{2}}{7}$ 两组解.

当 $f(x)=x^3$ 时分别验证这两组解, 由于 $\int_{-1}^{1}x^3dx=0$, 而这两组解代入右边可得

$$\left[(-1)^3+2\left(\frac{2-3\sqrt{2}}{7}\right)^3+3\left(\frac{1+2\sqrt{2}}{7}\right)^3\right]\Big/3=\frac{-36-114\sqrt{2}}{343}\neq 0$$

$$\left[(-1)^3+2\left(\frac{2+3\sqrt{2}}{7}\right)^3+3\left(\frac{1-2\sqrt{2}}{7}\right)^3\right]\Big/3=\frac{-36+114\sqrt{2}}{343}\neq 0$$

从而此求积公式最高具有 2 次代数精度.

(3) 由代数精确度的定义, 当 $f(x)=1,x$ 时, 分别有

$$\int_0^h 1dx=h=\frac{h}{2}\times[1+1],\quad \int_0^h xdx=\frac{h^2}{2}=\frac{h}{2}\times h$$

因此继续取 $f(x)=x^2$ 为使其代数确度尽量高, 代入得到

$$\frac{h(0+h^2)}{2}+ah^2(-2h)=\frac{1}{3}h^3=\int_0^h x^2dx$$

解得 $a=\frac{1}{12}$, 又因为当 $f(x)=x^3$ 时,

$$\frac{h(0+h^3)}{2}+\frac{1}{12}ah^2(-3h^2)=\frac{1}{4}h^4=\int_0^h x^3dx$$

而当 $f(x)=x^4$ 时,

$$\frac{h(0+h^4)}{2}+\frac{1}{12}ah^2(-4h^3)=\frac{1}{6}h^5\neq\frac{1}{5}h^5=\int_0^h x^4dx$$

所以此求积公式最高具有 3 次代数精度.

(4) 由代数精确度的定义, 为使其代数确度尽量高, 依次将 $f(x)=1,x,x^2,x^3,x^4,x^5$ 代入都应精确成立, 则有

$$\begin{cases} A_0 + A_1 + A_2 = 4 = \int_{-2}^{2} 1dx, \\ A_0(-\alpha) + A_1 \times 0 + A_2\alpha = (A_2 - A_0)\alpha = 0 = \int_{-2}^{2} xdx, \\ A_0(-\alpha)^2 + A_1 \times 0^2 + A_2\alpha^2 = (A_0 + A_2)\alpha^2 = \dfrac{16}{3} = \int_{-2}^{2} x^2dx, \\ A_0(-\alpha)^3 + A_1 \times 0^3 + A_2\alpha^3 = (A_2 - A_0)\alpha^3 = 0 = \int_{-2}^{2} x^3dx, \\ A(-\alpha)^4 + A_1 \times 0^4 + A_2\alpha^4 = (A_0 + A_2)\alpha^4 = \dfrac{64}{5} = \int_{-2}^{2} x^4dx, \\ A(-\alpha)^5 + B \times 0^5 + C\alpha^5 = (C - A)\alpha^5 = 0 = \int_{-2}^{2} x^6dx \end{cases}$$

解得 $A_0 = \frac{10}{9}, A_1 = \frac{16}{9}, A_2 = \frac{10}{9}, \alpha = \pm\frac{2}{5}\sqrt{15}$, 因此

$$\int_{-2}^{2} f(x)dx \approx \frac{10}{9}f\left(-\frac{2}{5}\sqrt{15}\right) + \frac{16}{9}f(0) + \frac{10}{9}f\left(\frac{2}{5}\sqrt{15}\right)$$

而当 $f(x) = x^6$ 时, 得到

$$\frac{10}{9}\left(-\frac{2}{5}\sqrt{15}\right)^6 + \frac{16}{9} \times 0 + \frac{10}{9}\left(\frac{2}{5}\sqrt{15}\right)^6 = \frac{758}{12} \neq \frac{256}{7} = \int_{-2}^{2} x^6dx$$

所以此求积公式最高具有 5 次代数精度.

(5) 由代数精确度的定义, 依次将 $f(x) = 1, x, x^2, x^3, x^4$ 代入求积公式中, 得到

$$\begin{cases} C(1 + 1 + 1) = 3C = 2 = \int_{-1}^{1} 1dx, \\ C(x_1 + x_2 + x_3) = 0 = \int_{-1}^{1} xdx, \\ C(x_1^2 + x_2^2 + x_3^2) = \dfrac{2}{3} = \int_{-1}^{1} x^2dx, \\ C(x_1^3 + x_2^3 + x_3^3) = 0 = \int_{-1}^{1} x^3dx \end{cases}$$

解得 $x_1 = -\frac{\sqrt{2}}{2}, x_2 = 0, x_3 = \frac{\sqrt{2}}{2}, C = \frac{2}{3}$, 求积公式为

$$\int_{-1}^{1} f(x)dx = \frac{2}{3}\left[f\left(-\frac{\sqrt{2}}{2}\right) + f(0) + f\left(\frac{\sqrt{2}}{2}\right)\right]$$

而当 $f(x)=x^4$ 时, 得到

$$\frac{2}{3}\left[\left(-\frac{\sqrt{2}}{2}\right)^4+0^4+\left(\frac{\sqrt{2}}{2}\right)^4\right]=\frac{1}{3}\neq\frac{2}{5}=\int_{-1}^{1}x^4dx$$

所以此求积公式的代数精度只有 3 次.

2. 说明数值求积公式 $\int_0^3 f(x)dx\approx\frac{3}{2}[f(1)+f(2)]$ 是否为插值型求积公式, 并指明该求积公式所具有的代数精确度.

解 是插值型求积公式; 因为构建 $f(x)$ 在节点 $x_0=1, x_1=2$ 处的 Lagrange 插值多项式为

$$p(x)=\frac{x-2}{1-2}f(1)+\frac{x-1}{2-1}f(2)=(2-x)f(1)+(x-1)f(2)$$

因此积分 $\int_0^3 p(x)dx=\frac{3}{2}[f(1)+f(2)]$, 且代数精确度为 1 次.

3. 数值积分公式形如 $\int_0^1 xf(x)dx\approx S(x)=Af(0)+Bf(1)+Cf'(0)+Df'(1)$.

(1) 试确定参数 A,B,C,D 使公式代数精确度尽量高.

(2) 设 $f(x)\in C^4[0,1]$, 推导余项公式 $R(x)=\int_0^1 xf(x)dx-S(x)$, 并估计误差.

解 (1) 由代数精确度的定义, 将 $f(x)=1,x,x^2,x^3$ 分别代入公式得

$$\begin{cases}A+B=\int_0^1 xdx=\frac{1}{2},\\ B+C+D=\int_0^1 x^2dx=\frac{1}{3},\\ B+2D=\int_0^1 x^3dx=\frac{1}{4},\\ B+3D=\int_0^1 x^4dx=\frac{1}{5}\end{cases}$$

解得参数 $A=\frac{3}{20}, B=\frac{7}{20}, C=\frac{1}{30}, D=-\frac{1}{20}$. 因此

$$\int_0^1 xf(x)dx\approx S(x)=\frac{3}{20}f(0)+\frac{7}{20}f(1)+\frac{1}{30}f'(0)-\frac{1}{20}f'(1)$$

继续验证代数精确度, 当 $f(x)=x^4$ 时, 得到

$$\frac{3}{20}\times 0+\frac{7}{20}\times 1+\frac{1}{30}\times 0-\frac{1}{20}\times 4=\frac{3}{20}\neq\int_0^1 x^5dx=\frac{1}{6}$$

因此代数精确度为 3 次.

(2) 由于代数精确度为 3 次, 通过在节点 $x_0=0,x_1=1$ 上构造 Hermite 插值多项式 $H_3(x)$ 满足 $H_3(x_i)=f(x_i)$, $H_3'(x_i)=f'(x_i)$, $i=0,1$, 则有 $\int_0^1 xH_3(x)dx=S(x)$, 其余项

$$f(x)-H_3(x)=\frac{f^{(4)}(\xi)}{4!}x^2(x-1)^2$$

因此利用积分第二中值定理

$$\begin{aligned}R(x)&=\int_0^1 xf(x)dx-S(x)=\int_0^1 xf(x)dx-\int_0^1 xH_3(x)dx\\&=\int_0^1 x[f(x)-H_3(x)]dx=\int_0^1\frac{f^{(4)}(\xi)}{4!}x^3(x-1)^2dx\\&=\frac{f^{(4)}(\eta)}{4!}\int_0^1 x^3(x-1)^2dx=\frac{f^{(4)}(\eta)}{4!\times 60}=\frac{f^{(4)}(\eta)}{1440}\end{aligned}$$

4. 求 A,B 使求积公式 $\int_{-1}^1 f(x)dx\approx A[f(-1)+f(1)]+B\left[f\left(-\frac{1}{2}\right)+f\left(\frac{1}{2}\right)\right]$ 的代数精确度尽量高, 并求其代数精确度, 利用此公式求 $I=\int_1^2\frac{1}{x}dx$.

解 由代数精确度的定义, 当 $f(x)=1,x,x^2$ 时精确成立, 即

$$\begin{cases}2A+2B=2,\\2A+\frac{1}{2}B=\frac{2}{3}\end{cases}$$

解得 $A=\frac{1}{9}$, $B=\frac{8}{9}$, 该求积公式为

$$\int_{-1}^1 f(x)\mathrm{d}x\approx\frac{1}{9}[f(-1)+f(1)]+\frac{8}{9}\left[f\left(-\frac{1}{2}\right)+f\left(\frac{1}{2}\right)\right]$$

继续验证代数精确度, 当 $f(x)=x^3$ 时,

$$\frac{1}{9}[-1+1]+\frac{8}{9}\left[\left(-\frac{1}{2}\right)^3+f\left(\frac{1}{2}\right)^3\right]=\int_{-1}^1 x^3dx=0$$

而当 $f(x)=x^4$ 时

$$\frac{1}{9}[1+1]+\frac{8}{9}\left[\left(-\frac{1}{2}\right)^4+f\left(\frac{1}{2}\right)^4\right]=\frac{1}{3}\neq\int_{-1}^{1}x^4dx=\frac{2}{5}$$

所以该数值求积公式代数精度为 3 次. 若令 $t=2x-3$, 则

$$\int_1^2\frac{1}{x}dx=\int_{-1}^{1}\frac{1}{t+3}dt$$

$$\approx\frac{1}{9}\left[\frac{1}{-1+3}+\frac{1}{1+3}\right]+\frac{8}{9}\left[\frac{1}{-\frac{1}{2}+3}+\frac{1}{\frac{1}{2}+3}\right]=\frac{97}{140}\approx 0.69286$$

5. 试用梯形公式、Simpson 公式和 Cotes 公式计算定积分 $\int_{0.5}^{1}\sqrt{x}dx$ (计算结果取 5 位有效数字).

解 (1) 利用梯形公式

$$\int_{0.5}^{1}\sqrt{x}\mathrm{d}x\approx\frac{1-0.5}{2}[f(0.5)+f(1)]=0.25\times[0.70711+1]=0.42678$$

(2) 利用 Simpson 公式

$$\int_{0.5}^{1}\sqrt{x}\mathrm{d}x\approx\frac{1-0.5}{6}[\sqrt{0.5}+4\times\sqrt{(0.5+1)/2}+\sqrt{1}]$$

$$=\frac{1}{12}\times[0.707\,11+4\times 0.866\,03+1]=0.43094$$

(3) 利用 Cotes 公式

$$\int_{0.5}^{1}\sqrt{x}\mathrm{d}x\approx\frac{1-0.5}{90}[7\times\sqrt{0.5}+32\times\sqrt{0.625}+12\times\sqrt{0.75}+32\times\sqrt{0.875}+7\times\sqrt{1}]$$

$$=\frac{1}{180}\times[4.94975+25.29822+10.39223+29.93326+7]=0.43096$$

6. 试用 Simpson 公式计算积分 $\int_1^2 e^{1/x}dx$ 的近似值, 并判断此值比准确值大还是小, 并说明理由.

解 由 Simpson 公式

$$S=\frac{2-1}{6}\left[f(1)+4f\left(\frac{3}{2}\right)+f(2)\right]=2.026323$$

由 Simpson 公式余项为

$$R_S(x) = -\frac{1}{2880}f^{(4)}(\eta), \quad \eta \in (1,2)$$

而在区间 $[1,2]$ 上, $f^{(4)}(x) = \dfrac{24x^3+36x^2+12x+1}{x^8}e^{\frac{1}{x}} > 0$, 因此

$$R_S(x) = \int_1^2 e^{1/x}dx - S < 0$$

即 $S > \displaystyle\int_1^2 e^{1/x}dx$, 说明此值比准确值大.

7. 取 5 个等距节点, 分别用复化梯形公式和复化 Simpson 公式计算积分 $\displaystyle\int_0^2 \frac{1}{1+2x^2}dx$ 的近似值 (保留 6 位小数).

解 5 个点对应的函数值 $f(x) = \dfrac{1}{1+2x^2}$(表 4.9).

表 4.9

x	0	0.5	1	1.5	2
y	1	0.666667	0.333333	0.181818	0.111111

(1) 复化梯形公式 $\left(n=4, h=\dfrac{2}{4}=0.5\right)$, 因此

$$T_4 = \frac{0.5}{2}[1+2(0.666667+0.333333+0.181818)+0.111111]$$
$$= 0.868687$$

(2) 复化梯形公式 $\left(n=2, h=\dfrac{2}{2}=1\right)$, 因此

$$S_2 = \frac{1}{6}[1+4(0.666667+0.181818)+2\times 0.333333+0.111111]$$
$$= 0.861953$$

8. 如果 $f''(x) > 0$, 证明用复化梯形公式计算积分 $I = \displaystyle\int_a^b f(x)dx$ 所得结果比准确值大, 并说明其几何意义.

证明 由复化梯形公式的余项为

$$R(T_n) = -\frac{b-a}{12}h^2 f''(\eta), \quad \eta \in (a,b)$$

因此由 $f''(x) > 0$, 说明

$$R(T_n) = I - T_n < 0$$

即 $T_n > I$, 说明用复化梯形公式计算积分 $I = \int_a^b f(x)dx$ 所得结果比准确值大. 其几何意义, 曲线 $f(x)$ 在定义域内是向下凹的, 即曲线在曲线上任两点连线的下方.

9. 分别用复化梯形法和复化 Simpson 计算下列积分.

(1) $\int_1^9 \sqrt{x}dx$, 4 等分积分区间.

(2) $\int_0^\pi x\cos x dx$, 6 等分积分区间.

解 (1) 由复化梯形公式, 有 $h = \frac{b-a}{n} = \frac{9-1}{4} = 2$, 因此

$$T_4 = \frac{1}{2} \times 2(f(1) + f(9) + 2(f(3) + f(5) + f(7)))$$

$$= (1 + 3 + 2 \times (\sqrt{3} + \sqrt{5} + \sqrt{7})) \approx 17.2277$$

又由复化 Simpson 公式, $h = \frac{b-a}{2} = \frac{\pi - 0}{6} = \frac{\pi}{6}$, 因此

$$S_4 = \frac{1}{6} \times 4(f(1) + f(9) + 2f(5) + 4(f(3) + f(7)))$$

$$= \frac{2}{3} \times (1 + 3 + 2 \times \sqrt{5} + 4(\sqrt{3} + \sqrt{7})) \approx 17.3220$$

(2) 由复化梯形公式, 有 $h = \frac{b-a}{2} = \frac{\pi - 0}{6} = \frac{\pi}{6}$, 因此

$$T_4 = \frac{1}{2} \times \frac{\pi}{6}\left(f(0) + f(\pi) + 2\left(f\left(\frac{\pi}{6}\right) + f\left(\frac{2\pi}{6}\right) + f\left(\frac{3\pi}{6}\right) + f\left(\frac{4\pi}{6}\right) + f\left(\frac{5\pi}{6}\right)\right)\right)$$

$$\approx -2.0463$$

又由复化 Simpson 公式, $h = \frac{b-a}{3} = \frac{\pi - 0}{3} = \frac{\pi}{3}$, 因此

$$S_4=\frac{1}{6}\times\frac{\pi}{3}\left(f(0)+f(\pi)+2\left(f\left(\frac{2\pi}{6}\right)+\left(\frac{4\pi}{6}\right)\right)+4\left(f\left(\frac{\pi}{6}\right)+f\left(\frac{3\pi}{6}\right)+f\left(\frac{5\pi}{6}\right)\right)\right)$$

$$\approx -1.9974$$

10. 分别推导出左矩形公式 $\int_a^b f(x)dx\approx(b–a)f(a)$ 和右矩形公式 $\int_a^b f(x)dx\approx(b-a)f(b)$ 的余项.

证明 由函数 $f(x)$ 分别在 $x=a$ 点和 $x=b$ 点 Taylor 展开有

$$f(x)=f(a)+f'(\xi_1)(x-a);\quad f(x)=f(b)+f'(\xi_2)(x-b)$$

利用积分第二中值定理, 分别代入积分得

$$\begin{aligned}\int_a^b f(x)dx&=\int_a^b[f(a)+f'(\xi_1)(x-a)]dx\\&=f(a)(b-a)+\int_a^b f'(\xi_1)(x-a)dx\\&=f(a)(b-a)+\frac{(b-a)^2}{2}f'(\eta_1),\quad \eta_1\in(a,b)\end{aligned}$$

即左矩形的余项为 $\frac{(b-a)^2}{2}f'(\eta_1)$, $\eta_1\in(a,b)$.

同理

$$\begin{aligned}\int_a^b f(x)dx&=\int_a^b[f(b)+f'(\xi_2)(x-b)]dx\\&=f(b)(b-a)+\int_a^b f'(\xi_1)(x-b)dx\\&=f(a)(b-a)-\frac{(b-a)^2}{2}f'(\eta_2),\quad \eta_2\in(a,b)\end{aligned}$$

即右矩形的余项为 $-\frac{(b-a)^2}{2}f'(\eta_2)\frac{(b-a)^2}{2}f'(\eta_1)$, $\eta_2\in(a,b)$.

11. 证明数值求积公式 $\int_a^b f(x)\mathrm{d}x\approx\sum_{k=1}^{n}A_kf(x_k)$ 代数精度至少为 $n-1$ 的充分必要条件是它为插值型求积公式.

证明 (充分性) 若原式是插值型求积公式, 则对于节点 $a\leqslant x_1<\cdots<x_n\leqslant b$, 可构造 $n-1$ 阶插值多项式, 因此其插值余项为 $R(x)=\frac{f^{(n)}(\xi)}{n!}\omega_n(x)$, $\xi\in(a,b)$.

因此积分余项为

$$R_n(f) = I - I_n = \int_a^b \frac{f^{(n)}(\xi)}{n!}\omega_n(x)dx, \quad \xi \in (a,b)$$

对于验证求积公式代数精确度若 $f(x)$ 取 $n-1$ 次多项式积分余项必为 0, 因此代数精确度至少为 $n-1$ 次.

(必要性) 若原式代数精度至少为 $n-1$, 则对 $f(x)$ 取次数不超过 $n-1$ 的多项式原式等号成立, 特别地, $f(x)$ 分别取这些节点的 $n-1$ 次 Lagrange 插值基函数 $l_k(x)$, $k=1,2,\cdots,n$, 有

$$\int_a^b l_k(x)dx = \sum_{j=1}^n A_j l_k(x_j), \quad k=1,2,\cdots,n$$

由 Lagrange 插值基函数满足

$$l_k(x_j) = \begin{cases} 1, & j=k, \\ 0, & j \neq k \end{cases}$$

所以 $A_k = \int_a^b l_k(x)dx$, 因此原式为插值型求积公式.

12. 验证 Gauss 型求积公式 $\int_0^{+\infty} e^{-x} f(x)dx \approx A_0 f(x_0) + A_1 f(x_1)$, 求积系数及节点分别为

$$A_0 = \frac{\sqrt{2}+1}{2\sqrt{2}}, \quad A_1 = \frac{\sqrt{2}-1}{2\sqrt{2}}, \quad x_0 = 2-\sqrt{2}, \quad x_1 = 2+\sqrt{2}$$

证明 由 Gauss 型求积公式的定义可知, 该公式代数精度为 3 次, 所以取 $f(x)=1,x,x^2,x^3$ 进行检验即可得

$$\int_0^{+\infty} e^{-x} f(x)dx = A_0 + A_1 = 1$$

$$\int_0^{+\infty} e^{-x} x dx = x_0 A_0 + x_1 A_1 = 1$$

$$\int_0^{+\infty} e^{-x} x^2 dx = x_0^2 A_0 + x_1^2 A_1 = 2$$

$$\int_0^{+\infty} e^{-x}x^3dx = x_0^3A_0 + x_1^3A_1 = 6$$

将如下两组分别代入, 可知 $A_0 = \dfrac{\sqrt{2}+1}{2\sqrt{2}}, A_1 = \dfrac{\sqrt{2}-1}{2\sqrt{2}}, x_0 = 2-\sqrt{2}, x_1 = 2+\sqrt{2}$ 满足方程.

13. 设 $P_2(x)$ 是以 $0, h, 2h$ 为插值节点的 $f(x)$ 的二次插值多项式, 且用 $P_2(x)$ 导出的计算积分 $I = \int_0^{3h} f(x)dx$ 的数值积分 $I_h = \int_0^{3h} P_2(x)dx \approx \dfrac{3}{4}h[f(0) + 3f(2h)]$, 试用 Taylor 展开方法证明 $I - I_h = \dfrac{3}{8}h^4 f'''(0) + O(h^5)$.

证明 在将被积函数 $f(x)$ 在 $x=0$ 处 Taylor 展开得

$$f(x) = f(0) + f'(0)x + \frac{f''(0)}{2}x^2 + \frac{f'''(0)}{6}x^3 + \frac{f^{(4)}(\eta)}{24}x^4, \quad \eta \in (0, x)$$

代入积分

$$I = \int_0^{3h} f(x)dx = 3hf(0) + \frac{1}{2}(3h)^2 f'(0) + \frac{1}{6}(3h)^3 f''(0) + \frac{1}{24}(3h)^4 f'''(0) + O(h^5)$$

又将 $f(2h)$ 在 $x=0$ 处 Taylor 展开得

$$f(2h) = f(0) + 2hf'(0) + \frac{f''(0)}{2}(2h)^2 + \frac{f'''(0)}{6}(2h)^3 + \frac{f^{(4)}(\xi)}{24}(2h)^4, \quad \xi \in (0, 2h)$$

于是得到

$$I_h = 3hf(0) + \frac{9}{2}h^2 f'(0) + \frac{9}{2}h^3 f''(0) + 3h^4 f'''(0) + O(h^5)$$

因此比较两式可得

$$I - I_h = \frac{27}{8}h^4 f'''(0) - 3h^4 f'''(0) + O(h^5) = \frac{3}{8}h^4 f'''(0) + O(h^5)$$

14. 用 Romberg 方法计算椭圆 $\dfrac{x^2}{4} + y^2 = 1$ 的周长, 结果保留 5 位小数.

解 对椭圆作三角变换, 令 $x = 2\cos\theta, y = \sin\theta$, 则椭圆的周长为

$$l = 4\int_0^{\frac{\pi}{2}} \sqrt{x_\theta'^2 + y_\theta'^2}d\theta = 4\int_0^{\frac{\pi}{2}} \sqrt{1 + 3\sin^2\theta}d\theta = 4I$$

其中, $I=\int_0^{\frac{\pi}{2}}\sqrt{1+3\sin^2\theta}d\theta$, 对于该积分利用 Romberg 方法 (表 4.10), 则

表 4.10

n \ k	0	1	2	3
0	2.356194			
1	2.419921	2.441163		
2	2.422103	2.422830	2.421608	
3	2.422112	2.422115	2.422067	2.422074

因此积分 $I=\int_0^{\frac{\pi}{2}}\sqrt{1+3\sin^2\theta}d\theta\approx 2.422074$, 该椭圆周长为

$$l=4I\approx 9.68830$$

15. 用 Romberg 求积算法求积分 $\frac{2}{\sqrt{\pi}}\int_0^1 e^{-x}dx$, 结果保留 7 位小数.

解 由题意可知, 对于积分 $I=\frac{2}{\sqrt{\pi}}\int_0^1 e^{-x}dx$, 记 $f(x)=\frac{2}{\sqrt{\pi}}e^{-x}$, 则由 Romberg 方法 (表 4.11), 则

表 4.11

n \ k	0	1	2	3
0	0.7717433			
1	0.7280699	0.7135121		
2	0.7169828	0.7132870	0.7132720	
3	0.7142002	0.7132726	0.7132717	0.7132717

因此计算得 $I=\frac{2}{\sqrt{\pi}}\int_0^1 e^{-x}dx\approx 0.7132717$.

16. 用三点 Gauss-Legendre 求积公式计算积分 $\int_0^1 x^2e^xdx$.

解 由题意可知, 对区间 $[0,1]$ 先作变换 $x=\frac{1}{2}(t+1)$, 则

$$I=\int_0^1 x^2e^xdx=\int_{-1}^1\frac{1}{8}(t+1)^2e^{\frac{1}{2}(t+1)}dt$$

因此记 $f(t)=\frac{1}{8}(t+1)^2e^{\frac{1}{2}(t+1)}$, 则由三点 Gauss-Legendre 求积公式可知,

$$I\approx\frac{5}{9}f(-\sqrt{0.6})+\frac{8}{9}f(0)+\frac{5}{9}f(\sqrt{0.6})$$

$$= \frac{1}{9} \times \frac{1}{8} \left[5(-\sqrt{0.6}+1)^2 e^{\frac{1}{2}(-\sqrt{0.6}+1)} + 8e^{\frac{1}{2}} + 5(\sqrt{0.6}+1)^2 e^{\frac{1}{2}(\sqrt{0.6}+1)} \right]$$

$$\approx 0.718252$$

17. 试构造两点 Gauss 公式 $\int_{-1}^{1} f(x)dx \approx A_0 f(x_0) + A_1 f(x_1)$, 并由此计算积分 $\int_0^1 \sqrt{1+2x}dx$, 结果保留 5 位小数.

解　利用 Legendre 正交多项式, 若取 $p_2(x) = \frac{3}{2}x^2 - \frac{1}{2}$, 因此 Gauss 点为

$$x_0 = \frac{\sqrt{3}}{3}, \quad x_1 = -\frac{\sqrt{3}}{3}$$

因此 $\int_{-1}^{1} f(x)dx \approx A_0 f\left(\frac{\sqrt{3}}{3}\right) + A_1 f\left(-\frac{\sqrt{3}}{3}\right)$, 又由公式 Gauss 型求积的代数精度, 则当 $f(x)=1, x$ 时, 有 $\int_{-1}^{1} 1dx = A_0 + A_1 = 2$; $\int_{-1}^{1} xdx = \frac{\sqrt{3}}{3}A_0 - \frac{\sqrt{3}}{3}A_1 = 0$, 因此解得 $A_0 = A_1 = 1$, 即两点 Gauss 公式为

$$\int_{-1}^{1} f(x)dx \approx f\left(\frac{\sqrt{3}}{3}\right) + f\left(-\frac{\sqrt{3}}{3}\right)$$

令 $x = \frac{t+1}{2}$, 则区间 $[0,1]$ 化为 $[-1,1]$, 且 $f(t) = \frac{1}{2}\sqrt{t+2}$, 因此

$$\int_0^1 \sqrt{1+2x}dx = \frac{1}{2}\int_{-1}^{1} \sqrt{t+2}dt$$

$$\approx \frac{1}{2}\left[\sqrt{\frac{\sqrt{3}}{3}+2} + \sqrt{-\frac{\sqrt{3}}{3}+2}\right] \approx 1.3991$$

18. 分别用三点和四点 Gauss-Chebyshev 求积公式计算积分

$$I = \int_{-1}^{1} \sqrt{\frac{2+x}{1-x^2}} dx$$

解　(1) 用三点 $(n=2)$ Gauss-Chebyshev 求积公式来计算, 此时

$$f(x) = \sqrt{2+x}, \quad f^{(6)}(x) = -\frac{945}{64}(2+x)^{-\frac{11}{2}}$$

由求积节点 $x_k = \cos\frac{(2k+1)\pi}{2n+2}$, $k=0,1,2$, 因此

$$x_0 = \cos\frac{\pi}{6} = \frac{\sqrt{3}}{2}, \quad x_1 = \cos\frac{3\pi}{6} = 0, \quad x_2 = \cos\frac{5\pi}{6} = -\frac{\sqrt{3}}{2}$$

求积系数为 $A_k = \frac{1}{n+1} = \frac{\pi}{3}$, 因此三点 Gauss-Chebyshev 求积公式

$$\begin{aligned} I &= \int_{-1}^{1}\sqrt{\frac{2+x}{1-x^2}}dx = \int_{-1}^{1}\frac{1}{\sqrt{1-x^2}}\sqrt{2+x}dx \\ &\approx \frac{\pi}{3}\left(\sqrt{2+\frac{\sqrt{3}}{2}} + \sqrt{2+0} + \sqrt{2-\frac{\sqrt{3}}{2}}\right) \approx 4.368939556197 \end{aligned}$$

其余项估计为 $|R_3(f)| \leqslant \frac{\pi}{2^5\times 6!}\frac{945}{64} \approx 2.01335\times 10^{-3}$.

(2) 同理用四点 $(n=3)$ Gauss-Chebyshev 求积公式来计算, 此时

$$f(x) = \sqrt{2+x}, \quad f^{(8)}(x) = -\frac{945}{64}\times\frac{143}{4}\times(2+x)^{-\frac{15}{2}}$$

此时求积节点 $x_k = \cos\frac{(2k+1)\pi}{2n+2}$, $k=0,1,2,3$, 因此

$$x_0 = \cos\frac{\pi}{8}, \quad x_1 = \cos\frac{3\pi}{8}, \quad x_2 = \cos\frac{5\pi}{8}, \quad x_3 = \cos\frac{7\pi}{8}$$

求积系数为 $A_k = \frac{1}{n+1} = \frac{\pi}{4}$, 因此四点 Gauss-Chebyshev 求积公式

$$\begin{aligned} I &= \int_{-1}^{1}\sqrt{\frac{2+x}{1-x^2}}dx = \int_{-1}^{1}\frac{1}{\sqrt{1-x^2}}\sqrt{2+x}dx \\ &\approx \frac{\pi}{4}\left(\sqrt{2+\cos\frac{\pi}{8}} + \sqrt{2+\cos\frac{3\pi}{8}} + \sqrt{2+\cos\frac{5\pi}{8}} + \sqrt{2+\cos\frac{7\pi}{8}}\right) \\ &\approx 4.368879180569 \end{aligned}$$

其余项估计为 $|R_4(f)| \leqslant \frac{\pi}{2^7\times 8!}\times\frac{945}{64}\times\frac{143}{4} \approx 3.21327\times 10^{-4}$.

19. 表 4.12 给出了函数 $y=e^x$ 的一些数值, 要求分别取 $h=1, h=0.1, h=0.01$, 用中点微分公式 $f'(x_0) \approx \frac{f(x_0+h)-f(x_0-h)}{2h}$ 计算 $f'(1)$ 的近似值.

表 4.12

x	0.0	0.90	0.99	1.01	1.10	2.0
$f(x)$	1.000	2.460	2.691	2.746	3.004	7.389

解　由题意可知

$$f'(x_0) \approx \frac{f(x_0+h)-f(x_0-h)}{2h}$$

取 $h=1$ 得 $f'(1.0) \approx \frac{1}{2\times 1}[f(2.0)-f(0.0)] = 3.195.$

取 $h=0.1$ 得 $f'(1.0) \approx \frac{1}{2\times 0.1}[f(1.1)-f(0.9)] = 2.720.$

取 $h=0.01$ 得 $f'(1.0) \approx \frac{1}{2\times 0.01}[f(1.01)-f(0.99)] = 2.750.$

20. 设已给出函数 $f(x)=\frac{1}{(1+x)^2}$ 的数据表 (表 4.13)

表 4.13

x	1.0	1.1	1.2
$f(x)$	0.2500	0.2268	0.2066

试用三点公式计算 $f'(1.0), f'(1.1), f'(1.2)$ 的值, 并估计误差.

解　若令节点 $x_0=1.0, x_1=1.1, x_2=1.2$, 则步长 $h=x_1-x_0=x_2-x_1=0.1$, 利用三点公式计算得

$$f'(1.0) \approx \frac{1}{2h}[-3f(x_0)+4f(x_1)-f(x_2)] = -0.2470$$

$$f'(1.1) \approx \frac{1}{2h}[-f(x_0)+f(x_2)] = -0.2170$$

$$f'(1.2) \approx \frac{1}{2h}[f(x_0)-4f(x_1)+3f(x_2)] = -0.1870$$

又由 $f^{(3)}(x) = -\frac{24}{(1+x)^5}$, 分别计算在节点处的余项

$$R(1.0) = \frac{f^3(\xi_0)}{3}h^2 \approx -0.0025$$

$$R(1.1) = -\frac{f^3(\xi_1)}{6}h^2 \approx 0.00125$$

$$R(1.2) = -\frac{f^3(\xi_2)}{3}h^2 \approx -0.04967$$

21. 推导出如下三点公式的余项表达式:

(1) $f'(x_0) \approx \frac{1}{2h}[-3f(x_0) + 4f(x_1) - f(x_2)]$.

(2) $f'(x_1) \approx \frac{1}{2h}[-f(x_0) + f(x_2)]$.

(3) $f'(x_2) \approx \frac{1}{2h}[f(x_0) - 4f(x_1) + 3f(x_2)]$.

证明 如果只求节点上的导数值, 利用插值型求导公式得到的余项表达式为

$$R(x_k) = f'(x_k) - p'(x_k) = \frac{f^{n+1}(\xi_k)}{(n+1)!}\prod_{j=0,j\neq k}^{n}(x_k - x_j)$$

由三点公式可知, $n=2$, 步长 $h = x_1 - x_0 = x_2 - x_1$, 则

$$R(x_0) = \frac{f^3(\xi_0)}{3!}\prod_{j=1}^{2}(x_0 - x_j) = \frac{f^3(\xi_0)}{6}(x_0 - x_1)(x_0 - x_2) = \frac{f^3(\xi_0)}{3}h^2$$

$$R(x_1) = \frac{f^3(\xi_1)}{3!}\prod_{j=0,j\neq 1}^{2}(x_1 - x_j) = \frac{f^3(\xi_1)}{6}(x_1 - x_0)(x_1 - x_2) = -\frac{f^3(\xi_1)}{6}h^2$$

$$R(x_2) = \frac{f^3(\xi_2)}{3!}\prod_{j=0,j\neq 2}^{2}(x_2 - x_j) = \frac{f^3(\xi_2)}{6}(x_2 - x_0)(x_2 - x_1) = -\frac{f^3(\xi_2)}{3}h^2$$

其中, ξ_0, ξ_1, ξ_2 均在区间 (x_0, x_2) 中.

22. 设 $f(x)$ 具有四阶连续导数, $h = x_{i+1} - x_i, i = 0,1,2$, 证明四点微分数值公式

$$f'(x_0) = \frac{1}{6h}[-11f(x_0) + 18f(x_1) - 9f(x_2) + 2f(x_3)] + O(h^3)$$

证明 由题意可知, 对函数 $f(x)$ 在 x_0 进行 Taylor 展开, 则

$$f(x_1) = f(x_0) + hf'(x_0) + \frac{f''(x_0)}{2}h^2 + \frac{f'''(x_0)}{6}h^3 + \frac{f^{(4)}(\xi_1)}{24}h^4, \quad \xi_1 \in (x_0, x_1)$$

$$f(x_2) = f(x_0) + 2hf'(x_0) + \frac{f''(x_0)}{2}(2h)^2 + \frac{f'''(x_0)}{6}(2h)^3 + \frac{f^{(4)}(\xi_1)}{24}(2h)^4, \quad \xi_2 \in (x_0, x_2)$$

$$f(x_3) = f(x_0) + 3hf'(x_0) + \frac{f''(x_0)}{2}(3h)^2 + \frac{f'''(x_0)}{6}(3h)^3 + \frac{f^{(4)}(\xi_1)}{24}(3h)^4, \quad \xi_3 \in (x_0, x_3)$$

代入表达式并整理得

$$
\begin{aligned}
&-11f(x_0)+18f(x_1)-9f(x_2)+2f(x_3)\\
=&(18-9\times 2+2\times 3)hf'(x_0)+\frac{1}{2}(18-9\times 2^2+2\times 3^2)h^2f''(x_0)+\frac{1}{6}(18-9\\
&\times 2^3+2\times 3^3)h^3f'''(x_0)+\frac{1}{24}(18f^{(4)}(\xi_1)-9\times 2^4f^{(4)}(\xi_2)+2\times 3^4f^{(4)}(\xi_3))h^4\\
=&6hf'(x_0)+O(h^4)
\end{aligned}
$$

因此 $f'(x_0)=\dfrac{1}{6h}[-11f(x_0)+18f(x_1)-9f(x_2)+2f(x_3)]+O(h^3)$.

4.4 同步训练题

一、填空题

1. 要使 $\displaystyle\int_{-2h}^{2h}f(x)dx\approx\frac{8h}{3}f(-h)+A_0f(0)+\frac{8h}{3}f(h)$ 的代数精确度尽量高, 则 $A_0=$__________, 具有__________ 次代数精确度.

2. Gauss 型求积公式__________ 插值型求积公式. (限填 "是" 或 "不是")

3. 数值微分中, 已知等距节点的函数值 $(x_0,y_0),(x_1,y_1),(x_2,y_2)$, 则由三点的求导公式有 $f'(x_1)=$__________.

4. 设求积公式 $\displaystyle\int_a^b f(x)dx\approx\sum_{k=0}^{n}f(x_k)$, 若对__________ 的多项式积分公式精确成立, 而至少有一个 $m+1$ 次多项式不成立, 则称该求积公式具有 m 次代数精确度.

5. __________ 阶 Newton-Cotes 公式至少具有 $2n+1$ 次代数精确度.

6. 用梯形公式计算积分 $\displaystyle\int_2^3 e^{-x^2}dx\approx 0.009219524$, 此值比实际值__________. (限填 "大" 或 "小")

二、选择题

1. 在 Newton-Cotes 求积公式 $\displaystyle\int_a^b f(x)dx\approx(b-a)\sum_{i=0}^{n}C_i^{(n)}f(x_i)$ 中, 当系数 $C_i^{(n)}$ 是负值时, 公式的稳定性不能保证, 所以在实际应用中, 当 ( ) 时不使用 Newton-Cotes 求积公式.

A. $n\geqslant 8$　　B. $n\geqslant 7$　　C. $n\geqslant 10$　　D. $n\geqslant 6$

2. 求积公式 $\displaystyle\int_a^b f(x)dx\approx\frac{b-a}{2n}\left[f(a)+f(b)+2\sum_{i=1}^{n-1}f\left(a+i\frac{b-a}{n}\right)\right]$ 收敛

的充分必要条件 (其中 n 为正整数)( ).

A. $f(x)$ 在区间 $[a,b]$ 有定义　　B. $f(x)$ 在区间 $[a,b]$ 可积

C. $f(x)$ 在区间 $[a,b]$ 连续　　D. $f''(x)$ 在区间 $[a,b]$ 连续

3. 要使数值积分公式 $\int_{-1}^{1} f(x)dx \approx \frac{1}{3h^2}[f(-h)+(6h^2-2)f(0)+f(h)]$ 具有最高的代数精确度, 则 h 的取值为 ( ).

A. 1　　B. $\sqrt{0.8}$　　C. $\sqrt{0.6}$　　D. $\sqrt{0.4}$

4. Newton-Cotes 求积公式 $I_n=(b-a)\sum_{i=0}^{n} C_i^{(n)} f(x_i)$, 当 n 为偶数时, 至少具有 ( ) 次代数精确度.

A. n　　B. $2n+1$　　C. $n+1$　　D. $n-1$

5. Gauss 型求积公式 $\int_a^b f(x)dx \approx \sum_{k=1}^{5} A_k f(x_k)$, 代数精确度为 ( ).

A. 5　　B. 6　　C. 9　　D. 10

三、计算与证明题

1. 求近似求积公式 $\int_0^1 f(x)dx \approx \frac{1}{3}\left[2f\left(\frac{1}{4}\right)-f\left(\frac{1}{2}\right)+2f\left(\frac{3}{4}\right)\right]$ 的代数精确度.

2. 确定以下求积公式的代数精确度:

$$I(f)=\int_a^b f(x)dx \approx \frac{9}{4}hf(x_1)+\frac{3}{4}hf(x_2)$$

3. 构造代数精确度最高的如下形式的求积公式, 并求出其代数精确度.

$$\int_0^1 xf(x)dx \approx A_0 f\left(\frac{1}{2}\right)+A_1 f(1)$$

4. 用复化梯形公式和复化 Simpson 公式计算积分 $I=\int_0^1 e^x dx$ 的近似值, 要使截断误差不超过 $\frac{1}{2}\times 10^{-6}$, 需将区间 $[0,1]$ 分成多少等份.

5. 分别用复化梯形法和复化 Simpson 计算下列积分, 结果保留 5 位小数.

(1) $\int_0^{\pi} e^x \sin x dx$, 8 等分积分区间;　　(2) $\int_0^{\frac{\pi}{6}} \sqrt{4-\sin^2 x}dx$, 6 等分积分区间.

6. 用 Romberg 求积公式计算下列积分, 结果保留 5 位小数.

(1) $\int_0^{\pi} x\sin x dx$;　　(2) $\int_0^3 x\sqrt{1+x^2}dx$.

7. 用三点 Gauss-Legendre 求积公式计算积分 $I=\int_0^1 \frac{\sin(x)}{x}dx$.

8. 设 $f(x)=\sin x$, 分别取步长 $h=0.1, 0.01, 0.001$, 用中点公式计算 $f'(0.8)$ 的值, 令中间数据保留小数点后第 4 位.

9. 试阐述何谓 Gauss 型求积公式, 如下求积公式

$$\int_{-1}^1 f(x)dx \approx \frac{1}{3}f(-1)+\frac{4}{3}f(0)+\frac{1}{3}f(1)$$

是否为 Gauss 型求积公式; Gauss 型求积公式是否稳定 (假定 $f(x)$ 在积分区间上连续)?

10. 求证对固定的 n, Newton-Cotes 系数满足 $(n \geqslant 1)$: $\sum_{i=0}^{n} C_i^{(n)}=1$.

11. 在计算积分 $\int_a^b f(x)dx$ 时, T_n, T_{2n} 分别表示把区间 $[a,b]$ 进行 n, $2n$ 等分后复化梯形公式, S_n 表示把区间 $[a,b]$ n 等分后复化 Simpson 公式, 证明 $S_n=\frac{4T_{2n}-T_n}{3}$.

4.5 同步训练题答案

一、

1. $-\frac{4h}{3}$, 3. 2. 是. 3. $\frac{1}{2h}(-y_0+y_2)$. 4. 不超过 m 次. 5. $2n$. 6. 小.

二、

1. A. 2.B. 3.C. 4.C. 5.C.

三、

1. 3 次.

2. 2 次.

3. $\int_0^1 xf(x)dx \approx \frac{1}{3}f\left(\frac{1}{2}\right)+\frac{1}{6}f(1)$, 2 次.

4. 674 等份, 7 等份.

5. (1) $T_8=-12.38216$, $S_8=-11.98494$; (2) $T_6\approx 1.03562$, $S_6=1.03576$.

6. (1) $I\approx 2.84042$; (2) $I\approx -10.15174$.

7. $I\approx 0.94083$.

8. (1) $f'(0.8)\approx 0.6956$; (2) $f'(0.8)\approx 0.6967$; (3) $f'(0.8)\approx 0.6965$.

9. 不是.

10—11. 略.

第 5 章　非线性方程求根

本章主要讲述非线性方程求根理论，具体内容包括根的搜索、不动点迭代和压缩映像原理、Newton 迭代及其修正、迭代收敛的加速方法等内容.

本章中要掌握非线性方程求根的原理，理解逐步搜索法，掌握二分法原理；掌握不动点迭代思想，熟练掌握压缩映像原理，熟练掌握迭代的收敛阶，并要求计算；掌握 Newton 迭代的格式，掌握 Newton 迭代的修正，掌握重根迭代方法，并要求计算；掌握迭代收敛的加速思想，理解加权法、Aitken 加速和 Steffensen 迭代；了解非线性方程组的迭代思想.

5.1　知识点概述

1. 根的定义

若实数 x^* 满足 $f(x^*)=0$，则称 x^* 是方程 $f(x)=0$ 的根 (零点)；若 $f(x)$ 可分解为 $f(x)=(x-x^*)^m g(x)$，其中，m 为正整数，且 $g(x^*)\neq 0$，则称 x^* 为方程 $f(x)=0$ 的 m 重根 (零点)，当 $m=1$ 时即为单根.

对于充分可微的函数 $f(x)$，x^* 是函数 $f(x)$ 的 m 重零点的充分必要条件是

$$f(x^*)=f'(x^*)=\cdots=f^{(m-1)}(x^*)=0,\quad f^{(m)}(x^*)\neq 0$$

2. 根的搜索

跨步法或者逐次搜索法　反复利用零点定理选取合适的步长判断端点是否异号求得非线性方程的有根区间的过程.

二分法　将有根区间 $[a,b]$，取中点 $x_0=\dfrac{(a+b)}{2}$ 将它分成两半，假设中点 x_0 不是 $f(x)$ 的零点，然后进行根的搜索，即检查 $f(x_0)$ 与 $f(a)$ 是否同号，如果是同号，说明所求的根 x^* 在 x_0 的右侧，这时令 $a_1=x_0, b_1=b$；否则 x^* 必在 x_0 的左侧，这时令 $a_1=a, b_1=x_0$ 不管出现哪种情况，新的有根区间 $[a_1,b_1]$ 的长度仅为 $[a,b]$ 长度的一半. 对压缩了的有根区间 $[a_1,b_1]$ 继续上述过程，即用中点 $x_1=\dfrac{a_1+b_1}{2}$ 将区间 $[a_1,b_1]$ 再分为两半，然后通过根的搜索判定所求的根在 x_1 的哪一侧，从而又确定一个新的有根区间 $[a_2,b_2]$，其长度是 $[a_1,b_1]$ 长度的一半，如

此反复二分下去, 即可得出一系列有根区

$$[a,b]\supset[a_1,b_1]\supset[a_2,b_2]\supset\cdots\supset[a_k,b_k]\supset\cdots$$

其中, 每个区间都是前一个区间的一半, 因此当 $k\to\infty$ 时, $[a_k,b_k]$ 的长度

$$b_k-a_k=\frac{b-a}{2^k}\to 0$$

就是说, 如果二分过程无限地继续下去, 这些区间最终必收缩于一点 x^*, 该点显然就是所求的根, 且每次二分后, 设取有根区间 $[a_k,b_k]$ 的中点

$$x_k=\frac{a_k+b_k}{2}$$

作为根的近似值, 则在二分过程中可以获得一个近似根的序列 $x_0,x_1,x_2,\cdots,x_k,\cdots$, 该序列必以根 x^* 为极限. 由于

$$|x^*-x_k|\leqslant\frac{b_k-a_k}{2}=\frac{b-a}{2^{k+1}}$$

只要二分足够多次 (即 k 充分大), 便有 $|x^*-x_k|<\varepsilon$, 这里 ε 为预定的精度, x_k 为根 x^* 的近似.

3. 不动点迭代

选择一个初始近似值 x_0, 通过

$$x_{k+1}=\varphi(x_k),\quad k=0,1,2,\cdots$$

产生数列 $\{x_k\}$, 如果序列有极限且 $\varphi(x)$ 是连续的, 则

$$x^*=\lim_{k\to\infty}x_k=\lim_{k\to\infty}\varphi(x_{k-1})=\varphi(\lim_{k\to\infty}x_{k-1})=\varphi(x^*)$$

这样得到了方程 $x=\varphi(x)$ 的解, 这个方法称为不动点迭代法, $\varphi(x)$ 称为迭代函数.

4. 压缩映像原理

(不动点定理或压缩映像原理) 设 $\varphi(x)\in C[a,b]$, 且对任意 $x\in[a,b]$, 有 $a\leqslant\varphi(x)\leqslant b$, 又假设 $\varphi'(x)$ 在 (a,b) 内存在, 且存在正常数 $L<1$, 使得 $|\varphi'(x)|\leqslant L$, 则有以下等价结论:

(1) 方程 $x=\varphi(x)$ 在 $[a,b]$ 内有唯一的根 x^*;

(2) 对任何初始值 x_0, 由 $x_{k+1}=\varphi(x_k)$, $k=0,1,2,\cdots$, 定义的序列 $\{x_k\}$ 收敛于 $[a,b]$ 内的唯一不动点 x^*;

(3) $|x^*-x_k| \leqslant \dfrac{L}{1-L}|x_k-x_{k-1}|$;

(4) $|x^*-x_k| \leqslant \dfrac{L^k}{1-L}|x_1-x_0|$.

5. 迭代的收敛阶

迭代过程 $x_{k+1}=\varphi(x_k)$ 收敛于方程 $x=\varphi(x)$ 的根 x^*, 第 k 步迭代的误差记为 $\varepsilon_k=x^*-x_k$, 若存在实数 $p \geqslant 1$, 使得

$$\lim_{k\to\infty}\frac{|\varepsilon_{k+1}|}{|\varepsilon_k|^p}=C\neq 0$$

则称迭代函数 $\varphi(x)$ 关于 x^* 是 p 阶收敛的, C 称为渐近误差常数.

评注 (1) $C\neq 0$ 是指对一般的函数来说的, 它保证了 p 的唯一性, 对于特殊的函数, C 可能为 0, 此时对这个函数迭代收敛得更快.

(2) 一般说来, p 越大, 收敛就越快, 习惯上, $p=1$ 称为线性收敛, $p>1$ 称为超线性收敛, $p=2$ 称为平方收敛.

判断定理 迭代函数 $\varphi(x)$ 在方程 $x=\varphi(x)$ 的根 x^* 的邻域内有充分多阶连续导数, 则迭代法关于 x^* 是 p 阶收敛的充分必要条件是

$$\varphi'(x^*)=0,\quad \varphi''(x^*)=0,\cdots,\varphi^{(p-1)}(x^*)=0,\quad \varphi^{(p)}(x^*)\neq 0$$

6. Newton 迭代

Newton 迭代格式为

$$x_{k+1}=x_k-\frac{f(x_k)}{f'(x_k)},\quad k=0,1,2,\cdots$$

由收敛阶判断定理 Newton 迭代格式至少是平方收敛的, 若继续往下计算得

$$\varphi''(x^*)=\frac{f''(x^*)}{f'(x^*)}$$

不能确定是否 $\varphi''(x^*)=0$, 因此 $\lim\limits_{k\to\infty}\dfrac{x_{k+1}-x^*}{(x_k-x^*)^2}=\dfrac{f''(x^*)}{2f'(x^*)}$.

7. Newton 迭代的修正

1) 简化 Newton 法

为了避免每步计算 $f'(x_k)$, 将 Newton 迭代修正为如下简化的 Newton 迭代

$$x_{k+1}=x_k-\frac{f(x_k)}{f'(x_0)},\quad k=0,1,2,\cdots$$

显然其收敛速度是无法保证的.

2) **弦截法**

在 Newton 迭代公式中, 用差商 $\dfrac{f(x_k)-f(x_{k-1})}{x_k-x_{k-1}}$ 近似代替导数 $f'(x_k)$, 得到迭代公式为

$$x_{k+1}=x_k-\frac{f(x_k)}{f(x_k)-f(x_{k-1})}(x_k-x_{k-1}),\quad k=0,1,2,\cdots$$

称为弦截法或者割线法.

3) **抛物线法**

考虑用 $f(x)$ 的二次插值多项式的零点来近似 $f(x)$ 的零点, 得到抛物线法, 设已知方程的根的三个近似值 x_{k-2},x_{k-1},x_k, 以这三点为插值节点的 $f(x)$ 的二次插值多项式为

$$N_2(x)=f(x_k)+f[x_{k-1},x_k](x-x_k)+f[x_{k-2},x_{k-1},x_k](x-x_k)(x-x_{k-1})$$

该二次多项式的零点为

$$x=x_k-\frac{2f(x_k)}{\omega\pm\sqrt{\omega^2-4f(x_k)f[x_k,x_{k-1},x_{k-2}]}}$$

其中, $\omega=f[x_k,x_{k-1}]+f[x_k,x_{k-1},x_{k-2}](x_k-x_{k-1})$.

因此, 构造的迭代格式为

$$x_{k+1}=x_k-\frac{2f(x_k)}{\omega\pm\sqrt{\omega^2-4f(x_k)f[x_k,x_{k-1},x_{k-2}]}},\quad k=0,1,2,\cdots$$

称为抛物线法, 也称为 Muller 方法或二次插值法.

4) **Newton 下山法**

Newton 法收敛性依赖初值 x_0 的选取, 如果 x_0 偏离所求根 x^* 较远, 则 Newton 法可能发散, 针对这种情形, 为了防止迭代发散, 对迭代过程附加一项要求, 即具有单调性

$$|f(x_{k+1})|<|f(x_k)|$$

满足这项要求的算法称为下山法. 将 Newton 法与下山法结合起来用, 即在下山法保证函数值稳定下降的前提下, 用 Newton 法加快收敛速度, 为此, 将 Newton 法的计算结果

$$\bar{x}_{k+1}=x_k-\frac{f(x_k)}{f'(x_k)}$$

与前一步的近似值 x_k 的适当加权平均作为新的改进值

$$x_{k+1} = \lambda \bar{x}_{k+1} + (1-\lambda) x_k$$

其中 $\lambda\ (0 < \lambda \leqslant 1)$ 称为下山因子, 则

$$x_{k+1} = x_k - \lambda \frac{f(x_k)}{f'(x_k)}, \quad k = 0, 1, 2, \cdots$$

称为 Newton 下山法.

选择下山因子时从 $\lambda = 1$ 开始, 逐次将 λ 减半进行试算, 直到能使下降条件成立为止, 一般情况可得到 $\lim\limits_{k\to\infty} f(x_k) = 0$, 从而使 $\{x_k\}$ 收敛.

8. 重根迭代

若 x^* 为方程 $f(x) = 0$ 的 $m\ (m \geqslant 2)$ 重根, 则 $f(x) = (x - x^*)^m g(x)$, 要保证至少是平方收敛的, 则可以采用以下两种迭代格式:

(1) $x_{k+1} = x_k - m\dfrac{f(x_k)}{f'(x_k)}$, $k = 0, 1, 2, \cdots$;

(2) 令 $u(x) = \dfrac{f(x)}{f'(x)}$, 则 $x_{k+1} = x_k - \dfrac{u(x_k)}{u'(x_k)}$, $k = 0, 1, 2, \cdots$.

9. 迭代的加速方法

1) 加权法加速

由非线性方程的迭代格式 $x_{k+1} = \varphi(x_k)$, $k = 0, 1, 2, \cdots$, 由微分中值定理

$$x_{k+1} - x^* = \varphi(x_k) - \varphi(x^*) = \varphi'(\xi)(x_k - x^*)$$

假定 $\varphi'(x)$ 改变不大, 近似地取某个近似值 L, 则有 $x_{k+1} - x^* \approx L(x_k - x^*)$, 解得

$$x^* \approx \frac{1}{1-L} x_{k+1} - \frac{L}{1-L} x_k$$

为了迭代计算加速, 直接把 x^* 当作新的后一项作 x_{k+1}, 因此得到加权法加速的迭代格式

$$x_{k+1} \approx \frac{1}{1-L} \varphi(x_k) - \frac{L}{1-L} x_k, \quad k = 0, 1, 2, \cdots$$

这种格式实现了一般迭代的加速, 但是实际操作中这个 L 是难以确定的, 由局部收敛性可以在根附近找一个近似值代替.

2) **Aitken 加速**

为了消除加权法中的 L 影响, 再进行迭代一次 $x_k=\varphi(x_{k-1})$, 同样得到

$$x_k-x^*\approx L(x_{k-1}-x^*)$$

所以 $\dfrac{x_{k+1}-x^*}{x_k-x^*}\approx\dfrac{x_k-x^*}{x_{k-1}-x^*}$, 解得

$$x^*=x_k-\frac{(x_{k+1}-x_k)^2}{x_k-2x_{k+1}+x_{k+2}}$$

同样为了迭代计算加速, 把 x^* 当作新的后一项作 x_{k+1} 得

$$\bar{x}_{k+1}=x_k-\frac{(x_{k+1}-x_k)^2}{x_k-2x_{k+1}+x_{k+2}}=x_k-\frac{(\Delta x_k)^2}{\Delta^2 x_k},\quad k=0,1,2,\cdots$$

称为艾特肯 (Aitken) 加速方法, 可以证明 $\lim\limits_{k\to\infty}\dfrac{\bar{x}_{k+1}-x^*}{x_k-x^*}=0$, 它表明序列 $\{\bar{x}_k\}$ 的收敛速度比 $\{x_k\}$ 的快.

10. 斯特芬森 (Steffensen) 迭代法

Aitken 方法不管原序列 $\{x_k\}$ 是怎样产生的, 对 $\{x_k\}$ 进行加速运算, 得到序列 $\{\bar{x}_k\}$, 如果把 Aitken 加速技巧与不动点迭代结合, 则可得到如下的迭代法:

$$\begin{cases} y_k=\varphi(x_k),\quad z_k=\varphi(y_k), \\ x_{k+1}=x_k-\dfrac{(y_k-x_k)^2}{z_k-2y_k+x_k}, \end{cases}\quad k=0,1,2,\cdots$$

称为 Steffensen 迭代法.

11. 非线性方程组的迭代法

设 $F(x)=(f_1(x),f_2(x),\cdots,f_n(x))^{\mathrm{T}}$ 是从区域 $D\subset\mathbf{R}^n$ 映射到 $\mathbf{R}^n$ 的向量函数, $x_0\in D$, 若 $\lim\limits_{x\to x_0}F(x)=F(x_0)$, 则称 $F(x)$ 在 x_0 处连续.

该定义具体解释为对任意的实数 $\varepsilon>0$, 存在实数 $\delta>0$, 使得对满足 $0<||x-x_0||<\delta$ 的 $x\in D$, 有 $||F(x)-F(x_0)||<\varepsilon$ 成立, 如果 F 在 D 的每个点 x 都连续, 那么 F 在区域 D 上是连续的, 这个概念可表示为 $F\in C(D)$.

向量函数 $F(x)$ 的导数 $F'(x)$ 称为 F 的 Jacobi 矩阵, 它表示为

$$F'(x)=\begin{bmatrix} \dfrac{\partial f_1(x)}{\partial x_1} & \dfrac{\partial f_1(x)}{\partial x_2} & \cdots & \dfrac{\partial f_1(x)}{\partial x_n} \\ \dfrac{\partial f_2(x)}{\partial x_1} & \dfrac{\partial f_2(x)}{\partial x_2} & \cdots & \dfrac{\partial f_2(x)}{\partial x_n} \\ \vdots & \vdots & & \vdots \\ \dfrac{\partial f_n(x)}{\partial x_1} & \dfrac{\partial f_n(x)}{\partial x_2} & \cdots & \dfrac{\partial f_n(x)}{\partial x_n} \end{bmatrix}$$

如果数 $x^* \in D$ 使得 $x^* = G(x^*)$ 成立, 则 x^* 为函数 $G(x)$ 的一个不动点. 为了求解方程组, 将其等价转化为 $x = G(x)$, 其中, 向量函数 $G(x) \in D \subset \mathbf{R}^n$, 且在区域 D 内连续, 构造迭代法

$$x^{(k+1)} = G(x^{(k)}), \quad k = 0,1,2,\cdots$$

称为多变量的不动点迭代法, $G(x)$ 称为迭代函数.

向量函数 $G(x)$ 在区域 $D \subset \mathbf{R}^n$ 内有定义, 如果存在闭区域 $D_0 \subset D$ 和实数 $K \in (0,1)$, 使得

$$||G(x) - G(y)|| \leqslant K||x - y||, \quad \forall x, y \in D_0$$

对任意的 $x \in D_0$, 有 $G(x) \in D_0$, 则 $G(x)$ 在 D_0 内有唯一的不动点 x^*, 且对任意的 $x^{(0)} \in D_0$, 由迭代法产生的向量序列 $\{x^{(k)}\}$ 收敛到 x^*, 并有误差估计

$$||x^* - x^{(k)}|| \leqslant \frac{K^k}{1-K}||x^{(1)} - x^{(0)}||$$

将单个方程的 Newton 法应用于方程组则可获得解非线性方程组的 Newton 迭代法

$$x^{(k+1)} = x^{(k)} - F'(x^{(k)})^{-1}F(x^{(k)}), \quad k = 0,1,2,\cdots$$

其中, $F'(x)^{-1}$ 是给出的 Jacobi 矩阵的逆矩阵, 记为 $J(x) = F'(x)^{-1}$.

5.2 典型例题解析

例 1 给定非线性方程 $e^{-x} - 2x = 0$, 用适当的迭代法求出此方程的根为 ( )(保留 5 位小数).

分析 此题没有限定用什么迭代法, 可以直接采用 Newton 迭代法, 由于设 $f(x) = e^{-x} - 2x$, 则 $f'(x) = -e^{-x} - 2$, 且 $f(0) = 1 > 0$, $f(1) = e^{-1} - 2 < 0$, 则

有根区间为 $(0,1)$, 所以 Newton 迭代格式为

$$x_{k+1}=x_k-\frac{f(x_k)}{f'(x_k)}=x_k+\frac{e^{-x_k}-2x_k}{e^{-x_k}+2},\quad k=0,1,2,\cdots$$

取 $x_0=0.5$, 计算得

$$x_1=0.34904,\quad x_2=0.35173,\quad x_3=0.35173$$

求出此方程的根为 $x^*\approx 0.35173$.

解 0.35173.

例 2 给定方程 $x=1+\sin 2x$, 求该非线性方程根的 Newton 迭代格式__________.

分析 由于 $f(x)=x-\sin 2x-1$, 则 $f'(x)=1-2\cos 2x$, 所以 Newton 迭代格式为

$$x_{k+1}=x_k-\frac{f(x_k)}{f'(x_k)}=x_k-\frac{x_k-\sin 2x_k-1}{1-2\cos 2x_k},\quad k=0,1,2,\cdots$$

解 $x_{k+1}=x_k-\dfrac{x_k-\sin 2x_k-1}{1-2\cos 2x_k}$, $k=0,1,2,\cdots$.

例 3 求 $\sqrt{30}$ 的 Newton 迭代公式是 $x_{k+1}=(\quad)$.

分析 由于 $f(x)=x-\sin 2x-1$, 则 $f'(x)=1-2\cos 2x$, 所以 Newton 迭代格式为

$$x_{k+1}=x_k-\frac{f(x_k)}{f'(x_k)}=x_k-\frac{x_k-\sin 2x_k-1}{1-2\cos 2x_k},\quad k=0,1,2,\cdots$$

解 $x_{k+1}=x_k-\dfrac{x_k-\sin 2x_k-1}{1-2\cos 2x_k}$, $k=0,1,2,\cdots$.

例 4 用 Newton 法求 $f(x)=0$ 的 n 重根, 为了提高收敛速度, 通常转化为求另一函数 $u(x)=0$ 的单根, 则 $u(x)=$____.

分析 设 x^* 为 $f(x)=0$ 的 n 重根, 则 $f(x)=(x-x^*)^m g(x)$, 其中, $g(x)>0$ 或者 $g(x)<0$. 因此记

$$u(x)=\frac{f(x)}{f'(x)}=\frac{(x-x^*)g(x)}{mg(x)+(x-x^*)g'(x)}$$

则 x^* 为 $u(x)=0$ 的单根, 对 $u(x)=0$ 用 Newton 法迭代能提高收敛速度.

解 $u(x)=\dfrac{f(x)}{f'(x)}$.

例 5 用迭代法求 $x^3-x^2-1=0$ 在 $x_0=1.5$ 附近的一个根, 如下迭代公式中发散的是 ( ).

A. $x_{k+1}=1+\dfrac{1}{x_k^2}$ B. $x_{k+1}=(1+x_k^2)^{\frac{1}{3}}$

C. $x_{k+1}=\dfrac{1}{\sqrt{x_k-1}}$ D. $x_{k+1}=\dfrac{2x_k^3-x_k^2+1}{3x_k^2-2x_k}$

分析 设 $f(x)=x^3-x^2-1$, 且 $f(1.4)f(1.6)<0$, 则有根区间为 $x^*\in[1.4,1.6]$, 按照题意, 选取的迭代函数分别为

$$\varphi_1(x)=1+\frac{1}{x^2},\quad \varphi_2(x)=(1+x^2)^{\frac{1}{3}},\quad \varphi_3(x)=\frac{1}{\sqrt{x^3-1}},\quad \varphi_4(x)=\frac{2x^3-x^2+1}{3x^2-2x}$$

由 $\varphi_1'(x)=-\dfrac{2}{x^3}$, 在区间 $[1.4,1.6]$ 内 $\varphi'(x)$ 连续, 且在 $[1.4,1.6]$ 内有连续的二阶导数, 且 $|\varphi'(x^*)|<1$, 所以该迭代过程收敛.

由 $\varphi_2'(x)=\dfrac{2x}{3}(1+x^2)^{-\frac{2}{3}}$, 在区间 $[1.4,1.6]$ 内 $\varphi'(x)$ 连续且有

$$|\varphi_2'(x)|\ =\frac{2}{3}x(1+x^2)^{-\frac{2}{3}}\leqslant\frac{2\times 1.6}{3\times\sqrt[3]{(1+1.4^2)^2}}<0.51741<1$$

因而该迭代也收敛.

由 $\varphi_3'(x)=-\dfrac{1}{2\sqrt{(x-1)^3}}$, 则

$$|\varphi'(x)|=-\frac{1}{2\sqrt{(x-1)^3}}>\frac{1}{2\sqrt{(1.6-1)^3}}>1.07582>1$$

因而迭代公式发散.

$\varphi_4(x)=\dfrac{2x^3-x^2+1}{3x^2-2x}=x-\dfrac{x^3-x^2-1}{3x^2-2x}$ 为 Newton 迭代函数, 是收敛的, 因此选 C.

解 C.

例 6 用区间二分法求方程 $x^3-x-1=0$ 在 $[1,\ 2]$ 内的近似根, 误差小于 10^{-3} 至少二分 ( ) 次.

A. 7 B. 8 C. 9 D. 10

分析 设二分法的误差, 只要

$$|x^*-x_k|\leqslant\frac{b_k-a_k}{2}=\frac{b-a}{2^{k+1}}\leqslant 10^{-3}$$

即可, 解得 $k \geqslant 9$, 因此至少二分 9 次.

解 C.

例 7 弦截法是通过曲线的点 $(x_{k-1}, f(x_{k-1})), (x_k, f(x_k))$ 的直线与________交点的横坐标作为方程 $f(x)=0$ 的近似根.

A. y 轴　　B. x 轴　　C. $y=x$　　D. $y=\varphi(x)$

分析 由弦截法的定义, 弦截法是过点 $A(x_{k-1}, f(x_{k-1}))$ 和 $B(x_k, f(x_k))$ 两点的割线

$$y - f(x_k) = \frac{f(x_k) - f(x_{k-1})}{x_k - x_{k-1}}(x - x_k)$$

因此该割线与 x 轴的交点为

$$x = x_k - \frac{f(x_k)}{f(x_k) - f(x_{k-1})}(x_k - x_{k-1}) \triangleq x_{k+1}$$

解 B.

例 8 求方程 $x = \dfrac{1}{3}e^x$ 的根的迭代格式是 ( ).

A. $x_{k+1} = x_k + \dfrac{3x_k - e^{x_k}}{3 - e^{x_k}}$　　B. $x_{k+1} = x_k - \dfrac{3x_k - e^{x_k}}{3 + e^{x_k}}$

C. $x_{k+1} = x_k - \dfrac{3x_k + e^{x_k}}{3 + e^{x_k}}$　　D. $x_{k+1} = x_k - \dfrac{3x_k - e^{x_k}}{3 - e^{x_k}}$

分析 由于 $f(x) = x - \dfrac{1}{3}e^x$, 则 $f'(x) = 1 - \dfrac{1}{3}e^x$, 所以 Newton 迭代格式为

$$x_{k+1} = x_k - \frac{f(x_k)}{f'(x_k)} = x_k - \frac{3x_k - e^{x_k}}{3 - e^{x_k}}, \quad k = 0, 1, 2, \cdots$$

因此只有选项 D 符合要求.

解 D.

例 9 应用 Newton 法求 $x^3 - a = 0$, 导出求立方根 $\sqrt[3]{a}$ 近似公式为 ( ).

A. $x_{k+1} = \dfrac{1}{3}\left(2x_k - \dfrac{a}{3x_k^2}\right)$　　B. $x_{k+1} = \dfrac{1}{3}\left(x_k + \dfrac{a}{3x_k^2}\right)$

C. $x_{k+1} = \dfrac{1}{2}\left(2x_k - \dfrac{a}{3x_k^2}\right)$　　D. $x_{k+1} = \dfrac{1}{3}\left(2x_k + \dfrac{a}{x_k^2}\right)$

分析 由于 $f(x) = x^3 - a$, 则 $f'(x) = 3x^2$, 所以 Newton 迭代格式为

$$x_{k+1} = x_k - \frac{f(x_k)}{f'(x_k)} = x_k - \frac{x_k^3 - a}{3x_k^2} = \frac{2}{3}x_k + \frac{a}{3x_k^2}, \quad k = 0, 1, 2, \cdots$$

因此只有选项 D 符合要求.

解 D.

例 10 设迭代函数 $\varphi(x)=x+c(x^2-3)$, 则参数 c 满足__________ 才能使迭代 $x_{k+1}=\varphi(x_k)$, $k=0,1,2,\cdots$ 具有局部收敛性.

A. $-\dfrac{\sqrt{3}}{3}<c<0$　　B. $\dfrac{\sqrt{3}}{3}>c>0$

C. $-\dfrac{\sqrt{3}}{3}<c<0$ 或 $\dfrac{\sqrt{3}}{3}>c>0$　　D. $\dfrac{\sqrt{3}}{3}<c<\dfrac{\sqrt{3}}{3}$

分析 由 $\varphi(x)=x+c(x^2-3)$, 因此依据不动点迭代原理 $x=x+c(x^2-3)$, 所以根为 $x^*=\pm\sqrt{3}$, 又由迭代局部收敛性

$$|\varphi'(x^*)| \ = \ |1+2cx^*|<1$$

因此解得 $-\dfrac{\sqrt{3}}{3}<c<0$ 或 $\dfrac{\sqrt{3}}{3}>c>0$, 只有选项 C 符合要求.

解 C.

例 11 求方程 $x^3-x-1=0$ 在 $[1,2]$ 上的唯一正根, 结果保留 5 位小数精度.

解 由于 $f(x)=x^3-x-1$, 则 $f'(x)=3x^2-1$, 所以 Newton 迭代格式为

$$x_{k+1}=x_k-\frac{f(x_k)}{f'(x_k)}=x_k-\frac{x_k^3-x_k-1}{3x_k^2-1},\quad k=0,1,2,\cdots$$

在区间 $[1,2]$ 内选取初值 $x_0=1.5$, 计算得

$$x_1=1.34783,\quad x_2=1.32520,\quad x_3=1.32472,\quad x_4=1.32472$$

因此该方程的唯一正根为 $x^*\approx 1.32472$.

例 12 设迭代函数 $\varphi(x)=x-p(x)f(x)-q(x)f^2(x)$, 试确定函数 $p(x)$ 和 $q(x)$, 使求解方程 $f(x)=0$ 且以 $\varphi(x)$ 为迭代函数的迭代法至少三阶收敛, 并用此迭代方法计算非线性方程 $5x-e^x=0$ 的根, 取初值 $x_0=1$, 结果保留 5 位小数.

解 由题意可知, 设 x^* 为方程 $f(x)=0$ 的根, 要使迭代法至少三阶收敛, 则至少满足

$$x^*=\varphi(x^*),\quad \varphi'(x^*)=\varphi''(x^*)=0$$

因此

$$\begin{cases} x^*=x^*-p(x^*)f(x^*)-q(x^*)f^2(x^*),\\ \varphi'(x^*)=1-p(x^*)f'(x^*)=0,\\ \varphi''(x^*)=-2p'(x^*)f'(x^*)-p(x^*)f''(x^*)-2q(x^*)[f'(x^*)]^2=0 \end{cases}$$

解得 $p(x^*) = \dfrac{1}{f'(x^*)}$, 不妨取 $p(x) = \dfrac{1}{f'(x)}$, 又由

$$q(x^*)f'(x^*) = -p'(x^*) - \frac{p(x^*)f''(x^*)}{2f'(x^*)} = \frac{f''(x^*)}{2[f'(x)]^2}$$

此时 $q(x^*) = \dfrac{f''(x^*)}{2[f'(x)]^3}$, 同理取 $q(x) = \dfrac{f''(x)}{2[f'(x)]^3}$, 即满足当 $p(x) = \dfrac{1}{f'(x)}$, $q(x) = \dfrac{f''(x)}{2[f'(x)]^3}$ 时满足 $x^* = \varphi(x^*)$, $\varphi'(x^*) = \varphi''(x^*) = 0$, 证得迭代法至少三阶收敛.

若 $f(x) = 5x - e^x$, 则 $p(x) = \dfrac{1}{5 - e^x}$, $q(x) = \dfrac{-e^x}{2(5 - e^x)^3}$, 因此迭代格式为

$$x_{k+1} = \varphi(x_k) = x_k - \frac{5x_k - e^{x_k}}{5 - e^{x_k}} + \frac{e^{x_k}(5x_k - e^{x_k})^2}{2(5 - e^{x_k})^3}, \quad k = 0, 1, 2, \cdots$$

当 $x_0 = 1$ 时, 则计算得

$$x_1 = 0.59567, \quad x_2 = 0.26828, \quad x_3 = 0.25917, \quad x_4 = 0.25917$$

因此该方程的根为 $x^* \approx 0.25917$.

例 13　判断非线性方程的两类迭代函数能否用迭代法求解.

(1) $x = \varphi_1(x) = \dfrac{\cos x + \sin x}{4}$;　　　　(2) $x = \varphi_2(x) = 4 - 2^x$.

解　(1) 由题意可知, 若迭代函数 $\varphi_1(x) = \dfrac{\cos x + \sin x}{4}$, 则 $-\dfrac{\sqrt{2}}{4} \leqslant \varphi_1(x) \leqslant \dfrac{\sqrt{2}}{4}$, 又由

$$|\varphi_1'(x)| = \frac{1}{4}|\cos x - \sin x| \leqslant \frac{\sqrt{2}}{4} < 1$$

因此由压缩映像原理可知, 可以用简单迭代进行计算, 相应的迭代格式为

$$x_{k+1} = \frac{\cos x_k + \sin x_k}{4}, \quad k = 0, 1, 2, \cdots$$

若取初值 $x_0 = 0$, 则计算得

$$x_1 = 0.250, \quad x_2 = 0.313, \quad x_3 = 0.315, \quad x_4 = 0.315$$

因此该方程的根为 $x^* \approx 0.315$.

(2) 若迭代函数 $x=\varphi_2(x)=4-2^x$, 由于 $f(x)=x-4+2^x$, 且 $f(1)=-1<0$, $f(2)=2>0$, 又由于 $f'(x)=1+2^x\ln 2>0$, 因此在区间 $[1,2]$ 单调递增, 即在 $[1,2]$ 有唯一根, 但是

$$|\varphi_2'(x)| \;=\; 2^x\ln 2 \geqslant 2\ln 2>1$$

因此由压缩映像原理可知, 用此简单迭代计算是发散的, 若要计算此题, 则由 $f(x)=x-4+2^x=0$, 可解得 $x=\dfrac{\ln(4-x)}{\ln 2}$, 此时迭代函数 $\varphi(x)=\dfrac{\ln(4-x)}{\ln 2}$, 且

$$|\varphi'(x)| \;=\; \left|\frac{1}{\ln 2}\times\frac{1}{x-4}\right| \leqslant \frac{1}{2\ln 2}<1$$

若取初值 $x_0=1.5$, 则计算该方程的根为 $x^*\approx 1.386$.

例 14 已知参数 $a>0$, 函数 $f_1(x)=x^n-a$ 和 $f_2(x)=1-\dfrac{a}{x^n}$, 分别给出 Newton 迭代法计算 $\sqrt[n]{a}$ 的迭代公式, 并分别计算极限 $\lim\limits_{k\to\infty}\dfrac{\varepsilon_{k+1}}{\varepsilon_k^2}$, 其中, $\varepsilon_k=x^*-x_k$.

解 由于 $f_1(x)=x^n-a$, 则 $f_1'(x)=nx^{n-1}$, 所以 Newton 迭代格式为

$$x_{k+1}=x_k-\frac{f_1(x_k)}{f_1'(x_k)}=x_k-\frac{x_k^n-a}{nx_k^{n-1}},\quad k=0,1,2,\cdots$$

同理, $f_2(x)=1-\dfrac{a}{x^n}$, 则 $f_2'(x)=\dfrac{an}{x^{n+1}}$, 所以 Newton 迭代格式为

$$x_{k+1}=x_k-\frac{f_2(x_k)}{f_2'(x_k)}=x_k-\left(1-\frac{a}{x_k^n}\right)\frac{x_k^{n+1}}{an},\quad k=0,1,2,\cdots$$

由于 $\sqrt[n]{a}$ 都是 $f_1(x)=x^n-a$ 和 $f_2(x)=1-\dfrac{a}{x^n}$ 的单根, 由 Newton 迭代的收敛阶

$$\lim_{k\to\infty}\frac{\varepsilon_{k+1}}{\varepsilon_k^2}=\frac{f''(a)}{2f'(a)}$$

因此对于 $f_1(x)=x^n-\sqrt[n]{a}$, $f_1'(\sqrt[n]{a})=n\sqrt[n]{a}^{\,n-1}$, $f_1''(\sqrt[n]{a})=n(n-1)\sqrt[n]{a}^{\,n-2}$, 则

$$\lim_{k\to\infty}\frac{\varepsilon_{k+1}}{\varepsilon_k^2}=\frac{f''(\sqrt[n]{a})}{2f'(\sqrt[n]{a})}=\frac{n(n-1)\sqrt[n]{a}^{\,n-2}}{2n\sqrt[n]{a}^{\,n-1}}=\frac{n-1}{2\sqrt[n]{a}}$$

对于 $f_2(x)=1-\dfrac{a}{x^n}$, $f_2'(\sqrt[n]{a})=\dfrac{n}{\sqrt[n]{a}^{\,n}}$, $f_2''(\sqrt[n]{a})=-\dfrac{an(n+1)}{\sqrt[n]{a}^{\,n+2}}$, 则

$$\lim_{k\to\infty}\frac{\varepsilon_{k+1}}{\varepsilon_k^2}=\frac{f''(\sqrt[n]{a})}{2f'(\sqrt[n]{a})}=-\frac{an(n+1)}{\sqrt[n]{a}^{\,n+2}}\times\frac{\sqrt[n]{a}^{\,n+1}}{2n}=-\frac{n+1}{2\sqrt[n]{a}}$$

例 15 用 Newton 法求出 $x - \tan x = 0$ 的最小正根.

解 设 $f(x) = x - \tan x$, 则 $f(0) = 0$, 由于本题需要求得该方程的最小正根, 且由函数 $\tan x$ 的 Taylor 展开

$$\tan x = x + \frac{1}{3}x^3 + \cdots$$

当 $x \in \left(0, \frac{\pi}{2}\right)$ 时, $x > \tan x$, 而当 $x \in \left(\frac{\pi}{2}, \pi\right)$ 时, $\tan x < 0$, 这表明 $f(x) = x - \tan x$ 的最小正根在 $\left(\pi, \frac{3\pi}{2}\right)$ 中, 且有 $f(4.4) = 4.4 - \tan 4.4 > 0$, $f(4.6) = 4.6 - \tan 4.6 < 0$, 因此最小正根在区间 $(4.4, 4.6)$ 中, 另由 $f'(x) = 1 - \sec^2(x)$, 所以 Newton 迭代格式为

$$x_{k+1} = x_k - \frac{f(x_k)}{f'(x_k)} = x_k - \frac{x_k - \tan x_k}{1 - \sec^2(x_k)}, \quad k = 0, 1, 2, \cdots$$

选取初值 $x_0 = 4.5$, 计算得

$$x_1 = 4.4936, \quad x_2 = 4.4934, \quad x_3 = 4.4934$$

因此该方程的最小正根为 $x^* \approx 4.4934$.

例 16 证明对任何初始值 $x_0 \in \mathbf{R}$, 由迭代公式 $x_{k+1} = \cos x_k, k = 0, 1, 2, \cdots$, 所产生的序列 $\{x_k\}_{k=0}^{\infty}$ 都收敛于方程 $x = \cos x$ 的根.

证明 由题意可知, 记迭代函数 $\varphi(x) = \cos x$, 则 $\varphi'(x) = -\sin x$. 若当 $x \in [-1, 1]$ 时, 有 $-1 \leqslant \varphi(x) \leqslant 1$, 而 $|\varphi'(x)| \leqslant |\varphi'(1)| = \sin 1 < 1$, 因此对初值 $x_0 \in [-1, 1]$, 由迭代公式产生的序列 $\{x\}_{k=0}^{\infty}$ 收敛于方程 $x = \cos x$ 的根.

对初值 $x_0 \notin [-1, 1]$, 则取 $x_1 = \cos x_0 \in [-1, 1]$, 将此 x_1 看成新的迭代初值, 则由上面的证明可知, 由迭代公式产生的序列 $\{x_k\}_{k=0}^{\infty}$ 收敛于方程 $x = \cos x$ 的根.

例 17 设 $\varphi(x)$ 在 $[a, b]$ 上连续可微, 且 $0 < \varphi'(x) < 1$, $x = \varphi(x)$ 在 $[a, b]$ 上有根 x^*, $x_0 \in [a, b]$, 但 $x_0 \neq x^*$, 则由 $x_{k+1} = \varphi(x_k)$, $k = 0, 1, 2, \cdots$ 产生的迭代序列 $\{x_k\}$ 单调收敛于 x^*.

证明 由题意可知, 设 $x^* < x_0 \leqslant b$, 则由微分中值定理得

$$x_1 - x^* = \varphi(x_0) - \varphi(x^*) = \varphi'(\xi_0)(x_0 - x^*)$$

由 $0 < \varphi'(x) < 1$ 可知, $0 < x_1 - x^* < x_0 - x^*$, 因此 $x^* < x_1 < x_0$ 继续利用此方法, 若 $x^* < x_k \leqslant b$, 有 $x^* < x_{k+1} < x_k$, 因而 $\{x_k\}_{k=0}^{\infty}$ 单调下降并以 x^* 为下界, 因而 $\lim\limits_{k\to\infty} x_k$ 存在.

对迭代函数两边取极限得

$$\lim_{k\to\infty} x_{k+1} = \varphi(\lim_{k\to\infty} x_k)$$

因而 $\lim\limits_{k\to\infty} x_k$ 为方程 $x = \varphi(x)$ 的根, 由 $0 < \varphi'(x) < 1$ 知在 $[a,b]$ 内的根是唯一的, 因而 $\lim\limits_{k\to\infty} x_k = x^*$. 类似地, 如果 $a \leqslant x_0 < x^*$, 可证 $\{x_k\}_{k=0}^{\infty}$ 是单调上升收敛于 x^*.

例 18 试给出化简 Newton 公式 (单调弦割法) $x_{k+1} = x_k - \dfrac{f(x_k)}{f'(x_0)}$, $k = 0,1,2,\cdots$ 收敛的一个充分条件. 又设 $f(x)$ 在 $[a,b]$ 内有单根 x^*, 证明

$$|x_k - x^*| \leqslant \frac{1}{m}|f'(x_0)| \cdot |x_{k+1} - x_k|$$

其中, $m = \min\limits_{a\leqslant x\leqslant b} |f'(x)|$.

证明 令迭代函数 $\varphi(x) = x - \dfrac{f(x)}{f'(x_0)}$, 则由压缩映像原理 $|\varphi'(x)| \leqslant L < 1$(在 x^* 的邻域内) 是 $x_{k+1} = x_k - \dfrac{f(x_k)}{f'(x_0)}$ 收敛的一个充分条件, 即 $\left|1 - \dfrac{f'(x)}{f'(x_0)}\right| \leqslant L < 1$, 解得

$$0 < 1 - L \leqslant \frac{f'(x)}{f'(x_0)} \leqslant 1 + L$$

或者 $\dfrac{1}{1+L} \leqslant \left|\dfrac{f'(x_0)}{f'(x)}\right| \leqslant \dfrac{1}{1-L}$. 因而, 只要对给定的 $0 < L < 1$, 使对任何 $x \in [a,b]$, 上式成立则单调弦割法就收敛.

又由 x^* 为 $f(x)$ 在 $[a,b]$ 中的单根, 则 $f(x^*) = 0, f'(x^*) \neq 0$, 有

$$x_{k+1} - x_k = -\frac{f(x_k)}{f'(x_0)} = -\frac{f(x_k) - f(x^*)}{f'(x_0)} = -\frac{f'(\xi)(x_k - x^*)}{f'(x_0)}$$

ξ 介于 x_k 和 x^* 之间. 两边取绝对值得

$$|x_k - x^*| = \left|\frac{f'(x_0)}{f'(\xi)}\right| \cdot |x_{k+1} - x_k| \leqslant \frac{f'(x_0)}{m} \cdot |x_{k+1} - x_k|$$

其中, $m = \min\limits_{a\leqslant x\leqslant b} |f'(x)|$.

例 19 设 3 次代数方程 $x^3 - 5x^2 - 2x + 1 = 0$ 的最大实根为 x^*, 任取初值 x_0, 用 Newton 迭代法可得到迭代序列 $\{x_k\}_{k=0}^{\infty}$, 证明如果 $x_0 > x^*$, 则有 $\lim\limits_{k\to\infty} x_k = x^*$.

证明 由题意可知, 设 $f(x)=x^3-5x^2-2x+1$, 则 $f'(x)=3x^2-10x-2$, 由多项式定理, 设该三次多项式的 3 个根为 $x_1^{(0)},x_2^{(0)},x^*$, 且满足 $x_1^{(0)}<x_2^{(0)}<x^*$, 因此

$$f(x)=(x-x_1^{(0)})(x-x_2^{(0)})(x-x^*)=p(x)(x-x^*)$$

当 $x\geqslant x^*$ 时, $p(x)>0$, $p'(x)>0$, Newton 迭代格式为

$$x_{k+1}=x_k-\frac{p(x_k)(x_k-x^*)}{p'(x_k)(x_k-x^*)+p(x)}$$

因此

$$\begin{aligned}x_{k+1}-x^*&=x_k-x^*-\frac{p(x_k)(x_k-x^*)}{p'(x_k)(x_k-x^*)+p(x)}\\&=\frac{p'(x_k)(x_k-x^*)}{p'(x_k)(x_k-x^*)+p(x_k)}(x_k-x^*)\end{aligned}$$

由已知条件知 $x_0>x^*$, 现设 $x_k>x^*$, 则有 $0<\dfrac{p'(x_k)(x_k-x^*)}{p'(x_k)(x_k-x^*)+p(x_k)}<1$.

因而 $0<x_{k+1}-x^*<x_k-x^*$, 即 $x^*<x_{k+1}<x_k$, 所以 $\{x_k\}_{k=0}^{\infty}$ 为单调下降且有下界的数列, 因此 $\lim\limits_{k\to\infty}x_k=x^*$.

例 20 设 $f(x)=0$ 在 $[a,b]$ 上的根为 x^*, 根的第 k 次近似值为 x_k, 且 $x_k\in[a,b]$, 证明

$$|x^*-x_k|\leqslant\frac{f(x_k)}{m}$$

其中, $m=\min\limits_{x\in[a,b]}|f'(x)|$.

证明 由题意可知, 对函数 $f(x^*)$ Taylor 展开得

$$f(x^*)=f(x_k)+f'(\xi_k)(x^*-x_k)=0$$

其中, ξ_k 介于 x_k 和 x^* 之间, 因此 $x^*-x_k=-\dfrac{f(x_k)}{f'(\xi_k)}$, 两边取绝对值得到

$$|x^*-x_k|=\frac{|f(x_k)|}{|f'(\xi_k)|}\leqslant\frac{|f(x_k)|}{m}$$

这里, $m=\min\limits_{x\in[a,b]}|f'(x)|$.

例 21 证明用迭代格式 $x_{k+1}=\dfrac{x_k}{2}+\dfrac{1}{x_k}(k=0,1,2,\cdots)$ 产生的序列, 对于 $x_0\geqslant1$ 均收敛到 $\sqrt{2}$.

证明 由题意可知, 迭代格式两边同时加和减 $\sqrt{2}$, 并配方分别可得

$$x_{k+1}-\sqrt{2}=\frac{x_k}{2}+\frac{1}{x_k}-\sqrt{2}=\frac{1}{2x_k}(x_k-\sqrt{2})^2$$

$$x_{k+1}+\sqrt{2}=\frac{x_k}{2}+\frac{1}{x_k}+\sqrt{2}=\frac{1}{2x_k}(x_k+\sqrt{2})^2$$

因此

$$\frac{x_{k+1}-\sqrt{2}}{x_{k+1}+\sqrt{2}}=\left(\frac{x_k-\sqrt{2}}{x_k+\sqrt{2}}\right)^2=\left(\frac{x_{k-1}-\sqrt{2}}{x_{k-1}+\sqrt{2}}\right)^{2^2}=\cdots=\left(\frac{x_0-\sqrt{2}}{x_0+\sqrt{2}}\right)^{2^{n+1}}\triangleq q^{2^{n+1}}$$

令 $\dfrac{x_0-\sqrt{2}}{x_0+\sqrt{2}}=q<1$, 则 $\dfrac{x_k-\sqrt{2}}{x_k+\sqrt{2}}=q^{2^n}$, 解得 $x_k=\sqrt{2}\dfrac{1+q^{2^n}}{1-q^{2^n}}\to\sqrt{2}$, 因此结论成立.

5.3 习 题 详 解

1. 设 $f(x)$ 具有 m 阶连续导数, 证明 x^* 是 $f(x)$ 的 m 重零点的充分必要条件为

$$f(x^*)=0,\ f'(x^*)=0,\cdots,f^{(m-1)}(x^*)=0,f^{(m)}(x^*)\neq 0$$

证明 由题意可知, 若 x^* 是 $f(x)$ 的 m 重零点, 则有

$$f(x)=(x-x^*)^m g(x)$$

其中, $g(x)>0$ 或者 $g(x)<0$. 则容易验证

$$f(x^*)=0,\ f'(x^*)=0,\cdots,f^{(m-1)}(x^*)=0,f^{(m)}(x^*)\neq 0$$

反之, 若 $f(x^*)=0,\ f'(x^*)=0,\cdots,f^{(m-1)}(x^*)=0,f^{(m)}(x^*)\neq 0$, 则说明 x^* 是 $f(x)$ 的 m 重零点.

2. 采用二分法求解 $2^{-x}+2\cos x=0\ (0\leqslant x\leqslant 2)$, 要求精度 $|x_{k+1}-x_k|\leqslant 10^{-2}$.

解 设 $f(x)=2^{-x}+2\cos x=0$, 由于 $f(1)>0$, 而 $f(2)<0$, 因此有根区间适当缩小为 $[1,2]$, 且由相邻两项得

$$|x_{k+1}-x_k|=\left|\frac{a_{k+1}+b_{k+1}}{2}-\frac{a_k+b_k}{2}\right|=\frac{b_{k+1}-a_{k+1}}{2}=\frac{b-a}{2^{k+1}}$$

因此精度要求 $|x_{k+1}-x_k|\leqslant 10^{-2}$, 即 $\dfrac{b-a}{2^{k+1}}=\dfrac{2-1}{2^{k+1}}<10^{-2}$, 解得 $k\geqslant 6$, 即共需二分 6 次. 具体的计算结果如表 5.1 所示.

表 5.1

k	a_k	b_k	x_k	$\|x_k - x_{k-1}\|$
0	1	2	1.5	
1	1.5	2	1.75	0.25
2	1.5	1.75	1.625	0.125
3	1.625	1.75	1.6875	0.0625
4	1.6875	1.75	1.71875	0.03125
5	1.71875	1.75	1.73438	0.01563
6	1.71875	1.73438	1.72656	0.00781

因此二分 6 次后, 方程的根 $x^* \approx 1.72656$.

3. 利用适当的迭代格式证明 $\lim\limits_{k\to\infty}\underbrace{\sqrt{2+\sqrt{2+\cdots+\sqrt{2}}}}_{k}=2$.

证明　由题意可知, 考虑迭代格式

$$x_{k+1}=\sqrt{2+x_k},\quad k=0,1,2,\cdots$$

若取初值 $x_0=0$, 则

$$x_1=\sqrt{2},\quad x_2=\sqrt{2+\sqrt{2}},\quad x_k=\underbrace{\sqrt{2+\sqrt{2+\cdots+\sqrt{2}}}}_{k}$$

若记 $\varphi(x)=\sqrt{2+x}$, 则 $\varphi'(x)=\dfrac{1}{2\sqrt{2+x}}$. 当 $x\in[0,2]$ 时, 有 $0\leqslant\varphi(x)\leqslant 2$, 且

$$|\varphi'(x)|\leqslant\varphi'(0)=\frac{1}{2\sqrt{2}}<1$$

因而, 由压缩映像原理所讨论迭代格式产生的序列 $\{x_k\}_{k=0}^{\infty}$ 收敛于方程 $x=\sqrt{2+x}$ 在 $[0,2]$ 内唯一的根 $x^*=2$, 即

$$\lim_{k\to\infty}x_k=\lim_{k\to\infty}\sqrt{2+\sqrt{2+\cdots+\sqrt{2}}}=2.$$

4. 已知非线性方程 $x^2-2x-3=0$ 在区间 $[2,4]$ 上有一实根, 考虑下列两种迭代公式的敛散性:

(1) $x_{n+1}=\sqrt{2x_n+3}\ (n=0,1,\cdots)$.

(2) $x_{n+1}=(x_n^2-3)/2\ (n=0,1,\cdots)$.

解　(1) 由题意可知, 令迭代函数 $\varphi(x)=\sqrt{2x+3}$, 则 $\varphi'(x)=\dfrac{1}{\sqrt{2x+3}}$. 当

$x\in[2,4]$ 时, 有 $\sqrt{7}\leqslant\varphi(x)\leqslant\sqrt{11}$, 且

$$|\varphi'(x)|\leqslant|\varphi'(2)|\leqslant\frac{1}{\sqrt{7}}<1$$

由压缩映像原理可知, 该迭代公式收敛.

(2) 同理, 令迭代函数 $\varphi(x)=\dfrac{x^2-3}{2}$, 则 $\varphi'(x)=x$. 当 $x\in[2,4]$ 时, $|\varphi'(x)|\geqslant 2$, 则该迭代公式发散.

5. 已知方程 $x^3+4x^2-10=0$ 在区间 $[1,2]$ 上有一个根, 构造不动点迭代法求这个根, 取 $x_0=1.5$ 计算.

解 将原方程写成 $x^2=\dfrac{10}{4+x}$, 因此迭代函数

$$\varphi(x)=\sqrt{\frac{10}{4+x}}$$

当 $x\in[1,2]$ 时, 有 $\sqrt{\dfrac{5}{3}}\leqslant\varphi(x)\leqslant\sqrt{2}$, 且

$$|\varphi'(x)|=\frac{\sqrt{10}}{2}\left|\frac{-1}{(4+x)^{3/2}}\right|\leqslant\frac{\sqrt{10}}{2}\times\frac{1}{5^{3/2}}<0.15$$

由压缩映像原理可知, 该迭代公式收敛, 若取初值 $x_0=1.5$, 得

$$x_1=1.3483997,\quad x_2=1.3673764,\quad\cdots,\quad x_8=1.3652300$$

评注 此题可以选择多个不同的迭代函数, 但要想进行求解必须验证迭代法的压缩映像原理.

6. 确定常数 p,q,r, 使迭代法 $x_{k+1}=px_k+q\dfrac{a}{x_k^2}+r\dfrac{a^2}{x_k^5}$ 产生的序列 $\{x_k\}$ 收敛到 $\sqrt[3]{a}$, 并使其收敛阶尽量高.

解 令迭代函数 $\varphi(x)=px+q\dfrac{a}{x^2}+r\dfrac{a^2}{x^5}$, 则

$$\varphi'(x)=p-\frac{2qa}{x^3}-\frac{5ra^2}{x^6},\quad\varphi''(x)=\frac{6qa}{x^4}+\frac{30ra^2}{x^7}$$

按照迭代收敛以及代数精度尽量高, 则满足 $\varphi(\sqrt[3]{a})=\sqrt[3]{a}$, $\varphi'(\sqrt[3]{a})=0$, $\varphi''(\sqrt[3]{a})=0$, 因此得到

$$\begin{cases}p+q+r=1,\\ p-2q-5r=0,\\ 6q+30r=0\end{cases}$$

解得 $p=q=\dfrac{5}{9}, r=-\dfrac{1}{9}$, 所以迭代格式为

$$x_{k+1}=\frac{5}{9}x_k+\frac{5qa}{9x_k^2}-\frac{a^2}{9x_k^5},\quad k=0,1,2,\cdots$$

该迭代格式至少三阶收敛. 进一步验证 $\varphi'''(\sqrt[3]{a})\neq 0$, 因此收敛阶为 3.

7. 设参数 $a>0$, 证明迭代公式 $x_{k+1}=\dfrac{x_k(x_k^2+3a)}{3x_k^2+a}$ 产生的序列 $\{x_k\}$ 三阶收敛到 $\sqrt{a}$.

证明　由题意可知, 当 $a>0$ 时, 迭代函数为

$$\varphi(x)=\frac{x(x^2+3a)}{3x^2+a}$$

满足 $\varphi(\sqrt{a})=\sqrt{a}$. 所以 $\sqrt{a}$ 是 φ 的不动点, 为了求导数方便些, 写成

$$(3x^2+a)\varphi(x)=x^3+3ax$$

两边求导数得

$$(3x^2+a)\varphi'(x)+6x\varphi(x)=3x^2+3a$$

从而得到 $\varphi'(\sqrt{a})=0$, 这样迭代法就在不动点 $x^*=\sqrt{a}$ 附近局部收敛, 两边再求导数并整理得到

$$(3x^2+a)\varphi''(x)+12x\varphi'(x)+6\varphi(x)=6x$$

因此以 $x=\sqrt{a}$ 代入验证 $\varphi''(\sqrt{a})=0$, 而再求导整理得

$$(3x^2+a)\varphi'''(x)+18x\varphi''(x)+18\varphi'(x)+6\varphi(x)=6$$

得到 $\varphi'''(\sqrt{a})\neq 0$, 因此证得原迭代格式三阶收敛到 $\sqrt{a}$, 另一方面, 由收敛阶的定义

$$x_{k+1}-\sqrt{a}=\frac{x_k^2+3ax_k-3\sqrt{a}x_k^2-a\sqrt{a}}{3x_k^2+a}=\frac{(x_k-\sqrt{a})^3}{3x_k^2+a}$$

因此

$$\lim_{k\to\infty}\frac{x_{k+1}-\sqrt{a}}{(x_k-\sqrt{a})^3}=\lim_{k\to\infty}\frac{1}{3x_k^2+a}=\frac{1}{4a}$$

这也说明原迭代格式三阶收敛到 $\sqrt{a}$.

8. 设 $f \in C^1(-\infty,+\infty)$, 且 $0 < m \leqslant f'(x) \leqslant M$, 方程 $f(x)=0$ 有根 x^*, 试证明迭代法

$$x_{k+1} = x_k - \lambda f(x_k), \quad k=0,1,2,\cdots$$

产生的序列对任意的 $x_0 \in (-\infty,+\infty)$, $\lambda \in \left(0,\dfrac{2}{M}\right)$ 都收敛到 x^*.

证明 因为 $f'(x)>0$, 所以在 $(-\infty,+\infty)$ 上为单调递增函数, 则方程 $f(x)=0$ 有唯一的根. 令迭代函数 $\varphi(x)=x-\lambda f(x)$, 则 $\varphi'(x)=1-\lambda f'(x)$. 又因为 $0<\lambda<\dfrac{2}{M}$, 所以

$$1-\lambda M \leqslant \varphi'(x) \leqslant 1-\lambda m$$

而 $1-\lambda M > 1-\dfrac{2}{M}M=-1$, $1-\lambda m<1$. 取

$$L=\max\{|1-\lambda M|,|1-\lambda m|\}$$

有 $0<|\varphi'(x)|\leqslant L<1$, $\forall x\in(-\infty,+\infty)$, 由压缩映像原理可知, 该迭代公式收敛.

利用微分中值定理得

$$|x_k-x^*|=|\varphi(x_{k-1})-\varphi(x^*)|=|\varphi'(\xi_k)||x_{k-1}-x^*|\leqslant L|x_{k-1}-x^*|$$

递推得 $|x_k-x^*|\leqslant L^k|x_0-x^*|$, 所以 $\lim\limits_{k\to\infty}x_k=x^*$.

9. 利用 $x=-\ln x$ 构造收敛的迭代格式, 并求在 0.5 附近的根.

解 若设 $f(x)=x+\ln x$, 则可以验证有根区间为 $[0.1,1]$, 将原方程写成 $x=e^{-x}$, 因此迭代函数为

$$\varphi(x)=e^{-x}$$

当 $x\in[0.1,1]$ 时, 有 $0.1\leqslant\varphi(x)\leqslant1$, 且 $|\varphi'(x)|=e^{-x}\leqslant e^{-0.1}<1$, 由压缩映像原理可知, 该迭代公式收敛. 建立迭代格式

$$x_{k+1}=e^{-x_k}, \quad k=0,1,2,\cdots$$

取初值 $x_0=0.5$, 计算结果见表 5.2.

10. 分析以下非线性方程存在几个根, 并用迭代法求此方程的最大根, 精确至 3 位小数.

(1) $\ln x-x^2+4=0$;

(2) $e^x-\dfrac{1}{2}x-2=0$;

(3) $x^3-5x^2+2=0$.

表 5.2

k	x_k	k	x_k
0	0.5	8	0.5664095
1	0.6065307	9	0.5675560
2	0.5452392	10	0.5669072
3	0.5797031	11	0.5672772
4	0.5600646	12	0.5670674
5	0.5711721	13	0.5671864
6	0.5648630	14	0.5671189
7	0.5684381	15	0.5671571

解 (1) 由题意可知, 令 $f(x)=\ln x-x^2+4$, 其定义域为 $x>0$, 且

$$f(0.01)=-0.6053<0,\quad f(1)=3>0,\quad f(3)=-3.9014<0,$$

又由 $f'(x)=\dfrac{1}{x}-2x$. 则当 $x=\dfrac{1}{\sqrt{2}}$ 时, $f'(x)=0$. 因此当 $x\in\left(0,\dfrac{1}{\sqrt{2}}\right)$ 时, $f'(x)>0$; 当 $x\in\left(\dfrac{1}{\sqrt{2}},+\infty\right)$ 时, $f'(x)<0$, 所以方程 $f(x)=0$ 有两个实根, 分别在 $(0.01,1)$ 和 $(1,3)$ 内. 下面利用 Newton 迭代格式求区间 $(1,3)$ 中的根

$$x_{k+1}=x_k-\frac{\ln x_k-x_k^2+4}{\dfrac{1}{x_k}-2x_k},\quad k=0,1,2,\cdots$$

取 $x_0=2$, 计算得

$$x_1=2.1980,\quad x_2=2.1869,\quad x_3=2.1869$$

即最大根为 $x^*\approx 2.19$.

(2) 设 $f(x)=e^x-\dfrac{1}{2}x-2$, 则

$$f(-4)>0,\quad f(-3)<0,\quad f(1)<0,\quad f(2)>0$$

又由 $f'(x)=e^x-\dfrac{1}{2}$, 当 $x=\ln 0.5$ 时, $f'(x)>0$, 由单调性方程 $f(x)=0$ 存在两个实根, 分别在 $(-4,-3)$ 和 $(1,2)$ 内, 下面利用 Newton 迭代格式求区间 $(1,2)$ 中的根

$$x_{k+1}=x_k-\frac{e^{x_k}-\dfrac{1}{2}x_k-2}{e^{x_k}-\dfrac{1}{2}},\quad k=0,1,2,\cdots$$

取 $x_0 = 1.5$, 计算得

$$x_1 = 1.0651, \quad x_2 = 0.9116, \quad x_3 = 0.8953, \quad x_4 = 0.8951$$

所以最大根为 $x^* \approx 0.895$.

(3) 设 $f(x) = x^3 - 5x^2 + 2$, 则

$$f(-1) = -4 < 0, \quad f(0) = 2 > 0, \quad f(1) = -2 < 0, \quad f(4) = -14 < 0, \quad f(5) = 2 > 0$$

又由 $f'(x) = 3x^2 - 10x$, 令 $f'(x) = 0$, 则得驻点 $x = 0$ 和 $x = \dfrac{10}{3}$, 由单调性方程知 $f(x) = 0$ 有三个实根分别在 $(-1, 0), (0, 1)$ 和 $(4, 5)$ 中. 下面利用 Newton 迭代格式求区间 $(4, 5)$ 中的根

$$x_{k+1} = x_k - \frac{x_k^3 - 5x_k^2 + 2}{3x_k^2 - 10x_k}, \quad k = 0, 1, 2, \cdots$$

取初值 $x_0 = 4.5$, 计算得

$$x_1 = 5.0159, \quad x_2 = 4.9211, \quad x_3 = 4.9173, \quad x_4 = 4.9173$$

所以最大根为 $x^* \approx 4.917$.

11. 分析方程 $x^4 - x^2 - 2x - 1 = 0$ 存在几个实根, 并用 Newton 迭代法求出这些实根, 精确到 3 位有效数字.

解 设 $f(x) = x^4 - x^2 - 2x - 1$, 则

$$f(1) = -3 < 0, \quad f(2) = 7 > 0, \quad f(0) = -1 < 0, \quad f(-1) = 1 > 0$$

又由 $f'(x) = 4x^3 - 2x - 2 = 2(x-1)(2x^2 + 2x + 1)$, 令 $f'(x) = 0$, 则得唯一驻点 $x = 1$ 是 $f(x)$ 的极小值点. 因此由单调性方程 $f(x) = 0$ 有 2 个实根分别在 $(-1, 0)$ 和 $(1, 2)$ 中. 下面利用 Newton 迭代格式求区间 $(-1, 0)$ 和 $(1, 2)$ 中的根

$$x_{k+1} = x_k - \frac{x_k^4 - x_k^2 - 2x_k - 1}{4x_k^2 - 2x_k - 2}, \quad k = 0, 1, 2, \cdots$$

分别取 $x_0 = -0.5$, 计算得

$$x_1 = -0.6250, \quad x_2 = -0.6181, \quad x_3 = -0.6180$$

所以求得 $(-1, 0)$ 中的根为 $x_1^* = -0.618$.

取 $x_0 = 1.5$, 计算得

$$x_1 = 1.640,\quad x_2 = 1.619,\quad x_3 = 1.618$$

所以求得 $(1,2)$ 中的根为 $x_2^* = 1.618$.

12. 应用 Newton 法求方程 $f(x) = 1 - \dfrac{a}{x^2} = 0$ 的根, 导出求 $\sqrt{a}$ 的迭代公式, 并用此公式求 $\sqrt{115}$ 的值.

解　设方程 $f(x) = 1 - \dfrac{a}{x^2}$, 则该方程的根为 $x^* = \sqrt{a}$, 且 $f'(x) = \dfrac{2a}{x^3}$, 则利用 Newton 迭代法得

$$x_{k+1} = x_k - \frac{f(x_k)}{f'(x_k)} = \frac{3}{2}x_k - \frac{3x_k}{2a},\quad k = 0,1,2,\cdots$$

此迭代公式的迭代函数为 $\varphi(x) = \dfrac{3}{2}x - \dfrac{x^3}{2a}$. 由于 $\varphi'(x^*) = 0$, 因此迭代法至少二阶收敛.

用此公式计算 $\sqrt{115}$, 取初值 $x_0 = 11$, 则

$$x_1 = 10.7130,\quad x_2 = 10.7238,\quad x_3 = 10.7238$$

所以 $\sqrt{115} \approx x_3 = 10.7238$.

13. 设参数 $a > 0$, 写出用 Newton 法解方程 $x^2 - a = 0$ 和方程 $1 - \dfrac{a}{x^2} = 0$ 的迭代公式, 分别记为 $x_{k+1} = \varphi_1(x_k)$ 和 $x_{k+1} = \varphi_2(x_k)$, 确定常数 c_1 和 c_2, 使迭代法

$$x_{k+1} = c_1\varphi_1(x_k) + c_2\varphi_2(x_k),\quad k = 0,1,2,\cdots$$

产生的序列 $\{x_k\}$ 三阶收敛到 $\sqrt{a}$.

解　由题意可知, 对于方程 $x^2 - a = 0$, 记 $f_1(x) = x^2 - a$, 则 $f_1'(x) = 2x$, 因此该方程的 Newton 法的迭代函数为

$$\varphi_1(x) = x - \frac{f_1(x)}{f_1'(x)} = \frac{x}{2} + \frac{a}{2x}$$

同理对于方程 $1 - \dfrac{a}{x^2} = 0$, 记 $f_2(x) = 1 - \dfrac{a}{x^2}$, 则 $f_2'(x) = \dfrac{2a}{x^3}$, 因此该方程的 Newton 法的迭代函数为

$$\varphi_2(x) = x - \frac{f_2(x)}{f_2'(x)} = \frac{3x}{2} - \frac{x^3}{2a}$$

这两个函数 Newton 法迭代公式分别是 $x_{k+1}=\varphi_1(x_k)$ 和 $x_{k+1}=\varphi_2(x_k)$, 所以迭代函数

$$\varphi(x)=c_1\varphi_1(x)+c_2\varphi_2(x)=\frac{c_1}{2}\left(x+\frac{a}{x}\right)+\frac{c_2}{2}\left(3x-\frac{x^3}{a}\right)$$

且求得 $\varphi'(x)=\frac{c_1}{2}\left(1-\frac{a}{x^2}\right)+\frac{c_2}{2}\left(3-\frac{3x^2}{a}\right)$, $\varphi''(x)=\frac{ac_1}{x^3}-\frac{3c_2x}{a}$, 要使该迭代格式产生的序列 $\{x_k\}$ 三阶收敛到 $\sqrt{a}$, 需要满足以下条件

$$\varphi(\sqrt{a})=\sqrt{a},\quad \varphi'(\sqrt{a})=0,\quad \varphi''(\sqrt{a})=0$$

因此代入可得

$$\begin{cases}\varphi(\sqrt{a})=(c_1+c_2)\sqrt{a}=\sqrt{a},\\ \varphi'(x)=\dfrac{c_1}{2}\left(1-\dfrac{a}{a}\right)+\dfrac{c_2}{2}\left(3-\dfrac{3a}{a}\right)=0,\\ \varphi''(\sqrt{a})=(c_1-3c_2)\dfrac{1}{\sqrt{a}}=0\end{cases}$$

联立解得 $c_1=\frac{3}{4}$, $c_2=\frac{1}{4}$, 所以迭代函数为

$$\varphi(x)=\frac{3}{4}\varphi_1(x)+\frac{1}{4}\varphi_2(x)$$

此时该迭代函数满足 $\varphi(\sqrt{a})=\sqrt{a}$, $\varphi'(\sqrt{a})=0$, $\varphi''(\sqrt{a})=0$, 进一步还可验证 $\varphi'''(\sqrt{a})=-\frac{3}{a}\neq 0$, 所以得到了求 $\sqrt{a}$ 的三阶收敛的迭代公式

$$x_{k+1}=\frac{3}{8}\left(x_k+\frac{a}{x_k}\right)+\frac{1}{8}\left(3x_k-\frac{x_k^3}{a}\right),\quad k=0,1,2,\cdots$$

14. 设 a 为正有限位小数, 建立求 $\frac{1}{a}$ 的 Newton 迭代公式, 要求在迭代函数中不用除法运算, 证明当初值 x_0 满足 $0<x_0<\frac{2}{a}$ 时, 迭代公式收敛.

证明 要使迭代函数中不用除法运算, 考虑方程 $f(x)=\frac{1}{x}-a=0$, 则 $\frac{1}{a}$ 为此方程的根, 且 $f'(x)=-\frac{1}{x^2}$, 利用 Newton 法建立迭代公式

$$x_{k+1}=x_k-\frac{f(x_k)}{f'(x_k)}=x_k(2-ax_k),\quad k=0,1,2,\cdots$$

因此迭代函数取为 $\varphi(x) = x(2 - ax)$.

$$1 - ax_{k+1} = 1 - ax_k(2 - ax_k) = (1 - ax_k)^2$$

即

$$1 - ax_{k+1} = (1 - ax_0)^{2^k}, \quad k = 0, 1, 2, \cdots$$

解得

$$x_k = \frac{1}{a}[1 - (1 - ax_0)^{2^k}], \quad k = 0, 1, 2, \cdots$$

当 $0 < x_0 < \dfrac{2}{a}$ 时, $|1 - ax_0| < 1$, 因此 $\lim\limits_{k\to\infty}(1 - ax_0)^{2^k} = 0$, 即 $\lim\limits_{k\to\infty} x_k = \dfrac{1}{a}$, 迭代公式收敛.

15. 用抛物线法的迭代公式求解方程 $x = e^{-x}$.

解 原方程可化为 $f(x) = xe^x - 1 = 0$, 由于 $f(0) = -1 < 0$, $f(1) = e - 1 > 0$, 因此该方程的有根区间为 $(0, 1)$, 不妨取初值 $x_0 = 0.5$, $x_1 = 0.6$, 而抛物线法需要用到 x_2, 可以先用弦截法取得 $x_2 = x_1 - \dfrac{f(x_1)}{f(x_1) - f(x_0)}(x_1 - x_0) = 0.56532$, 因此根据抛物线法的计算公式

$$x_{k+1} = x_k - \frac{2f(x_k)}{\omega \pm \sqrt{\omega^2 - 4f(x_k)f[x_k, x_{k-1}, x_{k-2}]}}, \quad k = 0, 1, 2, \cdots$$

由

$$f(x_0) = -0.1756394, \quad f(x_1) = 0.0932713, \quad f(x_2) = -0.0050306$$

$$f[x_0, x_1] = 2.689106, \quad f[x_1, x_2] = 2.834542, \quad f[x_0, x_1, x_2] = 2.226510$$

则

$$\omega = f[x_2, x_1] + f[x_2, x_1, x_0](x_2 - x_1) = 2.757327$$

代入迭代公式求得

$$x_3 = x_2 - \frac{2f(x_2)}{\omega + \sqrt{\omega^2 - 4f(x_2)f[x_2, x_1, x_0]}} = 0.567142$$

同理可得 $x_4 = 0.567143$, 两次迭代结果 x_3 和 x_4 已非常接近, 因此原方程的解为

$$x^* \approx x_4 = 0.567143$$

16. 设 $f(x^*)=0, f'(x^*)\neq 0$, $f(x)$ 在包含 x^* 的一个区间上有二阶连续导数, 证明解方程 $f(x)=0$ 的 Newton 法局部收敛到 x^*, 而且至少是二阶收敛的, 并有

$$\lim_{k\to\infty}\frac{x_{k+1}-x^*}{(x_k-x^*)^2}=\frac{f''(x^*)}{2f'(x^*)}$$

证明　由 Newton 法的迭代函数为 $\varphi(x)=x-\dfrac{f(x)}{f'(x)}$, 则 $\varphi'(x)=\dfrac{f(x)f''(x)}{[f'(x)]^2}$, 因此

$$\varphi(x^*)=x^*,\quad \varphi'(x^*)=0$$

这说明 Newton 法是超线性收敛的, 又由 Taylor 展开得

$$f(x^*)=f(x_k)+f'(x_k)(x^*-x_k)+\frac{f''(\xi)(x^*-x_k)^2}{2}=0$$

其中, ξ 在 x_k 与 x^* 之间, 因 $f'(x^*)\neq 0$, 解得

$$x^*=x_k-\frac{f(x_k)}{f'(x_k)}-\frac{f''(\xi)(x^*-x_k)^2}{2f'(x_k)}$$

再由迭代公式 $x_{k+1}=x_k-\dfrac{f(x_k)}{f'(x_k)}$, 得到 $\dfrac{x_{k+1}-x}{(x_k-x)^2}=\dfrac{f''(x)}{2f'(x_k)}$. 当 $k\to\infty$ 时, ξ 和 x_k 都以 x^* 为极限, 便有

$$\lim_{k\to\infty}\frac{x_{k+1}-x^*}{(x_k-x^*)^2}=\frac{f''(x^*)}{2f'(x^*)}$$

如果 $f''(x^*)\neq 0$, 方法便是二阶收敛的.

17. 设 x^* 是方程 $f(x)=0$ 的 m 重根 $(m\geqslant 2)$, 证明 Newton 法是线性收敛的.

证明　若 x^* 是方程 $f(x)=0$ 的 m 重根, 即

$$f(x)=(x-x^*)^m g(x)$$

其中, $g(x^*)\neq 0$. 为便于分析, 设 $g(x)$ 有二阶导数, 则由 Newton 法的迭代函数

$$\varphi(x)=x-\frac{f(x)}{f'(x)}=x-\frac{(x-x^*)g(x)}{mg(x)+(x-x^*)g'(x)}$$

且有

$$\varphi'(x)=1-\frac{g(x)+(x-x^*)g'(x)}{mg(x)+(x-x^*)g'(x)}-(x-x^*)g(x)\left(\frac{1}{mg(x)+(x-x^*)g'(x)}\right)'$$

所以有 $\varphi'(x^*) = 1 - \dfrac{1}{m}$. 由于 $m \geqslant 2$, 说明 $\varphi'(x^*) \neq 0$ 且 $|\varphi'(x^*)| < 1$, 证得 Newton 法是收敛的, 但只是线性收敛的.

18. 考虑下列修正的 Newton 公式 (或 Steffensen)

$$x_{k+1} = x_k - \frac{f^2(x_k)}{f(x_k + f(x_k)) - f(x_k)}, \quad k = 0, 1, 2, \cdots$$

设 $f(x^*) = 0, f(x^*) \neq 0$, 试证明该迭代格式是二阶收敛的.

证明 (方法一) 由题意可知, 将 $f(x_k + f(x_k))$ 在 x_k 点进行 Taylor 级数展开, 得

$$f(x_k + f(x_k)) = f(x_k) + f'(x_k) f(x_k) + \frac{1}{2} f''(\xi) f^2(x_k)$$

其中, ξ 介于 x_k 与 $x_k + f(x_k)$ 之间, 于是

$$f(x_k + f(x_k)) - f(x_k) = f'(x_k) f(x_k) + \frac{1}{2} f''(\xi) f^2(x_k)$$

代入迭代格式, 且由收敛阶定义

$$x_{k+1} - x^* = x_k - \frac{f(x_k)}{f'(x_k) + \dfrac{1}{2} f''(\xi) f(x_k)} - x^*$$

又由于 x^* 是 $f(x) = 0$ 的单根, 则可以表示为 $f(x) = (x - x^*) h(x)$, 其中, $h(x^*) \neq 0$, 代入上式得到

$$\begin{aligned}
x_{k+1} - x^* &= x_k - \frac{(x_h - x^*) h(x_k)}{h(x_k) + (x_k - x^*) h'(x_k) + \dfrac{1}{2} f''(\xi) f(x_k)} - x^* \\
&= (x_h - x^*) \left[1 - \frac{(x_k - x^*) h(x_k)}{h(x_k) + (x_k - x^*) h'(x_k) + \dfrac{1}{2} f''(\xi) f(x_k)} \right] \\
&= \frac{(x_k - x^*)^2 \left[h'(x_k) + \dfrac{1}{2} h(x_k) f''(\xi) \right]}{h(x_k) + (x_k - x^*) \left[h'(x_k) + \dfrac{1}{2} h(x_k) f''(\xi) \right]}
\end{aligned}$$

因此 $\lim\limits_{h \to \infty} \dfrac{x_{k+1} - x^*}{(x_k - x^*)^2} = \dfrac{h'(x^*) + \dfrac{1}{2} h(x^*) f''(x^*)}{h(x^*)}$, 由收敛阶定义可知, 该迭代格式是二阶收敛的.

(方法二) 由题意，修正的 Newton 方法的迭代函数为

$$\varphi(x)=x-\frac{f^2(x)}{f(x+f(x))-f(x)}$$

由已知条件, x^* 是 $f(x)=0$ 的单根, 即 $f\left(x^*\right)=0, f'\left(x^*\right)\neq 0$. 由微分中值定理知

$$f(x+f(x))-f(x)=f'(\xi)f(x)$$

其中, ξ 介于 x 与 $x+f(x)$ 之间. 且 $\lim\limits_{x\to x^*}\xi(x)=x^*$, 于是

$$\varphi(x)=x-\frac{f^2(x)}{f'(\xi)f(x)}=x-\frac{f(x)}{f'(\xi)}$$

对上两式取极限, 得

$$\varphi\left(x^*\right)=\lim_{x\to x^*}\varphi(x)=\lim_{s\to x^*}\left[x-\frac{f(x)}{f'(\xi)}\right]=x^*-\frac{f\left(x^*\right)}{f'\left(x^*\right)}=x^*$$

对迭代函数求导, 可得

$$\varphi'(x)=1-\frac{f'(x)f'(\xi)-f(x)f''(\xi)}{\left[f'(\xi)\right]^2}$$

对上式两边取极限, 得

$$\varphi'\left(x^*\right)=\lim_{x\to x^*}\varphi'(x)=1-\frac{f'\left(x^*\right)f'\left(x^*\right)-f\left(x^*\right)f''\left(x^*\right)}{\left[f'\left(x^*\right)\right]^2}=0$$

同理可求得极限 $\varphi''\left(x^*\right)=\lim\limits_{x\to x^*}\varphi''(x)=\dfrac{f''\left(x^*\right)}{f'\left(x^*\right)}$, 由收敛阶的判断定理, 修正的 Newton 法至少二阶收敛.

19. 设 $f(x)\in C^2[a,b]$, 且 $x^*\in(a,b)$ 是 $f(x)=0$ 的单根, 证明单点弦法

$$x_{k+1}=x_k-\frac{f\left(x_k\right)}{f\left(x_k\right)-f\left(x_0\right)}\left(x_k-x_0\right),\quad k=1,2,3,\cdots$$

局部收敛.

证明 因为 x^* 是 $f(x)=0$ 的单根, 所以 $f\left(x^*\right)=0, f'\left(x^*\right)\neq 0$, 迭代函数

$$\varphi(x)=x-\frac{f(x)}{f(x)-f\left(x_0\right)}\left(x-x_0\right)$$

则有

$$\varphi(x)=x-\frac{f(x)-f\left(x^*\right)}{f(x)-f\left(x_0\right)}\left(x-x_0\right)$$

又 $\varphi\left(x^*\right)=x^*$, 所以

$$\begin{aligned}\frac{\varphi(x)-\varphi\left(x^*\right)}{x-x^*}&=\frac{1}{x-x^*}\left[x-\frac{f(x)-f\left(x^*\right)}{f(x)-f\left(x_0\right)}\left(x-x_0\right)-x^*\right]\\&=1-\frac{f'(\xi)}{f(x)-f\left(x_0\right)}\left(x-x_0\right)\end{aligned}$$

其中, ξ 介于 x 与 x^* 之间, 因而

$$\varphi'\left(x^*\right)=\lim_{x\to x^*}\frac{\varphi(x)-\varphi\left(x^*\right)}{x-x^*}=1-\frac{f'\left(x^*\right)}{\dfrac{f\left(x^*\right)-f\left(x_0\right)}{\left(x^*-x_0\right)}}$$

当 x_0 靠近 x^* 时, $|\varphi'(x^*)|<1$, 单点弦法局部收敛.

20. 利用 Newton 迭代格式求解非线性方程组 $\begin{cases}x^2-y-1=0,\\x^2-4x+y^2-y+3.25=0\end{cases}$ 的解, 初值 $x_0=0, y_0=0$, 保留 6 位小数.

解　若记 $f_1(x,y)=x^2-y-1$, $f_2(x,y)=x^2-4x+y^2-y+3.25$, 则

$$F(x,y)=\begin{bmatrix}f_1(x,y)\\f_2(x,y)\end{bmatrix}=\begin{bmatrix}x^2-y-1\\x^2-4x+y^2-y+3.25\end{bmatrix}$$

其中 Jacobi 矩阵为

$$J(x,y)=\begin{bmatrix}2x&-1\\2x-4&2y-1\end{bmatrix}$$

因此 $J^{-1}(x,y)=\dfrac{1}{4xy-4}\begin{bmatrix}2y-1&1\\-2x+4&2x\end{bmatrix}$, 建立 Newton 迭代格式为

$$\begin{bmatrix}x_{k+1}\\y_{k+1}\end{bmatrix}=\begin{bmatrix}x_k\\y_k\end{bmatrix}-J^{-1}(x_k,y_k)F(x_k,y_k),\quad k=0,1,2,\cdots$$

若取初值 $x_0=0, y_0=0$, 则计算结果如表 5.3 所示.

求得该非线性方程组的一组解为 $x\approx1.067346$, $y\approx0.139228$.

表 5.3

k	x_k	y_k
0	0	0
1	1.062500	−1.000000
2	0.910037	−0.195076
3	1.045668	0.075027
4	1.066209	0.136379
5	1.067344	0.139221
6	1.067346	0.139228
7	1.067346	0.139228

5.4 同步训练题

一、填空题

1. 给定方程 $xe^x + x - 1 = 0$, 则该方程有____________ 个根.

2. 求 $\sqrt{10}$ 的 Newton 迭代公式是 $x_{k+1} =$____________.

3. 若迭代函数 $\varphi(x)$ 有界, 则迭代过程 $x_{k+1} = \varphi(x_k)$ 收敛的充分条件是______.

4. 用 Newton 法解方程 $x^4 - x^2 - 1 = 0$ 的迭代格式为____________.

5. 迭代公式 $x_{k+1} = x_k - \dfrac{f(x_k)}{f(x_k) - f(x_{k-1})}(x_k - x_{k-1})$, $k = 0, 1, 2, \cdots$, 称为____________ 方法.

二、选择题

1. 用二分法求方程 $x^2 - x - 1 = 0$ 在区间 $[1, 2]$ 的根, 要求近似根的误差限不大于 0.05, 则需要等分几次. (   )

A. 3　　B. 4　　C. 5　　D.7

2. 求下列方程在 $x_0 = 1.5$ 附近的根时所采用的迭代公式不收敛的是 (   ).

A. $x^3 - x^2 - 1 = 0, x_{k+1} = 1 + \dfrac{1}{x_k^2}$

B. $x - \sin x - 0.5 = 0,\ x_{k+1} = \sin x_k + 0.5$

C. $x^2 - 2 = 0,\ x_{k+1} = \dfrac{1}{2}\left(x_k + \dfrac{2}{x_k}\right)$

D. $x^3 - x^2 - 1 = 0,\ x_{k+1} = \dfrac{1}{\sqrt{x_k - 1}}$

3. 迭代法 $x_{k+1} = \dfrac{2}{3}x_k + \dfrac{1}{x_k^2}$ 收敛于 $x^* =$ (   ).

A. $\sqrt[3]{7}$　　B. $\sqrt[3]{5}$　　C. $\sqrt[3]{3}$　　D. $\sqrt[3]{4}$

4. 用二分法求方程 $f(x) = 0$ 在区间 $[a, b]$ 内的根 x^*, 已知误差限 ε, 确定二分次数 n 使 (   ).

A. $b-a\leqslant\varepsilon$　B. $|f(x)|\leqslant\varepsilon$　C. $|x^*-x_n|\leqslant\varepsilon$　D. $|x^*-x_n|\leqslant b-a$

5. 二分法求 $f(x)=0$ 在 $[a,b]$ 内的根, 二分次数 n 满足 (　).

A. 只与函数 $f(x)$ 有关

B. 只与根的分离区间以及误差限有关

C. 与根的分离区间、误差限及函数 $f(x)$ 有关

D. 只与误差限有关

三、计算与证明题

1. 用下列方法求 $f(x)=x^3-3x-1=0$ 在 $x_0=2$ 附近的根, 根的准确值 $x^*=1.87938524\cdots$, 要求计算结果准确到 4 位有效数字.

(1) 用 Newton 法.

(2) 用弦截法, 取 $x_0=2,\ x_1=1.9$.

(3) 用抛物法, 取 $x_0=0, x_1=3, x_2=2$.

2. 设函数 $f(x)$ 二阶导数连续, $f(x^*)=0, f'(x^*)\neq 0$, 证明解方程 $f(x)=0$ 的 Newton 法序列 $\{x_k\}$ 满足 $\lim\limits_{k\to\infty}\dfrac{x_k-x_{k-1}}{(x_{k-1}-x_{k-2})^2}=-\dfrac{f''(x^*)}{2f'(x^*)}$.

3. 求解非线性方程 $3x^2-e^x=0$.

(1) 确定方程根所在的区间.

(2) 证明根所在区间采用 Newton 法是收敛的 (若存在两个以上根, 则要求对最小根所在区间进行证明).

(3) 在已经证明的收敛区间, 采用 Newton 法求出根的近似值 (精度要求 $|x_{k+1}-x_k|<10^{-5}$).

4. 设 x^* 是方程 $f(x)=0$ 的单根, $x=\varphi(x)$ 是 $f(x)=0$ 的等价方程, 若 $\varphi(x)=x-m(x)f(x)$, 证明:

(1) 当 $m(x^*)\neq\dfrac{1}{f'(x^*)}$ 时, $x_{k+1}=\varphi(x_k)$ 至多是一阶收敛的.

(2) 当 $m(x^*)=\dfrac{1}{f'(x^*)}$ 时, $x_{k+1}=\varphi(x_k)$ 至少是二阶收敛的.

5. 设方程 $12-3x+2\cos x=0$ 的迭代公式为 $x_{k+1}=4+\dfrac{2}{3}\cos x_k$, 则

(1) 证明: 对 $\forall x_0\in\mathbf{R}$, 均有 $\lim\limits_{k\to\infty}x_k=x^*$, 其中, x^* 为方程的根.

(2) 求此迭代法的收敛阶.

5.5　同步训练题答案

一、

1. 1.

2. $x_{k+1} = \dfrac{x_k}{2} + \dfrac{5}{x_k}, k = 0, 1, 2, \cdots$.

3. $|\varphi'(x)| < 1$.

4. $x_{k+1} = x_k - \dfrac{x_k^4 - x_k^2 - 1}{4x_k^3 - 2x_k}, k = 0, 1, 2, \cdots$.

5. 弦截.

二、

1. B. 2. D. 3. C. 4. C. 5. B.

三、

1—2. 略.

3. (1) $[-1, 0], [0, 1], [3, 4]$; (2) 略; (3) $x^* \approx x_3 = -0.45896$.

4—5. 略.

第 6 章　解线性方程组的直接法

本章主要讲述线性方程组的直接法理论, 具体内容包括 Gauss 消去法、矩阵的三角分解、矩阵条件数和病态方程组、Householder 变换和 QR 分解等内容.

本章中要掌握线性方程组直接法原理, 掌握 Gauss 消去法, 理解列主元 Gauss 消去法, 掌握矩阵的 Doolittle 分解, 掌握 Crout 分解, 掌握三对角占优的 Thomas 方法, 掌握对称正定矩阵矩阵的 Cholesky 分解, 并要求会计算; 掌握矩阵条件数和病态方程组的误差分析; 掌握 Householder 变换, 掌握约化定理, 理解矩阵的 QR 分解.

6.1　知识点概述

1. Gauss 消去法

设 $Ax=b,\quad A\in\mathbf{R}^{n\times n}$, 若 A 的所有顺序主子式均不为零, 则 Gauss 消元无须换行即可进行到底, 得到唯一解. Gauss 消去法求解 n 个变量的方程组计算量是 $O\left(\dfrac{n^3}{3}\right)$.

列主元 Gauss 消去法: 为了克服小数作除这种现象, 要求在计算时每一步先进行行交换, 再进行消元, 即变换到第 k 步时, 从第 k 列的 $a_{kk}^{(k)}$ 及以下的各元素中选出绝对值最大者, 然后通过行变换将它交换到主元素 $a_{kk}^{(k)}$ 的位置上, 再用其消去主对角线以下的其他元素, 最后变为同解的上三角方程组.

2. 矩阵三角分解

设 $A\in\mathbf{R}^{n\times n}$, 若矩阵 A 非奇异, 且各阶顺序主子式均不为零, 则存在唯一的单位下三角矩阵 L 和上三角矩阵 U, 使得 $A=LU$.

1) **Doolittle 分解**

设 $A=[a_{ij}]\in\mathbf{R}^{n\times n}$, 单位下三角矩阵 $L=[l_{ij}]\in\mathbf{R}^{n\times n}$, 上三角矩阵 $U=[u_{ij}]\in\mathbf{R}^{n\times n}$, 则

$$\begin{bmatrix} a_{11} & a_{12} & \cdots & a_{1n} \\ a_{21} & a_{22} & \cdots & a_{2n} \\ \vdots & \vdots & \ddots & \vdots \\ a_{n1} & a_{n2} & \cdots & a_{nn} \end{bmatrix} = \begin{bmatrix} 1 & & & \\ l_{21} & 1 & & \\ \vdots & \vdots & \ddots & \\ l_{n1} & l_{n2} & \cdots & 1 \end{bmatrix} \begin{bmatrix} u_{11} & u_{12} & \cdots & u_{1n} \\ & u_{22} & \cdots & u_{2n} \\ & & \ddots & \vdots \\ & & & u_{nn} \end{bmatrix}$$

由矩阵乘法并令两边矩阵对应元素相等, 可得

$$\begin{cases} u_{ij} = a_{ij} - \sum_{k=1}^{i-1} l_{ik} u_{kj}, & j = i, i+1, \cdots, n \\ l_{ij} = \left(a_{ij} - \sum_{k=1}^{j-1} l_{ik} u_{kj} \right) \Big/ u_{jj}, & i = j+1, \cdots, n \end{cases}$$

交替使用上面两式可逐步求出 U(按行) 和 L(按列) 的全部元素, 这就完成了 A 的 Doolittle 分解的计算过程.

2) **Crout 分解**

设 $A = [a_{ij}] \in \mathbf{R}^{n\times n}$, 下三角矩阵 $\tilde{L} = [\tilde{l}_{ij}] \in \mathbf{R}^{n\times n}$, 单位上三角矩阵 $\tilde{U} = [u_{ij}] \in \mathbf{R}^{n\times n}$, 则

$$\begin{bmatrix} a_{11} & a_{12} & \cdots & a_{1n} \\ a_{21} & a_{22} & \cdots & a_{2n} \\ \vdots & \vdots & \ddots & \vdots \\ a_{n1} & a_{n2} & \cdots & a_{nn} \end{bmatrix} = \begin{bmatrix} \tilde{l}_{11} & & & \\ \tilde{l}_{21} & \tilde{l}_{22} & & \\ \vdots & \vdots & \ddots & \\ \tilde{l}_{n1} & \tilde{l}_{n2} & \cdots & \tilde{l}_{nn} \end{bmatrix} \begin{bmatrix} 1 & u_{12} & \cdots & u_{1n} \\ & 1 & \cdots & u_{2n} \\ & & \ddots & \vdots \\ & & & 1 \end{bmatrix}$$

由矩阵乘法并令两边矩阵对应元素相等, 可得

$$\begin{cases} u_{ij} = \left(a_{ij} - \sum_{t=1}^{k-1} l_{it} u_{tj} \right) \Big/ l_{ii}, & j = i+1, \cdots, n;\ i = 1, 2, \cdots, n, \\ l_{ji} = a_{ji} - \sum_{t=1}^{k-1} l_{jt} u_{tj}, & j = i+1, \cdots, n;\ i = 1, 2, \cdots, n \end{cases}$$

交替使用上面两式可逐步求出和 U 的全部元素, 这就完成了 A 的 Crout 分解的计算过程.

3) **列主元三角分解**

设 $A \in \mathbf{R}^{n\times n}$, 若矩阵 A 非奇异, 则存在排列阵 P, 单位下三角矩阵 L 和上三角矩阵 U, 使得 $PA = LU$.

3. 矩阵三角分解的线性方程组求解

如果对线性方程组 $Ax = b$ 的系数矩阵 A 能进行 LU 分解, 即 $A = LU$, 则求解线性方程组就转化为求解线性方程组 $LUx = b$, 若令 $Ux = y$, $Ly = b$, 从而原方程组求解等价为下面线性方程组的求解 $\begin{cases} Ly = b, \\ Ux = y, \end{cases}$ 注意到这两个方程组的系数矩阵都是三角形的, 直接利用回代过程即可获得方程组的解, 具体为

第 1 步　解方程组 $Ly=b$, 计算公式为 $\begin{cases} y_1=b_1, \\ y_i=b_i-\sum\limits_{k=1}^{i-1} l_{ik}y_k, \end{cases} \quad i=2,3,\cdots,n.$

第 2 步　解方程组 $Ux=y$, 计算公式为 $\begin{cases} x_n=y_n/u_{nn}, \\ x_i=\left(y_i-\sum\limits_{k=i+1}^{n} u_{ik}x_k\right)\Big/u_{ii}, \end{cases}$

$i=n-1,\cdots,2,1$. 同样对于列主元的三角分解, 只需对方程组 $Ax=b$ 左乘 P 得到 $PAx=Pb$, 得到 $LUx=Pb$, 从而原方程组求解等价为下面线性方程组的求解 $\begin{cases} Ly=Pb, \\ Ux=y, \end{cases}$ 但在实际处理中我们要注意到, P 的形式只有实际完成了约化才能得到, 所以这个结果并不实用.

4. 三对角方程组的追赶法

把如下形式的线性方程组

$$\begin{bmatrix} b_1 & c_1 & & & \\ a_2 & b_2 & c_2 & & \\ & \ddots & \ddots & \ddots & \\ & & a_{n-1} & b_{n-1} & c_{n-1} \\ & & & a_n & b_n \end{bmatrix} \begin{bmatrix} x_1 \\ x_2 \\ \vdots \\ x_{n-1} \\ x_n \end{bmatrix} = \begin{bmatrix} d_1 \\ d_2 \\ \vdots \\ d_{n-1} \\ d_n \end{bmatrix}$$

简记为 $Ax=d$, 该方程组称为三对角方程组, 若其系数矩阵 A 满足条件

$$\begin{cases} |b_1|>|c_1|>0, \\ |b_i|\geqslant|a_i|+|c_i|, \quad a_i,c_i\neq 0,\ i=2,3,\cdots,n-1 \\ |b_n|>|a_n|>0, \end{cases}$$

则称 A 为三对角占优矩阵, 此时可以进行 LU 分解 (不唯一), 需要注意的是若矩阵不满足三对角占优分解也有可能存在, 现将系数矩阵 A 进行 Doolittle 分解, 即 A 分解为单位下三角矩阵和上三角矩阵的乘积

$$A=\begin{bmatrix} b_1 & c_1 & & & \\ a_2 & b_2 & c_2 & & \\ & \ddots & \ddots & \ddots & \\ & & a_{n-1} & b_{n-1} & c_{n-1} \\ & & & a_n & b_n \end{bmatrix}$$

$$
= \begin{bmatrix} 1 & & & & \\ l_2 & 1 & & & \\ & \ddots & \ddots & & \\ & & \ddots & 1 & \\ & & & l_n & 1 \end{bmatrix} \begin{bmatrix} u_1 & c_1 & & & \\ & u_2 & c_2 & & \\ & & \ddots & \ddots & \\ & & & u_{n-1} & c_{n-1} \\ & & & & u_n \end{bmatrix}
$$

直接利用矩阵乘法公式可得

$$
\begin{cases} u_1 = b_1, & \\ l_i = a_i/u_{i-1}, & i = 2, 3, \cdots, n \\ u_i = b_i - c_{i-1}l_i, & \end{cases}
$$

求解线性方程组 $Ax = d$ 等价于求解 $Ly = d$ 和 $Ux = y$, 因而得到解三对角方程组的追赶法公式.

(1) 解 $Ly = d$, 求得 $\begin{cases} y_1 = d_1, & \\ y_i = (d_i - l_i y_{i-1}), & \end{cases} \quad i = 2, 3, \cdots, n.$

(2) 解 $Ux = y$, 求得 $\begin{cases} x_n = y_n/u_n, & \\ x_i = (y_i - c_i x_{i+1})/u_i, & \end{cases} \quad i = n-1, \cdots, 1.$

整个求解过程是先计算 $\beta_1 \to \beta_2 \to \cdots \to \beta_{n-1}$ 和 $y_1 \to y_2 \to \cdots \to y_n$, 这个过程称为 “追” 的过程, 再求出 $x_n \to x_{n-1} \to \cdots \to x_1$, 这个过程是往回 “赶” 的过程. 因此上述解法通常称为追赶法, 或称 Thomas 方法可以验证, 追赶法只用了 $5n-4$ 次乘除法运算, 计算量只是 $O(n)$, 而通常方程组求解计算量为 $O(n^3)$, 追赶法是一种计算量少而数值稳定的方法.

5. Cholesky 分解

设 $A \in \mathbf{R}^{n\times n}$ 为对称矩阵, 且 A 各阶顺序主子式均不为零, 则 A 可唯一分解为

$$
A = LDL^{\mathrm{T}}
$$

其中, L 为单位下三角矩阵, D 为对角矩阵.

(Cholesky 分解) 若 $A \in \mathbf{R}^{n\times n}$ 对称正定, 则存在唯一的对角元素为正的下三角矩阵 L, 使得 $A = LL^{\mathrm{T}}$.

利用矩阵乘法, 具体实现过程如下:

$$A = LL^{\mathrm{T}} = \begin{bmatrix} l_{11} & & & \\ l_{21} & l_{22} & & \\ \vdots & & \ddots & \\ l_{n1} & l_{n2} & \cdots & l_{nn} \end{bmatrix} \begin{bmatrix} l_{11} & l_{21} & \cdots & l_{n1} \\ & l_{22} & \cdots & l_{n2} \\ & & \ddots & \vdots \\ & & & l_{nn} \end{bmatrix}$$

比较矩阵两端对应元素, 得到计算矩阵 L 的计算公式为

$$\begin{cases} l_{ii} = \left(a_{ii} - \sum\limits_{k=1}^{i-1} l_{ik}^2 \right)^{\frac{1}{2}}, & i = 1, 2, \cdots, n \\ l_{ij} = \left(a_{ij} - \sum\limits_{k=1}^{i-1} l_{ik} l_{jk} \right) \Big/ l_{jj}, & i = j+1, j+2, \cdots, n \end{cases}$$

由于在计算中涉及求开平方运算, 我们也经常称该分解方法为平方根法. 于是求解线性方程组 $Ax = b$ 等价于求解下面两个三角形方程组:

(1) $Ly = b$, 求得 $y_i = \left(b_i - \sum\limits_{j=1}^{i-1} l_{ij} y_j \right) \Big/ l_{ii}, i = 1, 2, \cdots, n.$

(2) $L^{\mathrm{T}} x = y$, 求得 $x_i = \left(y_i - \sum\limits_{j=i+1}^{n} l_{ji} x_j \right) \Big/ l_{ii}, i = n, n-1, \cdots, 1.$

因为考虑了系数矩阵 A 的对称性质, 平方根法运算量大约是 Doolittle 分解方法的一半, 且由 $a_{ii} = \sum\limits_{j=1}^{i} l_{ij}^2, i = 1, 2, \cdots, n$, 所以 $l_{ij}^2 \leqslant a_{ii} \leqslant \max\limits_{1 \leqslant k \leqslant n} \{a_{kk}\}$, 于是

$$\max_{1 \leqslant k, j \leqslant n} \{l_{kj}^2\} \leqslant \max_{1 \leqslant k \leqslant n} \{a_{kk}\}.$$

说明矩阵 A 的 Cholesky 分解过程中的中间量 l_{kj} 的数量级完全得到了控制, 且对角元素 $l_{jj} > 0$, 因此分解过程中可以不必选主元, 计算实践也表明不选主元已经有足够的精度, 所以对称正定矩阵的平方根法是目前解决这类问题的最有效的方法之一, 且当 n 较大时, 约需 $O\left(\frac{n^3}{6}\right)$ 次乘除法运算, 相当于 Gauss 消去法计算量的一半, 并且数值稳定、储存量小, 但利用平方根法解对称正定线性方程组时, 计算矩阵 L 的元素 l_{ij} 时, 需要进行开方运算, 为了避免开方, 使用分解式 $A = LDL^{\mathrm{T}}$ 来计算, 称为改进平方根法, 计算描述如下

$$A=\begin{bmatrix}1&&&\\l_{21}&1&&\\\vdots&\vdots&\ddots&\\l_{n1}&l_{n2}&\cdots&1\end{bmatrix}\begin{bmatrix}d_1&&&\\&d_2&&\\&&\ddots&\\&&&d_n\end{bmatrix}\begin{bmatrix}1&l_{21}&\cdots&l_{n1}\\&1&\cdots&l_{n2}\\&&\ddots&\vdots\\&&&1\end{bmatrix}$$

$$=\begin{bmatrix}d_1&&&\\t_{21}&d_2&&\\\vdots&&\ddots&\\t_{n1}&t_{n2}&\cdots&d_n\end{bmatrix}\begin{bmatrix}1&l_{21}&\cdots&l_{n1}\\&1&\cdots&l_{n2}\\&&\ddots&\vdots\\&&&1\end{bmatrix}$$

其中, $t_{ij}=l_{ij}d_i(j<i)$. 由矩阵乘法, 比较等式两边, 按行计算两个矩阵中的元素, 对于 $i=2,3,\cdots,n$, 有

$$\begin{cases}d_1=a_{11},\\t_{ij}=a_{ij}-\sum\limits_{k=1}^{j-1}t_{ik}l_{jk}, & j=2,3,\cdots,i-1\\l_{ij}=t_{ij}/d_j, & j=1,2,\cdots,i-1\\d_i=a_{ii}-\sum\limits_{k=1}^{i-1}t_{ik}l_{ik},\end{cases}$$

这时求解线性方程组 $Ax=b$ 等价于求解下面两个方程组:

(1) $Ly=b$, 求得 $y_i=b_i-\sum\limits_{k=1}^{i-1}l_{ik}y_k$, $i=1,2,\cdots,n$.

(2) $DL^{\mathrm{T}}x=y$, 求得 $x_i=\dfrac{y_i}{d_i}-\sum\limits_{k=i+1}^{n}l_{ki}x_k$, $i=n,n-1,\cdots,1$.

6. 病态方程组

如果矩阵 A 或右端向量 b 的微小变化, 引起方程组 $Ax=b$ 的解的巨大变化, 则称此线性方程组为“病态”方程组, 矩阵 A 称为病态矩阵, 否则称此线性方程组为“良态”方程组, A 称为良态矩阵.

7. 病态线性方程组误差分析

1) 常数项 b 的扰动

设 A 为精确数据, b 有扰动 δb, 得到的解为 $x+\delta x$, 则

$$\frac{||\delta x||}{||x||}\leqslant||A^{-1}||\cdot||A||\cdot\frac{||\delta b||}{||b||}$$

2) 系数矩阵 A 的扰动

设 b 为精确数据, 系数矩阵 A 有扰动 δA, 得到的解为 $x+\delta x$, 则

$$\frac{||\delta x||}{||x||} \leqslant \frac{||A|| \cdot ||A^{-1}|| \cdot \dfrac{||\delta A||}{||A||}}{1-||A|| \cdot ||A^{-1}|| \cdot \dfrac{||\delta A||}{||A||}}$$

3) 系数矩阵 A 与常数项 b 同时扰动

设 $A \in \mathbf{R}^{n\times n}$, 为非奇异矩阵, $Ax=b\neq 0$, 且 $(A+\delta A)(x+\delta x)=b+\delta b$, 若果 $||A^{-1}||\cdot||\delta A||<1$, 则

$$\frac{||\delta x||}{||x||} \leqslant \frac{||A|| \cdot ||A^{-1}||}{1-||A^{-1}|| \cdot ||\delta A||}\left(\frac{||\delta A||}{||A||}+\frac{||\delta b||}{||b||}\right)$$

8. 矩阵条件数

若 $A \in \mathbf{R}^{n\times n}$, 且 A 非奇异, 则对任何一种算子范数 $||\cdot||$, 则 $\mathrm{cond}(A)=||A||\cdot||A^{-1}||$, 称为矩阵 A 的条件数.

从定义看到, 矩阵条件数依赖于范数的选取, 若算子范数取为 1-范数, 则记为 $\mathrm{cond}(A)_1=||A||_1\cdot||A^{-1}||_1$, 同理有 $\mathrm{cond}(A)_2$ 和 $\mathrm{cond}(A)_\infty$.

容易验证矩阵的条件数有如下的性质, 其中假设 $\det(A)\neq 0$.

(1) $\mathrm{cond}(A)\geqslant 1$, $\mathrm{cond}(A)=\mathrm{cond}(A^{-1})$.

(2) $\mathrm{cond}(aA)=\mathrm{cond}(A)$, $\forall a\in\mathbf{R}$, 且 $a\neq 0$.

(3) 若 A 为正交阵, 则 $\mathrm{cond}(A)_2=1$.

(4) 若 U 为正交阵, 则 $\mathrm{cond}(A)_2=\mathrm{cond}(AU)_2=\mathrm{cond}(UA)_2$.

(5) $\mathrm{cond}(A)_2=||A||_2||A^{-1}||_2$ 为 A 的谱条件数, 且有如下结论:

(a) $\mathrm{cond}(A)_2=||A||_2||A^{-1}||_2=\sqrt{\dfrac{\lambda_{\max}(A^{\mathrm{T}}A)}{\lambda_{\min}(A^{\mathrm{T}}A)}}$;

(b) 若 A 为对称阵, 则 $\mathrm{cond}(A)_2=\dfrac{|\lambda_1|}{|\lambda_n|}$, 其中 λ_1 与 λ_n 为 A 的按模最大和最小的特征值;

(c) 若 A 对称正定, 且 λ_1 与 λ_n 分别为 A 的最大和最小特征值, 则 $\mathrm{cond}(A)_2=\dfrac{\lambda_1}{\lambda_n}$.

9. Householder 变换

设向量 $w\in\mathbf{R}^n$, 且 $w^{\mathrm{T}}w=1$, 称矩阵 $H_w=I-2ww^{\mathrm{T}}$ 为初等反射矩阵, 也称为 Householder 变换, 如果记 $w=(w_1,w_2,\cdots,w_n)^{\mathrm{T}}$, 则

$$H_w = \begin{bmatrix} 1-2w_1^2 & -2w_1w_2 & \cdots & -2w_1w_n \\ -2w_2w_1 & 1-2w_2^2 & \cdots & -2w_2w_n \\ \vdots & \vdots & & \vdots \\ -2w_nw_1 & -2w_nw_2 & \cdots & 1-2w_n^2 \end{bmatrix}$$

设有初等反射矩阵 $H_w = I - 2ww^{\mathrm{T}}$, 其中 $w^{\mathrm{T}}w = 1$, 则

(1) H_w 为对称矩阵, 即 $H_w^{\mathrm{T}} = H_w$;

(2) H_w 为正交矩阵且 $\det(H_w) = -1$.

设 $x, y \in \mathbf{R}^n$, $x \neq y$, 且 $\|x\|_2 = \|y\|_2$, 则存在一个 Householder 变换 H_w, 使得 $H_w x = y$.

(约化定理) Householder 变换可以将给定的向量变为与任一个 $e_i(i = 1, 2, \cdots, n)$ 同方向的向量.

10. QR 分解

设非奇异矩阵 $A \in \mathbf{R}^{n\times n}$, 则存在正交矩阵 P, 使得 $PA = R$, 其中 R 为上三角矩阵.

(QR 分解) 若矩阵 $A \in \mathbf{R}^{n\times n}$ 非奇异, 则存在正交矩阵 Q 与上三角矩阵 R, 使得 $A = QR$, 且当 R 的主对角线元素均为正时, 分解唯一.

6.2 典型例题解析

例 1 设矩阵 $A = \begin{bmatrix} 2 & 1 \\ 5 & 4 \end{bmatrix}$, 则 A 的谱半径 $\rho(A) =$__________, A 的条件数 $\mathrm{cond}(A)_\infty =$__________.

分析 由题意可知, 分别计算

$$A^{-1} = \frac{1}{3}\begin{bmatrix} 4 & -1 \\ -5 & 2 \end{bmatrix}, \quad |\lambda I - A| = \begin{vmatrix} \lambda-2 & -1 \\ -5 & \lambda-4 \end{vmatrix} = 0$$

解得 $\lambda_1 = 3-\sqrt{6}$, $\lambda_2 = 3+\sqrt{6}$, 又由谱半径和条件数的定义

$$\rho(A) = \max_{\lambda_i \in \sigma(A)} |\lambda_i| = 3+\sqrt{6} \quad (i = 1, 2)$$

$$\mathrm{cond}(A)_\infty = \|A\|_\infty \cdot \|A^{-1}\|_\infty = 9 \times \frac{1}{3} \times 7 = 21$$

解 $3+\sqrt{6}$; 21.

例 2　设矩阵 $A=\begin{bmatrix}2&1&0\\1&2&a\\0&a&2\end{bmatrix}$, 为使 A 可分解为 $A=LL^{\mathrm{T}}$, 其中, L 为对角线元素为正的下三角矩阵, a 的取值范围为__________.

分析　由题意可知, 只要满足 A 为对称正定矩阵即可, 因此由顺序主子式

$$2>0,\quad \begin{vmatrix}2&1\\1&2\end{vmatrix}=3>0,\quad \begin{vmatrix}2&1&0\\1&2&a\\0&a&2\end{vmatrix}=6-2a^2>0$$

解得 $-\sqrt{3}<a<\sqrt{3}$.

解　$-\sqrt{3}<a<\sqrt{3}$.

例 3　设线性方程组 $Ax=b$ 有唯一解, 若系数矩阵 A 的条件数为 $\mathrm{cond}(A)$, 在不考虑系数矩阵扰动的情况下, 若方程右端项的扰动相对误差 $\dfrac{||\delta b||}{||b||}$ 满足__________, 就一定能保证解的相对误差 $\dfrac{||\delta x||}{||x||}\leqslant\varepsilon$.

分析　由常数项扰动, 则

$$\frac{||\delta x||}{||x||}\leqslant \mathrm{cond}(A)\cdot\frac{||\delta b||}{||b||}\leqslant\varepsilon$$

因此 $\dfrac{||\delta b||}{||b||}\leqslant\dfrac{\varepsilon}{\mathrm{cond}(A)}$ 即可.

解　$\leqslant\dfrac{\varepsilon}{\mathrm{cond}(A)}$.

例 4　设系数矩阵 $A=\begin{bmatrix}2&a&0\\a&3&a\\0&a&2\end{bmatrix}$, 若用追赶法求解线性方程组 $Ax=b$ 数值稳定, 则 a 的取值范围 (最大取值区间) 是__________.

分析　由题意可知, 要使追赶法数值稳定, 只需系数矩阵 A 为对角占优的三对角线矩阵即可, 因此满足 $2>a$, $3\geqslant 2a$, 从而 a 的取值范围为 $a\leqslant\dfrac{3}{2}$.

解　$a\leqslant\dfrac{3}{2}$.

例 5　下列说法中正确的是 (　).

A. 任意矩阵若有 LU 分解, 则 LU 分解唯一

B. 任意对称矩阵都有 Cholesky 分解

C. 任意严格对角占优方阵都有 LU 分解

D. 非奇异矩阵必有 LU 分解

分析 此题考察 LU 分解的存在性, 只有矩阵 A 满足非奇异, 且各阶顺序主子式均不为零, 才有唯一分解 $A = LU$, 而 Cholesky 分解需要对称且正定, 因此只有 C 选项满足.

解 C.

例 6 解线性方程组 $Ax = b$ 的 LL^{T} 分解法中, 对称矩阵 A 还需满足的条件是 ( ).

A. 对称阵 B. 各阶顺序主子式均不为零

C. 任意阵 D. 各阶顺序主子式均大于零

分析 此题考察对称正定矩阵的 Cholesky 分解, 因此满足正定性即可, 因此只有 D 选项满足.

解 D.

例 7 设矩阵 $A \in \mathbf{R}^{n\times n}$, Q 为 n 阶正交矩阵, x 为 n 维列向量, 则下列关系式中不成立的是 ( ).

A. $||A||_2 = ||AQ||_2$ B. $||A||_F = ||QA||_F$

C. $||Qx||_2 = ||x||_2$ D. $\mathrm{cond}(A)_\infty = \mathrm{cond}(AQ)_\infty$

分析 分别验证各范数关系, 由 Q 为 n 阶正交矩阵, 因此 $Q^{\mathrm{T}}A^{\mathrm{T}}AQ \sim A^{\mathrm{T}}A$, 所以

$$||AQ||_2 = \sqrt{\lambda_{\max}((AQ)^{\mathrm{T}}AQ)} = \sqrt{\lambda_{\max}(Q^{\mathrm{T}}A^{\mathrm{T}}AQ)} = \sqrt{\lambda_{\max}(A^{\mathrm{T}}A)} = ||A||_2$$

$$||QA||_F = \mathrm{tr}((AQ)^{\mathrm{T}}AQ) = \mathrm{tr}(A^{\mathrm{T}}A) = ||A||_F$$

$$||Qx||_2 = (Qx, Qx) = (Qx)^{\mathrm{T}}Qx = x^{\mathrm{T}}x = ||x||_2$$

因此 A, B, C 选项都正确, 而 D 选项无法验证.

解 D.

例 8 矩阵 $H = \begin{bmatrix} 1 & \frac{1}{2} \\ \frac{1}{2} & \frac{1}{3} \end{bmatrix}$, 则 $\mathrm{cond}(H)_1$ 和 $\mathrm{cond}(H)_\infty$ 分别为 ( ).

A. 1.5; 27 B. 1.5; 1.5 C. 27; 27 D. 27; 1.5

分析 由题意可知, $H^{-1} = 12\begin{bmatrix} \frac{1}{3} & -\frac{1}{2} \\ -\frac{1}{2} & 1 \end{bmatrix}$, 因此

$$\mathrm{cond}(H)_1 = ||H||_1 \cdot ||H^{-1}||_1 = \frac{3}{2} \times 12 \times \frac{3}{2} = 27$$

$$\operatorname{cond}(H)_\infty = ||H||_\infty \cdot ||H^{-1}||_\infty = \frac{3}{2} \times 12 \times \frac{3}{2} = 27$$

因此只有 C 选项正确.

解　C.

例 9　用 Doolittle 分解, 求线性方程组

$$\begin{cases} x_1 + x_2 + x_3 = 6, \\ 4x_2 - x_3 = 5, \\ 2x_1 - 2x_2 + x_3 = 1 \end{cases}$$

解　由题意可知, 记 $A = \begin{bmatrix} 1 & 1 & 1 \\ 0 & 4 & -1 \\ 2 & -2 & 1 \end{bmatrix}$, $b = \begin{bmatrix} 6 \\ 5 \\ 1 \end{bmatrix}$, 则由 Doolittle 分解

$$A = \begin{bmatrix} 1 & 1 & 1 \\ 0 & 4 & -1 \\ 2 & -2 & 1 \end{bmatrix} = \begin{bmatrix} 1 & 0 & 0 \\ l_{21} & 1 & 0 \\ l_{31} & l_{32} & 1 \end{bmatrix} \begin{bmatrix} u_{11} & u_{12} & u_{13} \\ 0 & u_{22} & u_{23} \\ 0 & 0 & u_{33} \end{bmatrix} = LU$$

解得 $L = \begin{bmatrix} 1 & 0 & 0 \\ 0 & 1 & 0 \\ 2 & -1 & 1 \end{bmatrix}$, $U = \begin{bmatrix} 1 & 1 & 1 \\ 0 & 4 & -1 \\ 0 & 0 & -2 \end{bmatrix}$, 因此由 $Ly = b$ 解得 $y = (6, 5, -6)^{\mathrm{T}}$, 由 $Ux = y$ 解得原线性方程组的解为 $x = (1, 2, 3)^{\mathrm{T}}$.

例 10　用追赶法求解三对角方程组 $Ax = b$, 其中

$$A = \begin{bmatrix} 1 & 2 & & \\ 1 & 4 & 12 & \\ & 1 & 11 & 15 \\ & & 1 & 6 \end{bmatrix}, \quad b = \begin{bmatrix} 19 \\ 145 \\ 108 \\ 9 \end{bmatrix}$$

解　由题意可知

$$A = LU = \begin{bmatrix} 1 & & & \\ 1 & 2 & & \\ & 1 & 5 & \\ & & 1 & 3 \end{bmatrix} \begin{bmatrix} 1 & 2 & & \\ & 1 & 6 & \\ & & 1 & 3 \\ & & & 1 \end{bmatrix}$$

因此由 $Ly=b$ 解得, $y=(19,\quad 63,\quad 9,\quad 0)^{\mathrm{T}}$, 由 $Ux=y$ 解得原线性方程组的解为

$$x=(1,\quad 9,\quad 9,\quad 0)^{\mathrm{T}}$$

例 11 用平方根法解线性方程组

$$\begin{bmatrix} 2 & 1 & 1 \\ 1 & 3 & 2 \\ 1 & 2 & 2 \end{bmatrix}\begin{bmatrix} x_1 \\ x_2 \\ x_3 \end{bmatrix}=\begin{bmatrix} 4 \\ 6 \\ 5 \end{bmatrix}$$

解 由题意可知, 记 $A=\begin{bmatrix} 2 & 1 & 1 \\ 1 & 3 & 2 \\ 1 & 2 & 2 \end{bmatrix}$, $b=\begin{bmatrix} 4 \\ 6 \\ 5 \end{bmatrix}$, 则由 $2>0$, $\begin{vmatrix} 2 & 1 \\ 1 & 3 \end{vmatrix}=5>0$, $\begin{vmatrix} 2 & 1 & 1 \\ 1 & 3 & 2 \\ 1 & 2 & 2 \end{vmatrix}=3>0$, 因此 A 为对称正定矩阵. 又由平方根分解法可得

$$A=\begin{bmatrix} 2 & 1 & 1 \\ 1 & 3 & 2 \\ 1 & 2 & 2 \end{bmatrix}=\begin{bmatrix} \sqrt{2} & 0 & 0 \\ \sqrt{0.5} & \sqrt{2.5} & 0 \\ \sqrt{0.5} & \sqrt{0.9} & \sqrt{0.6} \end{bmatrix}\begin{bmatrix} \sqrt{2} & \sqrt{0.5} & \sqrt{0.5} \\ 0 & \sqrt{2.5} & \sqrt{0.9} \\ 0 & 0 & \sqrt{0.6} \end{bmatrix}=LL^{\mathrm{T}}$$

因此由 $Ly=b$ 解得 $y=(2\sqrt{2},\sqrt{6.4},\sqrt{0.6})^{\mathrm{T}}$, 由 $L^{\mathrm{T}}x=y$ 解得原线性方程组的解为

$$x=(1,\quad 1,\quad 1)^{\mathrm{T}}$$

例 12 用改进的平方根法解方程组

$$\begin{bmatrix} 2 & 2 & 1 & 2 \\ 2 & 4 & 4 & 6 \\ 1 & 4 & 8 & 1 \\ 2 & 6 & 1 & 23 \end{bmatrix}\begin{bmatrix} x_1 \\ x_2 \\ x_3 \\ x_4 \end{bmatrix}=\begin{bmatrix} 13 \\ 24 \\ 20 \\ 42 \end{bmatrix}$$

解 由题意可知, 记 $A=\begin{bmatrix} 2 & 2 & 1 & 2 \\ 2 & 4 & 4 & 6 \\ 1 & 4 & 8 & 1 \\ 2 & 6 & 1 & 23 \end{bmatrix}$, $b=\begin{bmatrix} 13 \\ 24 \\ 20 \\ 42 \end{bmatrix}$, 则由改进的平方根法有

$$A = LDL^{\mathrm{T}} = \begin{bmatrix} 1 & & \\ l_{21} & 1 & \\ l_{31} & l_{32} & 1 \end{bmatrix} \begin{bmatrix} d_1 & & \\ & d_2 & \\ & & d_3 \end{bmatrix} \begin{bmatrix} 1 & l_{21} & l_{31} \\ & 1 & l_{32} \\ & & 1 \end{bmatrix}$$

由矩阵乘法法则可解得 $L = \begin{bmatrix} 1 & & & \\ 1 & 1 & & \\ 0.5 & 0.5 & 1 & \\ 1 & 2 & -2 & 1 \end{bmatrix}$, $D = \begin{bmatrix} 2 & & & \\ & 2 & & \\ & & 3 & \\ & & & 1 \end{bmatrix}$, 因此由 $Ly = b$ 解得 $y = (13, 11, -3, 1)^{\mathrm{T}}$, 由 $DL^{\mathrm{T}}x = y$ 解得原线性方程组的解为

$$x = (3,\ \ 2,\ \ 1,\ \ 1)^{\mathrm{T}}$$

例 13　用列主元消去法解下面线性方程组.

$$\begin{bmatrix} 1 & 2 & -3 \\ 2 & 3 & -5 \\ 4 & 3 & -9 \end{bmatrix} \begin{bmatrix} x_1 \\ x_2 \\ x_3 \end{bmatrix} = \begin{bmatrix} 4 \\ 7 \\ 9 \end{bmatrix}$$

解　由题意可知, 对增广矩阵

$$\tilde{A} = \begin{bmatrix} 1 & 2 & -3 & 4 \\ 2 & 3 & -5 & 7 \\ 4 & 3 & -9 & 9 \end{bmatrix} \xrightarrow{r_1 \leftrightarrow r_3} \begin{bmatrix} 4 & 3 & -9 & 9 \\ 2 & 3 & -5 & 7 \\ 1 & 2 & -3 & 4 \end{bmatrix}$$

$$\rightarrow \begin{bmatrix} 4 & 3 & -9 & 9 \\ 0 & 1.5 & -0.5 & 2.5 \\ 0 & 1.25 & -0.75 & 1.75 \end{bmatrix} \rightarrow \begin{bmatrix} 4 & 3 & -9 & 9 \\ 0 & 1.5 & -0.5 & 2.5 \\ 0 & 0 & -1/3 & 1/3 \end{bmatrix} \rightarrow \begin{bmatrix} 1 & 0 & 0 & 3 \\ 0 & 1 & 0 & 2 \\ 0 & 0 & 1 & 1 \end{bmatrix}$$

因此解得原方程组的解为 $x = (3, 2, 1)^{\mathrm{T}}$.

例 14　设 $A = [a_{ij}]_{n\times n}$ 是对称正定矩阵, 经过 Gauss 消去法一步后 A 约化为 $\begin{bmatrix} a_{11} & \alpha_1^{\mathrm{T}} \\ 0 & A_2 \end{bmatrix}$, 其中, $A_2 = [a_{ij}^{(2)}]_{(n-1)\times(n-1)}$, 证明:

(1) A 的对角元素 $a_{ii} > 0$, $i = 1, 2, \cdots, n$;

(2) A_2 是对称正定矩阵且 $a_{ii}^{(2)} < a_{ii}$, $i = 1, 2, \cdots, n$.

证明　(1) 由正定矩阵的定义, 正定二次型中若依次取非零向量 x 为自然列向量, 即 $x = e_i$, $i = 1, 2, \cdots, n$, 则二次型 $f(x) = x^{\mathrm{T}}Ax = e_i^{\mathrm{T}}Ae_i = a_{ii} > 0$.

(2) 由 Gauss 消去法, A_2 中的元素满足 $a_{ij}^{(2)} = a_{ij} - \dfrac{a_{i1}a_{1j}}{a_{11}}, i,j=2,3,\cdots,n$, 又因为 A 是对称正定矩阵, 满足 $a_{ij}=a_{ji}, i,j=1,2,\cdots,n$, 所以

$$a_{ij}^{(2)} = a_{ij} - \frac{a_{i1}a_{1j}}{a_{11}} = a_{ji} - \frac{a_{1i}a_{j1}}{a_{11}} = a_{ji}^{(2)}$$

即 A_2 是对称矩阵, 且由 $a_{11}>0$, 所以

$$a_{ii}^{(2)} = a_{ii} - \frac{a_{i1}a_{1i}}{a_{11}} = a_{ii} - \frac{a_{1i}^2}{a_{11}} \leqslant a_{ii}$$

例 15 设 A 为 n 阶非奇异矩阵且有分解式 $A=LU$, 其中 L 是单位下三角阵, U 为上三角阵, 求证 A 的所有顺序主子式均不为零.

证明 由题意可知, 若将 $A=LU$ 分解式中的 L 与 U 分块

$$L = \begin{bmatrix} L_{k\times k} & 0_{k\times(n-k)} \\ L_{(n-k)\times k} & L_{(n-k)\times(n-k)} \end{bmatrix}, \quad U = \begin{bmatrix} U_{k\times k} & U_{k\times(n-k)} \\ 0_{(n-k)\times k} & U_{(n-k)\times(n-k)} \end{bmatrix}$$

其中, $L_{k\times k}$ 为 k 阶单位下三角阵, $U_{k\times k}$ 为 k 阶上三角阵, 则 A 的 k 阶顺序主子式为 $A_k = L_{k\times k}U_{k\times k}$, 又由 A 为 n 阶非奇异矩阵, 因此 $|A| = a_{11}^{(1)}a_{22}^{(2)}\cdots a_{nn}^{(n)} \neq 0$, 则

$$|A_k| = |L_{k\times k}|\cdot|U_{k\times k}| = a_{11}^{(1)}a_{22}^{(2)}\cdots a_{kk}^{(k)} \neq 0$$

证得 A 的所有顺序主子式均不为零.

例 16 设 $m\times n$ 矩阵 A 的各列线性无关, 则有 $A=QR$, 其中 R 为单位上三角方阵. $Q^{\mathrm{T}}Q=D$ 为对角阵.

证明 由于 A 的各列线性无关, 可知 $A^{\mathrm{T}}A$ 为 n 阶对称矩阵, 又由于对任意非零向量 x, 二次型 $f(x)=x^{\mathrm{T}}A^{\mathrm{T}}Ax=||Ax||_2^2$, 因为 A 的各列线性无关, 所以必有 $Ax\neq 0$, 否则齐次线性方程组只有零解, 因此 $f(x)=||Ax||_2^2>0$, 即说明 $A^{\mathrm{T}}A$ 为 n 阶对称正定矩阵, 必有 $A^{\mathrm{T}}A=LDL^{\mathrm{T}}$ 分解, 其中 L 为单位下三角矩阵, D 为主对角元均非零的对角矩阵.

若取 $Q=A(L^{\mathrm{T}})^{-1}$, 则 $A=QL^{\mathrm{T}}$, 且有

$$Q^{\mathrm{T}}Q = (A(L^{\mathrm{T}})^{-1})^{\mathrm{T}}A(L^{\mathrm{T}})^{-1} = L^{-1}A^{\mathrm{T}}A(L^{\mathrm{T}})^{-1} = L^{-1}LDL^{\mathrm{T}}(L^{\mathrm{T}})^{-1} = D$$

令 $L^{\mathrm{T}}=R$, 则 R 为单位上三角方阵, 证得 $A=QR$.

例 17 设 A 为非奇异矩阵, 证明若 U 为正交矩阵, 则

$$\mathrm{cond}(A)_2 = \mathrm{cond}(AU)_2 = \mathrm{cond}(UA)_2$$

证明 由于 U 为正交矩阵, 则 $U^{\mathrm{T}}A^{\mathrm{T}}AU \sim A^{\mathrm{T}}A$, 因此

$$\mathrm{cond}(UA)_2=\sqrt{\frac{\lambda_{\max}((UA)^{\mathrm{T}}(UA))}{\lambda_{\min}((UA)^{\mathrm{T}}(UA))}}=\sqrt{\frac{\lambda_{\max}(A^{\mathrm{T}}A)}{\lambda_{\min}(A^{\mathrm{T}}A)}}=\mathrm{cond}(A)_2$$

$$\begin{aligned}\mathrm{cond}(AU)_2&=\sqrt{\frac{\lambda_{\max}((AU)^{\mathrm{T}}(AU))}{\lambda_{\min}((AU)^{\mathrm{T}}(AU))}}=\sqrt{\frac{\lambda_{\max}(U^{\mathrm{T}}A^{\mathrm{T}}AU)}{\lambda_{\min}(U^{\mathrm{T}}A^{\mathrm{T}}AU)}}\\&=\sqrt{\frac{\lambda_{\max}(A^{\mathrm{T}}A)}{\lambda_{\min}(A^{\mathrm{T}}A)}}=\mathrm{cond}(A)_2\end{aligned}$$

6.3 习题详解

1. 用 Gauss 消去法求得线性方程组

$$\begin{cases}2x_1+3x_2+9x_3-7x_4=0,\\-2x_1-3x_2-4x_3+3x_4=0,\\4x_1+6x_2+3x_3-2x_4=0,\\6x_1+9x_2-8x_3+7x_4=0\end{cases}$$

解 由题意可知, 用行初等行变换将系数矩阵化为行阶梯形, 则

$$A=\begin{bmatrix}2&3&9&-7\\-2&-3&-4&3\\6&9&-8&7\\4&6&3&-2\end{bmatrix}\rightarrow\begin{bmatrix}2&3&9&-7\\0&0&5&-4\\0&0&-35&28\\0&0&-15&12\end{bmatrix}$$

$$\rightarrow\begin{bmatrix}1&1.5&4.5&-3.5\\0&0&1&-0.8\\0&0&0&0\\0&0&0&0\end{bmatrix}\rightarrow\begin{bmatrix}1&1.5&0&0.1\\0&0&1&-0.8\\0&0&0&0\\0&0&0&0\end{bmatrix}$$

所以原方程化简为 $\begin{cases}x_1=-1.5x_2-0.1x_4,\\x_3=0.8x_4,\end{cases}$ 其通解为

$$x=c_1(-1.5,\quad 1,\quad 0,\quad 0)^{\mathrm{T}}+c_2(-0.1,\quad 0,\quad 0.8,\quad 1)^{\mathrm{T}}$$

其中, $c_1,c_2\in\mathbf{R}$.

2. 用 Gauss 列主元消去法解下面线性方程组.

$$\begin{cases} 2x_1+3x_2+2x_3=-3, \\ x_1+3x_2+4x_3=-3, \\ 3x_1+2x_2+2x_3=2 \end{cases}$$

解 由题意可知, 对增广矩阵

$$\tilde{A}=\begin{bmatrix} 2 & 3 & 2 & -3 \\ 1 & 3 & 4 & -3 \\ 3 & 2 & 2 & 2 \end{bmatrix} \xrightarrow{r_1 \leftrightarrow r_3} \begin{bmatrix} 3 & 2 & 2 & 2 \\ 1 & 3 & 4 & -3 \\ 2 & 3 & 2 & -3 \end{bmatrix}$$

$$\to \begin{bmatrix} 3 & 2 & 2 & 2 \\ 0 & \frac{7}{3} & \frac{10}{3} & -\frac{11}{3} \\ 0 & \frac{5}{3} & \frac{2}{3} & -\frac{13}{3} \end{bmatrix} \to \begin{bmatrix} 3 & 2 & 2 & 2 \\ 0 & \frac{7}{3} & \frac{10}{3} & -\frac{11}{3} \\ 0 & 0 & \frac{12}{7} & \frac{12}{7} \end{bmatrix} \to \begin{bmatrix} 1 & 0 & 0 & 2 \\ 0 & 1 & 0 & -3 \\ 0 & 0 & 1 & 1 \end{bmatrix}$$

因此解得原方程组的解为 $x=(2,-3,1)^{\mathrm{T}}$.

3. 用 Doolittle 分解, 求线性方程组

$$\begin{cases} 2x_1+x_2+5x_3=11, \\ 4x_1+x_2+12x_3=27, \\ -2x_1-4x_2+5x_3=12 \end{cases}$$

解 由题意可知, 记 $A=\begin{bmatrix} 2 & 1 & 5 \\ 4 & 1 & 12 \\ -2 & -4 & 5 \end{bmatrix}$, $b=\begin{bmatrix} 11 \\ 27 \\ 12 \end{bmatrix}$, 则由 Doolittle 分解

$$A=\begin{bmatrix} 2 & 1 & 5 \\ 4 & 1 & 12 \\ -2 & -4 & 5 \end{bmatrix}=\begin{bmatrix} 1 & 0 & 0 \\ l_{21} & 1 & 0 \\ l_{31} & l_{32} & 1 \end{bmatrix}\begin{bmatrix} u_{11} & u_{12} & u_{13} \\ 0 & u_{22} & u_{23} \\ 0 & 0 & u_{33} \end{bmatrix}=LU$$

解得 $L=\begin{bmatrix} 1 & 0 & 0 \\ 2 & 1 & 0 \\ -1 & 3 & 1 \end{bmatrix}$, $U=\begin{bmatrix} 2 & 1 & 5 \\ 0 & -1 & 2 \\ 0 & 0 & 4 \end{bmatrix}$, 因此由 $Ly=b$ 解得 $y=(11,5,8)^{\mathrm{T}}$, 由 $Ux=y$ 解得原线性方程组的解为 $x=(1,-1,2)^{\mathrm{T}}$.

4. 用 Crout 分解求线性方程组

$$\begin{cases} 4x_1 + 5x_2 + 2x_3 = 5, \\ 8x_1 + 11x_2 + 7x_3 = 18, \\ 4x_1 + 8x_2 + 13x_3 = 35 \end{cases}$$

解　由题意可知, 记 $A = \begin{bmatrix} 4 & 5 & 2 \\ 8 & 11 & 7 \\ 4 & 8 & 13 \end{bmatrix}$, $b = \begin{bmatrix} 5 \\ 18 \\ 35 \end{bmatrix}$, 则由 Crout 分解

$$A = \begin{bmatrix} 4 & 5 & 2 \\ 8 & 11 & 7 \\ 4 & 8 & 13 \end{bmatrix} = \begin{bmatrix} l_{11} & 0 & 0 \\ l_{21} & l_{22} & 0 \\ l_{31} & l_{32} & l_{33} \end{bmatrix} \begin{bmatrix} 1 & u_{12} & u_{13} \\ 0 & 1 & u_{23} \\ 0 & 0 & 1 \end{bmatrix} = LU$$

解得 $L = \begin{bmatrix} 4 & 0 & 0 \\ 8 & 1 & 0 \\ 4 & 3 & 2 \end{bmatrix}$, $U = \begin{bmatrix} 1 & 1.25 & 0.5 \\ 0 & 1 & 3 \\ 0 & 0 & 1 \end{bmatrix}$, 因此由 $Ly = b$ 解得 $y = (1.25, 8, 3)^{\mathrm{T}}$, 由 $Ux = y$ 解得原线性方程组的解为 $x = (1, -1, 3)^{\mathrm{T}}$.

5. 用追赶法 (Thomas) 分解求解三对角方程组 $Ax = b$, 其中

$$A = \begin{bmatrix} 2 & -1 & & \\ -1 & 2 & -1 & \\ & -1 & 2 & -1 \\ & & -1 & 2 \end{bmatrix}, \quad b = \begin{bmatrix} 1 \\ 0 \\ 0 \\ 1 \end{bmatrix}$$

解　由题意可知

$$A = LU = \begin{bmatrix} 2 & 0 & 0 & 0 \\ -1 & \frac{3}{2} & 0 & 0 \\ 0 & -1 & \frac{4}{3} & 0 \\ 0 & 0 & -1 & \frac{5}{4} \end{bmatrix} \begin{bmatrix} 1 & -\frac{1}{2} & 0 & 0 \\ 0 & 1 & -\frac{2}{3} & 0 \\ 0 & 0 & 1 & -\frac{3}{4} \\ 0 & 0 & 0 & 1 \end{bmatrix}$$

因此由 $Ly = b$ 解得 $y = \left(\frac{1}{2}, \frac{1}{3}, \frac{1}{4}, 1\right)^{\mathrm{T}}$, 由 $Ux = y$ 解得原线性方程组的解为

$$x = (1,\ \ 1,\ \ 1,\ \ 1)^{\mathrm{T}}$$

6. 用平方根法 (Cholesky 分解) 求解线性方程组

$$\begin{bmatrix} 3 & 2 & 1 \\ 2 & 2 & 0 \\ 1 & 0 & 3 \end{bmatrix} \begin{bmatrix} x_1 \\ x_2 \\ x_3 \end{bmatrix} = \begin{bmatrix} 5 \\ 3 \\ 4 \end{bmatrix}$$

解 由题意可知, 记 $A = \begin{bmatrix} 3 & 2 & 1 \\ 2 & 2 & 0 \\ 1 & 0 & 3 \end{bmatrix}$, $b = \begin{bmatrix} 5 \\ 3 \\ 4 \end{bmatrix}$, 则由 $3 > 0$, $\begin{vmatrix} 3 & 2 \\ 2 & 2 \end{vmatrix} = 2 > 0$, $\begin{vmatrix} 3 & 2 & 1 \\ 2 & 2 & 0 \\ 1 & 0 & 3 \end{vmatrix} = 4 > 0$, 因此 A 为对称正定矩阵. 又由平方根分解法可得

$$A = \begin{bmatrix} 3 & 2 & 1 \\ 2 & 2 & 0 \\ 1 & 0 & 3 \end{bmatrix} = \begin{bmatrix} \sqrt{3} & 0 & 0 \\ \dfrac{2}{\sqrt{3}} & \dfrac{\sqrt{2}}{\sqrt{3}} & 0 \\ \dfrac{1}{\sqrt{3}} & -\dfrac{\sqrt{2}}{\sqrt{3}} & \sqrt{2} \end{bmatrix} \begin{bmatrix} \sqrt{3} & \dfrac{2}{\sqrt{3}} & \dfrac{1}{\sqrt{3}} \\ 0 & \dfrac{\sqrt{2}}{\sqrt{3}} & -\dfrac{\sqrt{2}}{\sqrt{3}} \\ 0 & 0 & \sqrt{2} \end{bmatrix} = LL^{\mathrm{T}}$$

因此由 $Ly = b$ 解得 $y = \left(\dfrac{5}{\sqrt{3}}, -\dfrac{\sqrt{6}}{6}, \sqrt{2}\right)^{\mathrm{T}}$, 由 $L^{\mathrm{T}}x = y$ 解得原线性方程组的解为

$$x = \left(1, \ \frac{1}{2}, \ 1\right)^{\mathrm{T}}$$

7. 用改进的平方根法 (LDL^{T} 分解) 解方程组

$$\begin{bmatrix} 1 & 2 & 1 \\ 2 & 5 & 0 \\ 1 & 0 & 14 \end{bmatrix} \begin{bmatrix} x_1 \\ x_2 \\ x_3 \end{bmatrix} = \begin{bmatrix} 4 \\ 7 \\ 15 \end{bmatrix}$$

解 由题意可知, 记 $A = \begin{bmatrix} 1 & 2 & 1 \\ 2 & 5 & 0 \\ 1 & 0 & 14 \end{bmatrix}$, $b = \begin{bmatrix} 4 \\ 7 \\ 15 \end{bmatrix}$, 则由改进的平方根法

$$A = LDL^{\mathrm{T}} = \begin{bmatrix} 1 & & \\ l_{21} & 1 & \\ l_{31} & l_{32} & 1 \end{bmatrix} \begin{bmatrix} d_1 & & \\ & d_2 & \\ & & d_3 \end{bmatrix} \begin{bmatrix} 1 & l_{21} & l_{31} \\ & 1 & l_{32} \\ & & 1 \end{bmatrix}$$

由矩阵乘法法则可解得 $L=\begin{bmatrix}1 & & \\ 2 & 1 & \\ 1 & -2 & 1\end{bmatrix}$, $D=\begin{bmatrix}1 & & \\ & 1 & \\ & & 9\end{bmatrix}$, 因此由 $Ly=b$ 解得 $y=(4,-1,9)^{\mathrm{T}}$, 由 $DL^{\mathrm{T}}x=y$ 解得原线性方程组的解为

$$x=(1,\quad 1,\quad 1)^{\mathrm{T}}$$

8. 举例说明一个非奇异矩阵不一定存在 LU 分解.

解　若 $A=\begin{bmatrix}0 & 1\\ 1 & 0\end{bmatrix}$, $|A|=-1$, 因此是非奇异的, 若存在 LU 分解, 则

$$A=\begin{bmatrix}0 & 1\\ 1 & 0\end{bmatrix}=\begin{bmatrix}1 & 0\\ l_{21} & 1\end{bmatrix}\begin{bmatrix}u_{11} & u_{12}\\ 0 & u_{22}\end{bmatrix}$$

显然由矩阵乘法 $u_{11}=0$, $u_{12}=1$, 而 $1=0\times l_{21}=0$, 这是不可能的, 所以非奇异矩阵不一定存在 LU 分解.

9. 已知线性方程组 $Ax=b$, 其中

$$A=\begin{bmatrix}240 & -319\\ -179 & 240\end{bmatrix},\quad b=\begin{bmatrix}3\\ 4\end{bmatrix}$$

若系数矩阵有扰动 $\delta A=\begin{bmatrix}0 & -0.5\\ -0.5 & 0\end{bmatrix}$, 计算解扰动的相对误差 $\dfrac{||\delta x||}{||x||}$.

解　由题意可知, $A^{-1}=\dfrac{1}{499}\begin{bmatrix}240 & 319\\ 179 & 240\end{bmatrix}$, 因此分别计算

$$||A||_\infty\cdot||A^{-1}||_\infty=559\times\frac{1}{499}\times 559\approx 626.2144$$

$$\frac{||\delta A||_\infty}{||A||_\infty}=\frac{0.5}{559}\approx 8.9445\times 10^{-4}$$

若系数矩阵存在扰动, 则在 ∞ 范数下解扰动的相对误差为

$$\frac{||\delta x||}{||x||}\leqslant\frac{||A||\cdot||A^{-1}||\cdot\dfrac{||\delta A||}{||A||}}{1-||A||\cdot||A^{-1}||\cdot\dfrac{||\delta A||}{||A||}}\approx 1.2733$$

10. 已知线性方程组 $Ax=b$, 其中

$$A=\begin{bmatrix}1&0&-1\\2&2&1\\0&2&2\end{bmatrix},\quad b=\begin{bmatrix}1\\1\\-2\end{bmatrix}$$

若右端项有扰动 $||\delta b||_\infty=10^{-6}$, 试估计解的相对误差 $\dfrac{||\delta x||}{||x||}$.

解 由题意可知, $A^{-1}=\begin{bmatrix}-1&1&-1\\2&-1&1.5\\-2&1&-1\end{bmatrix}$, 因此分别计算

$$||A||_\infty\ \cdot||A^{-1}||_\infty=5\times4.5=22.5,\quad \frac{||\delta b||_\infty}{||b||_\infty}=\frac{1}{2}\times10^{-6}$$

若常数项存在扰动, 则在 ∞ 范数下解扰动的相对误差为

$$\frac{||\delta x||}{||x||}\leqslant||A^{-1}||\ \cdot||A||\cdot\frac{||\delta b||}{||b||}=1.125\times10^{-5}$$

11. 利用 Householder 变换分别对下列向量进行约化.

(1) $x_1=(3,5,1,1)^{\mathrm{T}}\in\mathbf{R}^4$, 使 $H_1x_1=ke_1$, 其中, $e_1=(1,0,0,0)^{\mathrm{T}}$;

(2) $x_2=(2,3,0,6)^{\mathrm{T}}\in\mathbf{R}^4$, 使 $H_2x_2=ke_3$, 其中, $e_3=(0,0,1,0)^{\mathrm{T}}$.

解 (1) 由题意可知, $\sigma_1=\mathrm{sgn}(x_1)||x||_2=6$, 因此 $H_wx=y=-6e_1=(-6,0,0,0)^{\mathrm{T}}$, 且

$$U=x-y=x+\sigma_1e_1=(9,5,1,1)^{\mathrm{T}}$$

$$\rho=\sigma_1(x_1+\sigma_1)=54$$

因此

$$H_w=I-\frac{1}{\rho}UU^{\mathrm{T}}=\frac{1}{54}\begin{bmatrix}-27&-45&-9&-9\\-45&29&-5&-5\\-9&-5&53&-1\\-9&-5&-1&53\end{bmatrix}$$

(2) 由题意可知, $\sigma_3=\mathrm{sgn}(x_3)||x||_2=7$, 因此 $H_wx=y=-7e_3=(0,0,-7,0)^{\mathrm{T}}$, 且

$$U=x-y=x+\sigma_3e_3=(2,3,7,6)^{\mathrm{T}}$$

$$\rho=\sigma_3(x_3+\sigma_3)=49$$

因此

$$H_w = I - \frac{1}{\rho}UU^{\mathrm{T}} = \frac{1}{49}\begin{bmatrix} 45 & -6 & -14 & -12 \\ -6 & 40 & -21 & -18 \\ -14 & -21 & 0 & -42 \\ -12 & -18 & -42 & 13 \end{bmatrix}$$

12. 设 A 为对称正定矩阵, 且其分解为 $A = LDL^{\mathrm{T}} = W^{\mathrm{T}}W$, 其中 $W = D^{1/2}L^{\mathrm{T}}$, 求证

$$\mathrm{cond}(A)_2 = [\mathrm{cond}(W)_2]^2 = \mathrm{cond}(W)_2\mathrm{cond}(W^{\mathrm{T}})_2$$

证明 由题意可知, 若 $A = LDL^{\mathrm{T}} = W^{\mathrm{T}}W$, 且 $A^{-1} = W^{-1}(W^{\mathrm{T}})^{-1}$, 则由特征值关系, 若记 A 的特征值为 $\lambda(A)$, 则

$$\lambda(A) = \lambda(W^{\mathrm{T}}W) = \lambda(W^2), \quad \lambda(A^{-1}) = \lambda(W^{-1}(W^{\mathrm{T}})^{-1}) = \lambda(W^{-1})^2$$

由定义

$$||A||_2 = \sqrt{\lambda_{\max}(A^{\mathrm{T}}A)} = ||W||_2^2, \quad ||A^{-1}||_2 = \sqrt{\lambda_{\max}((A^{-1})^{\mathrm{T}}A^{-1})} = ||W^{-1}||_2^2$$

因此

$$\mathrm{cond}(A)_2 = ||A||_2 \cdot ||A^{-1}||_2 = ||W||_2^2 \cdot ||W^{-1}||_2^2 = [\mathrm{cond}(W)_2]^2$$

又

$$\begin{aligned}\mathrm{cond}(A)_2 &= ||W||_2^2 \cdot ||W^{-1}||_2^2 = ||W||_2 \cdot ||W^{-1}||_2 \cdot ||W||_2 \cdot ||W^{-1}||_2 \\ &= \mathrm{cond}(W)_2\mathrm{cond}(W^{\mathrm{T}})_2\end{aligned}$$

13. 给定线性方程组 $Ax = b$, 若 A 是 n 阶非奇异矩阵, b 是 n 维非零向量, x^* 是该方程组的精确解, x 是该方程组的近似解, 记 $r = b - Ax$, 试证明

$$\frac{||x - x^*||}{||x^*||} \leqslant \mathrm{cond}(A)\frac{||r||}{||b||}$$

证明 由题意可知, 由于 x^* 是方程组的精确解, 显然有 $Ax^* = b$, 则有

$$r = b - Ax = Ax^* - Ax = A(x^* - x)$$

由于 A 非奇异, 则 $x^* - x = A^{-1}r$, 两边取范数, 得

$$||x^* - x|| = ||A^{-1}r|| \leqslant ||A^{-1}|| \cdot ||r||$$

对 $Ax^*=b$ 两边取范数, 有 $||b||=||Ax^*||\leqslant||A||\cdot||x^*||$, 于是

$$\frac{1}{||x^*||}\leqslant\frac{||A||}{||b||}$$

因此联立整理可得

$$\frac{||x-x^*||}{||x^*||}\leqslant||A||\cdot||A^{-1}||\cdot\frac{||r||}{||b||}=\mathrm{cond}(A)\frac{||r||}{||b||}$$

14. 设矩阵 A 可逆, δA 为 A 的误差矩阵, 证明当 $||\delta A||<\dfrac{1}{||A^{-1}||}$ 时, $A+\delta A$ 也可逆.

证明 由题意可知, 要证明 $A+\delta A$ 可逆, 只需证明齐次线性方程组 $(A+\delta A)x=0$ 只有零解, 采用反证法证明.

假设 $(A+\delta A)x=0$ 有非零解 $\tilde{x}$, 则 $(A+\delta A)\tilde{x}=0$, 整理得 $A\tilde{x}=-\delta A\tilde{x}$, 两边乘以 A^{-1}, 得 $\tilde{x}=-A^{-1}\delta A\tilde{x}$, 两边取范数, 有

$$||\tilde{x}||=||-A^{-1}\delta A\tilde{x}||\ \leqslant\ ||A^{-1}||\cdot||\delta A||\cdot||\tilde{x}||$$

由于 $||\tilde{x}||\neq 0$, 两边约去 $||\tilde{x}||$, 得 $1\leqslant||A^{-1}||\cdot||\delta A||$, 即 $||\delta A||\geqslant\dfrac{1}{||A^{-1}||}$, 这与条件

$$||\delta A||<\frac{1}{||A^{-1}||}$$

矛盾, 因此假设不成立, 方程组只有零解, 从而 $A+\delta A$ 可逆.

15. 设 $A\in\mathbf{R}^{n\times n}$ 是对称矩阵, λ_1 和 λ_n 分别是 A 的按模最大和按模最小的特征值 ($\lambda_n\neq 0$), 则 $\mathrm{cond}_2(A)=\left|\dfrac{\lambda_1}{\lambda_n}\right|$.

证明 由题意可知

$$\mathrm{cond}(A)_2=||A||_2\cdot||A^{-1}||_2=\sqrt{\lambda_{\max}(A^{\mathrm{T}}A)}\cdot\sqrt{\lambda_{\max}((A^{-1})^{\mathrm{T}}A^{-1})}$$

由于 $A\in\mathbf{R}^{n\times n}$ 是对称矩阵, 则

$$\mathrm{cond}(A)_2=\sqrt{\lambda_{\max}(A^2)}\cdot\sqrt{\lambda_{\max}(A^{-1})^2}=\frac{\sqrt{\lambda_{\max}(A^2)}}{\sqrt{\lambda_{\min}(A^2)}}=\left|\frac{\lambda_1}{\lambda_n}\right|$$

其中, λ_1 和 λ_n 分别是 A 的按模最大和按模最小的特征值 ($\lambda_n\neq 0$).

16. 求矩阵 $A=\begin{bmatrix}4&4&0\\3&3&-1\\0&1&1\end{bmatrix}$ 的 QR 分解, 使 R 的对角元均为正数.

解　对 A 的第 1 列 $[4,3,0]^{\mathrm{T}}$ 进行约化, 则 $\sigma_1=5$, $y=-\sigma_1e_1=[-5,0,0]^{\mathrm{T}}$, 因此

$$U=x-y=[9,3,0]^{\mathrm{T}}$$

$\rho=\sigma_1(x_1+\sigma_1)=45$, 则 $H_1=I-\dfrac{1}{\rho}UU^{\mathrm{T}}=\begin{bmatrix}-0.8&-0.6&0\\-0.6&0.8&0\\0&0&1\end{bmatrix}$, 使得

$$H_1A=\begin{bmatrix}-5&-5&0.6\\0&0&-0.8\\0&1&1\end{bmatrix}$$

继续对右下角二阶矩阵的第 1 列向量 $[0,1]^{\mathrm{T}}$ 进行约化, 则

$$\sigma_1=1,\quad y=-\sigma_1e_1=[-1,0]^{\mathrm{T}},\quad U=x-y=[1,1]^{\mathrm{T}}$$

$\rho=\sigma_1(x_1+\sigma_1)=1$, 则 $\tilde{H}_2=I-\dfrac{1}{\rho}UU^{\mathrm{T}}=\begin{bmatrix}0&-1\\-1&0\end{bmatrix}$, 因此构造

$$H_2=\begin{bmatrix}1&0\\0&\tilde{H}_2\end{bmatrix}=\begin{bmatrix}1&0&0\\0&0&-1\\0&-1&0\end{bmatrix}$$

使得 $H_2H_1A=\begin{bmatrix}-5&-5&0.6\\0&-1&-1\\0&0&0.8\end{bmatrix}$, 由 H_2H_1A 为上三角矩阵, 但是对角线为负数, 因此令对角矩阵 $D=\mathrm{diag}\{-1,-1,1\}$, 则 $R=DH_2H_1A=\begin{bmatrix}5&5&-0.6\\0&1&1\\0&0&0.8\end{bmatrix}$, 有 $A=QR$, 且

$$Q=(DH_2H_1)^{-1}=H_1H_2(D)^{-1}=\begin{bmatrix}0.8&0&0.6\\0.6&0&-0.8\\0&1&0\end{bmatrix}$$

6.4 同步训练题

一、填空题

1. 解线性方程组 $Ax = b$ 的 Gauss 顺序消去法满足的充要条件为__________.

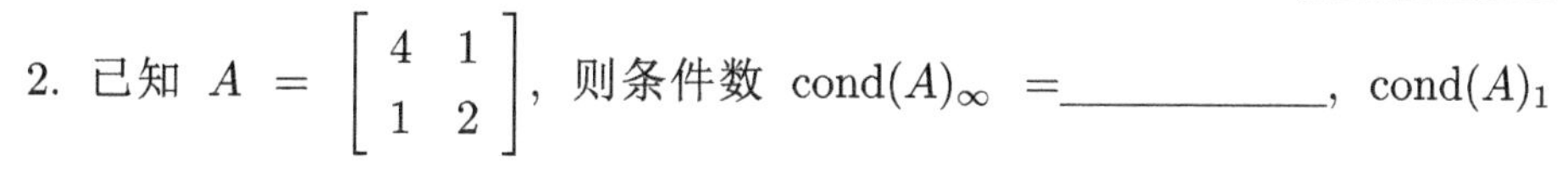

2. 已知 $A = \begin{bmatrix} 4 & 1 \\ 1 & 2 \end{bmatrix}$, 则条件数 $\mathrm{cond}(A)_\infty =$__________, $\mathrm{cond}(A)_1 =$__________.

3. 利用 Crout 消去法解方程组 $Ax = b$ 时, 对系数矩阵 A 作 LU 分解时, $u_{11} =$__________.

4. 设方程组 $Ax = b$ 有唯一解, 如果只有常数向量有扰动 $||\delta b||$, 则解的相对误差有估计式 $\dfrac{||\delta x||}{||x||}$__________.

5. 对矩阵 $A = \begin{bmatrix} 4 & -2 \\ 2 & 1 \end{bmatrix}$ 作 LU 分解, 如果选择 $l_{11} = l_{22} = 2$, 则 $L =$______, $U =$ __________.

二、选择题

1. 若实方阵 A 满足 (　) 时, 则存在唯一单位下三角阵 L 和上三角阵 U, 使 $A = LU$.

A. $\det(A) \neq 0$　　B. 某个 $\det(A_k) \neq 0$

C. $\det(A_k) \neq 0,\ k = 1, 2, \cdots, n-1$　　D. $\det(A_k) \neq 0,\ k = 1, 2, \cdots, n$

2. 解线性方程组 $Ax = b$ 的 Gauss 顺序消去法满足的充要条件为 (　).

A. A 为对称阵　　B. A 的各阶顺序主子式不为零

C. A 为任意矩阵　　D. A 的各阶顺序主子式均大于零

3. 用列主元消去法解线性方程组 $\begin{cases} x_1 + 2x_2 + x_3 = 0, \\ 2x_1 + 2x_2 + 3x_3 = 3, \\ -x_1 - 3x_2 = 2, \end{cases}$ 作第一次消元后得到的第三个方程是 (　).

A. $-x_2 + x_3 = 2$　　B. $-2x_2 + 1.5x_3 = 3.5$

C. $-2x_2 + x_3 = 3$　　D. $x_2 - 0.5x_3 = -1.5$

4. 在方阵 A 的 LU 分解中, 方阵 A 的所有顺序主子式不为零, 是方阵 A 能进行 LU 的 (　) 条件; 严格对角占优阵 (　) 进行 LU 分解; 非奇异矩阵 (　) 能进行 LU 分解, 下列正确的是 (　).

A. 充分, 不能, 不一定　　B. 充分, 能, 不一定

C. 必要, 不能, 一定　　D. 必要, 不能, 一定

5. 下面方法中运算量最少的是 ( ).

A. Gauss 消去法 B. Gauss 列主元消去法

C. LU 分解法 D. LDL^{T} 法

三、计算与证明题

1. 用 Doolittle 分解, 求线性方程组

$$\begin{cases} 2x_1 + 3x_2 + 4x_3 = 19, \\ 4x_1 + 7x_2 + 9x_3 = 42, \\ 2x_1 + 4x_2 + 6x_3 = 36 \end{cases}$$

2. 用追赶法 (Thomas) 分解求解三对角方程组 $Ax = b$, 其中

$$A = \begin{bmatrix} 1 & 4 & & \\ 1 & 10 & 12 & \\ & 1 & 10 & 8 \\ & & 2 & 7 \end{bmatrix}, \quad b = \begin{bmatrix} -3 \\ -33 \\ -5 \\ 10 \end{bmatrix}$$

3. 用改进平方根法 (Cholesky 分解) 求解线性方程组

$$\begin{bmatrix} 1 & 2 & 1 \\ 2 & 5 & 0 \\ 1 & 0 & 14 \end{bmatrix} \begin{bmatrix} x_1 \\ x_2 \\ x_3 \end{bmatrix} = \begin{bmatrix} 4 \\ 7 \\ 15 \end{bmatrix}$$

4. 用 Gauss 消去法求得线性方程组

$$\begin{cases} x_1 + 3x_2 + 5x_3 + 7x_4 = 12, \\ 3x_1 + 5x_2 + 7x_3 + x_4 = 0, \\ 5x_1 + 7x_2 + x_3 + 3x_4 = 4, \\ 7x_1 + x_2 + 3x_3 + 5x_4 = 16 \end{cases}$$

5. 给定正定对称矩阵 $\tilde{A}$ 的一种分块表示 $\tilde{A} = \begin{bmatrix} A & B \\ B^{\mathrm{T}} & C \end{bmatrix}$, 其中, A 和 C 都是方阵, 对 $\tilde{A}$ 作 Cholesky 分解有 $\tilde{A} = R^{\mathrm{T}}R$, 其中 R 为上三角矩阵, 它的形式为 $R = \begin{bmatrix} R_{11} & R_{12} \\ 0 & R_{22} \end{bmatrix}$, 此处 R_{11}, R_{12}, R_{22} 分别与 A, B, C 同阶, 求证 $R_{22}^{\mathrm{T}}R_{22} = C - B^{\mathrm{T}}A^{-1}B$.

6. 设有线性方程组 $Ax = b$, 其中

$$A=\begin{bmatrix}1&0&-1\\2&2&1\\0&2&2\end{bmatrix},\quad b=\begin{bmatrix}1/2\\1/3\\-2/3\end{bmatrix}$$

已知它有解 $x=(1/2,1/3,0)^{\mathrm{T}}$, 如果右端有小扰动 $||\delta b||_\infty=\dfrac{1}{2}\times 10^{-6}$, 试估计由此引起的解的相对误差.

7. 证明: 如果 A 是正交矩阵, 则 $\mathrm{cond}(A)_2=1$.

8. 设矩阵 $A,B\in\mathbf{R}^{n\times n}$, 且 $||\cdot||$ 为 $\mathbf{R}^{n\times n}$ 上矩阵的算子范数, 证明

$$\mathrm{cond}(AB)\leqslant\mathrm{cond}(A)\cdot\mathrm{cond}(B)$$

6.5 同步训练题答案

一、

1. A 的各阶顺序主子式均不为零.

2. $\dfrac{25}{7}$, $\dfrac{25}{7}$.

3. 1.

4. $\leqslant\mathrm{cond}(A)\cdot\dfrac{||\delta x||}{||x||}$.

5. $\begin{bmatrix}2&0\\1&2\end{bmatrix}$, $\begin{bmatrix}2&-1\\0&1\end{bmatrix}$.

二、

1. D. 2. B. 3. B. 4. B. 5. D.

三、

1. $x=(2,1,3)^{\mathrm{T}}$.

2. $x=(1,-1,-2,2)^{\mathrm{T}}$.

3. $x=(1,1,1)^{\mathrm{T}}$.

4. $x=(1,-1,0,2)^{\mathrm{T}}$.

5. 略.

6. $\leqslant 1.6875\times 10^{-5}$.

7—8. 略.

第 7 章　解线性方程组的迭代法

本章主要讲述线性方程组的迭代法理论, 具体内容包括经典迭代法、迭代法的收敛性、共轭梯度法等内容.

本章中要掌握线性方程组迭代法原理, 掌握 Jacobi 迭代法格式与迭代矩阵, 掌握 Gauss-Seidel 迭代法格式与迭代矩阵, 理解逐次超松弛迭代思想; 掌握迭代法收敛性的充分必要条件, 掌握收敛性的其他充分条件, 并要求会计算; 掌握变分原理, 理解最速下降法、掌握共轭梯度法.

7.1　知识点概述

1. 迭代法的收敛

对任意给定的向量 $x^{(0)} \in \mathbf{R}^n$, 若迭代法生成的序列 $\{x^{(k)}\}_{k=0}^{\infty}$ 满足

$$\lim_{k\to\infty} x^{(k)} = x^*, \quad \forall x^{(0)} \in \mathbf{R}^n$$

则称迭代法是收敛的.

2. Jacobi 迭代

迭代格式

$$\begin{cases} x_1^{(k+1)} = \dfrac{1}{a_{11}}(-a_{12}x_2^{(k)} - \cdots - a_{1n}x_n^{(k)} + b_1), \\ x_2^{(k+1)} = \dfrac{1}{a_{22}}(-a_{21}x_1^{(k)} - \cdots - a_{2n}x_n^{(k)} + b_2), \\ \qquad\qquad \cdots\cdots \\ x_n^{(k+1)} = \dfrac{1}{a_{nn}}(-a_{n1}x_1^{(k)} - \cdots - a_{nn-1}x_{n-1}^{(k)} + b_n), \end{cases} \quad k = 0, 1, 2, \cdots$$

称为 Jacobi 迭代格式, 这里需要注意若某个 $a_{ii} = 0$, 则可以交换两个方程 (行交换) 处理, 其迭代矩阵构造如下.

将线性方程组的系数矩阵 $A = [a_{ij}] \in \mathbf{R}^{n\times n}$ 分解为 $A = D - L - U$, 其中

$$D=\begin{bmatrix} a_{11} & & & \\ & a_{22} & & \\ & & \ddots & \\ & & & a_{nn} \end{bmatrix},\quad L=\begin{bmatrix} 0 & & & & \\ -a_{21} & 0 & & & \\ -a_{31} & -a_{32} & 0 & & \\ \vdots & \vdots & \vdots & \ddots & \\ -a_{n1} & -a_{n2} & \cdots & -a_{nn-1} & 0 \end{bmatrix}$$

$$U=\begin{bmatrix} 0 & -a_{12} & -a_{13} & \cdots & -a_{1n} \\ & 0 & -a_{23} & \cdots & -a_{2n} \\ & & 0 & \ddots & \vdots \\ & & & \ddots & -a_{n-1n} \\ & & & & 0 \end{bmatrix}$$

若系数矩阵 A 的对角元素 $a_{ii}\neq 0,\ i=1,2,\cdots,n$, 则矩阵 D 非奇异, 因此 $Ax=b$ 化简成

$$(D-L-U)x=b$$

因此

$$x=D^{-1}(L+U)x+D^{-1}b=G_Jx+g_J$$

因而, 构造的迭代格式为 $x^{(k+1)}=D^{-1}(L+U)x^{(k)}+D^{-1}b,\ k=0,1,2,\cdots$, 其中

$$G_J=D^{-1}(L+U),\quad g_J=D^{-1}b$$

称为解线性方程组的 Jacobi 迭代法的迭代矩阵.

3. Gauss-Seidel 迭代

基于“实时更新”思想可以对 Jacobi 迭代法进行修改, 利用最新分量去代替旧的分量来计算, 由此得到的迭代法称为 Gauss-Seidel 迭代法格式.

$$\begin{cases} x_1^{(k+1)}=\dfrac{1}{a_{11}}(-a_{12}x_2^{(k)}-\cdots-a_{1n}x_n^{(k)}+b_1), \\ x_2^{(k+1)}=\dfrac{1}{a_{22}}(-a_{21}x_1^{(k+1)}-a_{23}x_3^{(k)}-a_{24}x_4^{(k)}-\cdots-a_{2n}x_n^{(k)}+b_2), \\ x_3^{(k+1)}=\dfrac{1}{a_{33}}(-a_{31}x_1^{(k+1)}-a_{32}x_2^{(k+1)}-a_{34}x_4^{(k)}-\cdots-a_{3n}x_n^{(k)}+b_3), \\ \cdots\cdots \\ x_n^{(k+1)}=\dfrac{1}{a_{nn}}(-a_{n1}x_1^{(k+1)}-a_{n2}x_2^{(k+1)}-a_{n3}x_3^{(k+1)}-\cdots-a_{nn-1}x_{n-1}^{(k+1)}+b_n), \\ k=0,1,2,\cdots \end{cases}$$

其迭代矩阵构造如下 $(D-L-U)x=b$, 因此

$$x=(D-L)^{-1}Ux+(D-L)^{-1}b\triangleq G_Gx+g_G$$

因而, 构造的迭代法为

$$x^{(k+1)}=(D-L)^{-1}Ux^{(k)}+(D-L)^{-1}b,\quad k=0,1,2,\cdots$$

注意这里更新的是 Jacobi 迭代中的矩阵 L, 或者也可以写成

$$x^{(k+1)}=D^{-1}Lx^{(k+1)}+D^{-1}Ux^{(k)}+D^{-1}b$$

其中, $G_G=(D-L)^{-1}U$, $g_G=(D-L)^{-1}b$ 称为解线性方程组的 Gauss-Seidel 迭代法的迭代矩阵, 这是一个简单而又广泛应用的迭代方法.

4. SOR 迭代

1) **迭代格式**

$$x^{(k+1)}=(1-\omega)x^{(k)}+\omega D^{-1}Lx^{(k+1)}+\omega D^{-1}Ux^{(k)}+\omega D^{-1}b,\ k=0,1,2,\cdots$$

或者

$$x^{(k+1)}=(I-\omega D^{-1}L)^{-1}((1-\omega)I+\omega D^{-1}U)x^{(k)}+\omega(I-\omega D^{-1}L)^{-1}D^{-1}b$$

$$k=0,1,2,\cdots$$

2) **迭代矩阵**

$$G_S=(I-\omega D^{-1}L)^{-1}((1-\omega)I+\omega D^{-1}U),\quad g_S=\omega(I-\omega D^{-1}L)^{-1}D^{-1}b$$

当 $\omega=1$ 时即为 Gauss-Seidel 迭代法; 当 $0<\omega<1$ 时, 该方法称为低松弛; 当 $\omega>1$ 时, 则称为超松弛. 在实际中真正使用的 ω 值通常的范围为 $1<\omega<2$, 因此被统称为逐次超松弛方法, 简称 SOR 方法.

5. 迭代法收敛性

对任意的初始向量 $x^{(0)}\in\mathbf{R}^n$ 和常向量 $g\in\mathbf{R}^n$, 由迭代格式形成的向量序列 $\{x^{(k)}\}_{k=0}^{\infty}$ 收敛的充要条件是 $\rho(G)<1$.

设有线性方程组 $Ax=b$, 构造迭代格式 $x^{(k+1)}=Gx^{(k)}+g$, 如果对任意矩阵范数有 $\|G\|<1$, 则对任意初始向量 $x^{(0)}$, 迭代序列 $\{x^{(k)}\}_{k=0}^{\infty}$ 收敛于方程组的解 x^*, 且满足下面误差界:

(1) $\|x^{(k)}-x^*\|\leqslant\dfrac{\|G\|}{1-\|G\|}\|x^{(k)}-x^{(k-1)}\|$;

(2) $\|x^{(k)}-x^*\| \leqslant \dfrac{\|G\|^k}{1-\|G\|}\|x^{(1)}-x^{(0)}\|$.

设线性方程组 $Ax=b$, 则下列结论成立:

(1) 若 A 为严格对角占优矩阵, 则 Jacobi 迭代法和 Gauss-Seidel 迭代法均收敛;

(2) 若 A 为严格对角占优矩阵, $0<\omega\leqslant 1$, 则松弛法收敛;

(3) 若 A 为对称正定矩阵, $0<\omega<2$, 则松弛法收敛;

(4) SOR 迭代法收敛, 松弛因子 $0<\omega<2$.

6. 共轭梯度法

1) 变分原理

设 $A=[a_{ij}]\in \mathbf{R}^{n\times n}$ 是对称正定矩阵, $b=(b_1,b_2,\cdots,b_n)^{\mathrm{T}}$, 求解的线性方程组为 $Ax=b$ 该方程组的求解可等价转化为寻找二次函数

$$\varphi(x)=\frac{1}{2}(Ax,x)-(b,x)=\frac{1}{2}x^{\mathrm{T}}Ax-b^{\mathrm{T}}x$$

的唯一极小值点 x^*, 满足 $\varphi(x^*)=\min\limits_{x\in\mathbf{R}^n}\varphi(x)$.

2) 最速下降法计算步骤

第 1 步: 给定初值 $x^{(0)}\in\mathbf{R}^n$, 计算 $p^{(0)}=r^{(0)}=b-Ax^{(0)}$.

第 2 步: 对于给定 $k=0,1,\cdots$, 若 $\|p^{(k)}\|\leqslant\varepsilon$, 则停止;

否则 $k:=k+1$, 且 $\alpha_k=\dfrac{(p^{(k-1)},p^{(k-1)})}{(Ap^{(k-1)},p^{(k-1)})}$, $x^{(k)}=x^{(k-1)}+\alpha_k p^{(k-1)}$, $p^{(k)}=b-Ax^{(k)}$, 转到第 1 步.

3) 共轭梯度法

设 A 对称正定, 若 $\mathbf{R}^n$ 中向量组 $\{p^{(0)},p^{(1)},\cdots,p^{(k)}\}$ 是关于 A-共轭向量组, 任取 $x^{(0)}\in\mathbf{R}^n$, 计算 $\alpha_k=\dfrac{(p^{(k)},b)}{(Ap^{(k)},p^{(k)})}$, $x^{(k+1)}=x^{(k)}+\alpha_k p^{(k)}$, $k=0,1,2,\cdots,n-1$, 则有 $Ax^{(n)}=b$.

4) 共轭梯度法的计算步骤

(1) 取初始向量 $x^{(0)}$, 计算 $r_0=b-Ax^{(0)}$, $p_0=r_0$;

(2) 计算 $\alpha_k=\dfrac{(p^{(k)},r^{(k)})}{(Ap^{(k)},p^{(k)})}$, $x^{(k+1)}=x^{(k)}+\alpha_k p^{(k)}$, $k=0,1,2,\cdots,n-1$;

(3) 计算 $r^{(k+1)}=r^{(k)}-\alpha_k Ap^{(k)}$, $\beta_k=\dfrac{(r^{(k+1)},r^{(k+1)})}{(r^{(k)},r^{(k)})}$, $p^{(k+1)}=r^{(k+1)}+\beta_k p^{(k)}$, $k=0,1,2,\cdots,n-1$.

7.2　典型例题解析

例 1　已知方程组 $\begin{cases} 5x+2y=8, \\ 3x-20y=26, \end{cases}$ 其 Jacobi 迭代法的迭代矩阵是______.

分析　方程组系数阵 $A=\begin{bmatrix} 5 & 2 \\ 3 & -20 \end{bmatrix}$, 对于 Jacobi 迭代法, 迭代矩阵

$$G_J = D^{-1}(L+U) = \begin{bmatrix} 0 & -0.4 \\ 0.15 & 0 \end{bmatrix}$$

解　$\begin{bmatrix} 0 & -0.4 \\ 0.15 & 0 \end{bmatrix}$.

例 2　给定方程组 $\begin{bmatrix} 1 & a \\ a & 1 \end{bmatrix}\begin{bmatrix} x_1 \\ x_2 \end{bmatrix}=\begin{bmatrix} 1 \\ 2 \end{bmatrix}$, 其 Gauss-Seidel 迭代格式的迭代矩阵为__________, 当参数 a 满足__________ 时 Gauss-Seidel 迭代格式收敛.

分析　方程组系数阵 $A=\begin{bmatrix} 1 & a \\ a & 1 \end{bmatrix}$, 对于 Gauss-Seidel 迭代法, 迭代矩阵

$$G=(D-L)^{-1}U=\begin{bmatrix} 0 & -a \\ 0 & a^2 \end{bmatrix}$$

要使 Gauss-Seidel 迭代格式收敛, 则 $\rho(G)=a^2<1$, 即 $|a|<1$.

解　$\begin{bmatrix} 0 & -a \\ 0 & a^2 \end{bmatrix}$;　$|a|<1$.

例 3　若利用迭代格式 $x^{(k+1)}=x^{(k)}+\alpha(b-Ax^{(k)})$, $k=0,1,2,\cdots$ 计算线性方程组 $Ax=b$ 的解, 其中 $A=\begin{bmatrix} 3 & 2 \\ 1 & 2 \end{bmatrix}$, $b=\begin{bmatrix} 3 \\ -1 \end{bmatrix}$, 则实数 α 取 __________ 时, 迭代收敛.

分析　将迭代公式写成 $x^{(k+1)}=(I-\alpha A)x^{(k)}+\alpha b$, 则迭代矩阵 $G=I-\alpha A$, 其中 A 的特征值 λ_A 可由

$$\begin{vmatrix} \lambda-3 & -2 \\ -1 & \lambda-2 \end{vmatrix} = \lambda^2-5\lambda+4=0$$

求出, A 的特征值为 $\lambda_1=1$, $\lambda_2=4$, 于是 G 的特征值 $\lambda_{G_1}=1-\alpha$, $\lambda_{G_2}=1-4\alpha$, 为使

$$\rho(G)=\max\{|1-\alpha|,|1-4\alpha|\}<1$$

解得 α 的取值范围为 $0<\alpha<\dfrac{1}{2}$.

解 $0<\alpha<\dfrac{1}{2}$.

例 4 已知方程组 $\begin{bmatrix} 1 & 2 \\ 0.32 & 1 \end{bmatrix}\begin{bmatrix} x_1 \\ x_2 \end{bmatrix}=\begin{bmatrix} b_1 \\ b_2 \end{bmatrix}$, 则解此方程组的 Jacobi 迭代法 ________ 收敛. (填“是”或“不”)

分析 方程组系数阵 $A=\begin{bmatrix} 1 & 2 \\ 0.32 & 1 \end{bmatrix}$, 对于 Jacobi 迭代法, 迭代矩阵

$$G_J=D^{-1}(L+U)=\begin{bmatrix} 0 & -2 \\ -0.32 & 0 \end{bmatrix}$$

计算其特征值得 $|\lambda I-G|=\begin{vmatrix} \lambda & 2 \\ 0.32 & \lambda \end{vmatrix}=\lambda^2-0.64=0$, 因此 $\rho(G)=0.8<1$, 则迭代法是收敛的.

解 是.

例 5 解方程组 $Ax=b$ 的简单迭代格式 $x^{(k+1)}=Bx^{(k)}+g$, $k=0,1,2,\cdots$ 收敛的充要条件是 ( ).

A. $\rho(A)<1$ B. $\rho(B)<1$ C. $\rho(A)>1$ D. $\rho(B)>1$

分析 此题考察迭代收敛的充分必要条件, 只有迭代矩阵 $\rho(B)<1$ 才是收敛的.

解 B.

例 6 当参数 a 满足 ( ) 时, 线性方程组 $\begin{cases} 10x_1-x_2+4x_3=1, \\ -x_1+7x_2+3x_3=0, \\ 2x_1-5x_2+ax_3=-1 \end{cases}$ 的迭代法一定收敛.

A. $a>7$ B. $a=6$ C. $|a|<6$ D. $|a|>7$

分析 此题考察迭代收敛的充分条件, 由于其系数矩阵

$$A=\begin{bmatrix} 10 & -1 & 4 \\ -1 & 7 & 3 \\ 2 & -5 & a \end{bmatrix}$$

当矩阵为严格对角占优时, 谱半径小于 1, 因此收敛, 即 $|a| > 7$.

解　D.

例 7　用 Gauss-Seidel 迭代法解方程组 $\begin{cases} x_1 + ax_2 = 4, \\ 2ax_1 + x_2 = -3, \end{cases}$ 其中 a 为实数, 方法收敛的充要条件是 a 满足 (　).

A. $-\dfrac{\sqrt{2}}{3} < a < \dfrac{\sqrt{2}}{3}$　　B. $-\dfrac{\sqrt{2}}{2} < a < \dfrac{\sqrt{2}}{2}$

C. $0 < a < \dfrac{\sqrt{2}}{2}$　　D. $-\dfrac{\sqrt{2}}{2} < a < \dfrac{\sqrt{2}}{3}$

分析　方程组系数阵 $A = \begin{bmatrix} 1 & a \\ 2a & 1 \end{bmatrix}$, 对于 Gauss-Seidel 迭代法, 迭代矩阵

$$G = (D - L)^{-1}U = \begin{bmatrix} 0 & -a \\ 0 & 2a^2 \end{bmatrix}$$

要使 Gauss-Seidel 迭代格式收敛, 则 $\rho(G) = 2a^2 < 1$, 即 $|a| < \dfrac{1}{\sqrt{2}}$.

解　B.

例 8　已知方程组 $\begin{bmatrix} 1 & 2 \\ 0.32 & 1 \end{bmatrix}\begin{bmatrix} x_1 \\ x_2 \end{bmatrix} = \begin{bmatrix} b_1 \\ b_2 \end{bmatrix}$, 解此方程组的 Jacobi 迭代法的渐近收敛速度为 (　).

A. 0.221　　B. 0.224　　C. 0.223　　D. 0.233

分析　方程组系数阵 $A = \begin{bmatrix} 1 & 2 \\ 0.32 & 1 \end{bmatrix}$, 对于 Jacobi 迭代法, 迭代矩阵

$$G_J = D^{-1}(L + U) = \begin{bmatrix} 0 & -2 \\ -0.32 & 0 \end{bmatrix}$$

计算其特征值得 $|\lambda I - G| = \begin{vmatrix} \lambda & 2 \\ 0.32 & \lambda \end{vmatrix} = \lambda^2 - 0.64 = 0$, 因此 $\rho(G) = 0.8$, 而迭代的收敛速度为 $-\ln \rho(G) = 0.2231$.

解　C.

例 9　对于线性方程组 $\begin{cases} 2x_1 - x_2 = 1, \\ -x_1 + 2x_2 + ax_3 = 0, \\ -x_2 + 2x_3 = -1, \end{cases}$ 实数 a 取何值时, 使解线性方程组的 Jacobi 迭代法和 Gauss-Seidel 迭代法都收敛. (　)

A. $-3<a<5$ B. $-3<a<3$ C. $-3<a<3$ D. $-5<a<5$

分析 方程组系数阵 $A=\begin{bmatrix}2&-1&0\\-1&2&a\\0&-1&2\end{bmatrix}$, 对于 Jacobi 迭代法迭代矩阵

$$G_J=D^{-1}(L+U)=\begin{bmatrix}0&0.5&0\\0.5&0&-0.5a\\0&0.5&0\end{bmatrix}$$

计算其特征值得 $|\lambda I-G|=\begin{vmatrix}\lambda&-0.5&0\\-0.5&\lambda&0.5a\\0&-0.5&\lambda\end{vmatrix}=\lambda\left(\lambda^2-\dfrac{1}{4}(a-1)\right)=0$, 要使 Jacobi 迭代法收敛, 则 $\rho(G)<1$, 即 $\left|\dfrac{1}{4}(a-1)\right|<1$, 解得 $-3<a<5$.

同理 Gauss-Seidel 迭代法的迭代矩阵为

$$G=(D-L)^{-1}U=\begin{bmatrix}0&0.5&0\\0&0.25&-0.5a\\0&0.125&-0.25a\end{bmatrix}$$

计算其特征值得 $|\lambda I-G|=\begin{vmatrix}\lambda&-0.5&0\\0&\lambda-0.25&0.5a\\0&-0.125&\lambda+0.25a\end{vmatrix}=\lambda^2\left(\lambda-\dfrac{1}{4}(1-a)\right)=0$, 要使 Jacobi 迭代法收敛, 则 $\rho(G)<1$, 即 $\left|\dfrac{1}{4}(1-a)\right|<1$, 解得 $-3<a<5$. 因此两种方法在 $-3<a<5$ 区间同时收敛.

解 A.

例 10 用迭代格式 $x^{(k+1)}=Bx^{(k)}+g$, $k=0,1,2,\cdots$, 其中

$$B=\begin{bmatrix}0&\dfrac{1}{2}&-\dfrac{1}{\sqrt{2}}\\\dfrac{1}{2}&0&\dfrac{1}{2}\\\dfrac{1}{\sqrt{2}}&\dfrac{1}{2}&0\end{bmatrix},\quad g=\begin{bmatrix}-\dfrac{1}{2}\\1\\-\dfrac{1}{2}\end{bmatrix}$$

取初值 $x^{(0)}=(0,0,0)^{\mathrm{T}}$, 计算 $x^{(4)}$.

解 还原为分量形式为

$$\begin{cases} x_1^{(k+1)} = \dfrac{1}{2}x_2^{(k)} - \dfrac{1}{\sqrt{2}}x_3^{(k)} - \dfrac{1}{2}, \\ x_2^{(k+1)} = \dfrac{1}{2}x_1^{(k)} + \dfrac{1}{2}x_3^{(k)} + 1, \qquad k = 0, 1, \cdots \\ x_3^{(k+1)} = \dfrac{1}{\sqrt{2}}x_1^{(k)} + \dfrac{1}{2}x_2^{(k)} - \dfrac{1}{2}, \end{cases}$$

因此取 $x^{(0)} = (0,0,0)^{\mathrm{T}}$ 直接计算得

$$x^{(1)} = \left(-\frac{1}{2}, 1, -\frac{1}{2}\right)^{\mathrm{T}}, x^{(2)} = \left(\frac{1}{2\sqrt{2}}, \frac{1}{2}, -\frac{1}{2\sqrt{2}}\right)^{\mathrm{T}}, x^{(3)} = (0,1,0)^{\mathrm{T}}, x^{(4)} = (0,1,0)^{\mathrm{T}}$$

例 11 解线性方程组 $Ax = b$ 的一种迭代法 $x^{(k+1)} = Bx^{(k)} + f$, $k = 0,1,2,\cdots$, 对它作“外推”的方法是引入因子 $\alpha \neq 0$, 再加权平均得 $x^{(k+1)} = \alpha(Bx^{(k)} + f) + (1-\alpha)x^{(k)}$, $k = 0,1,2,\cdots$, 现设 B 的特征值 $\lambda(B)$ 均是实数, 且 $0 < a \leqslant \lambda(B) \leqslant b < 1$, 则 α 取什么值可使加权迭代法收敛?

解 由题意可知, 加权平均迭代法的迭代矩阵为

$$G = \alpha B + (1-\alpha)I$$

因此 $\lambda(G) = \alpha\lambda(B) + (1-\alpha)$, 即要使迭代法收敛, 则

$$\rho(G) = |\alpha\lambda(B) + (1-\alpha)| < 1$$

因此 $0 < a < \dfrac{2}{1-\lambda(B)} \leqslant \dfrac{2}{1-b}$.

例 12 用 SOR 方法求解线性方程组 $\begin{bmatrix} 4 & 3 & 0 \\ 3 & 4 & -1 \\ 0 & -1 & 4 \end{bmatrix}\begin{bmatrix} x_1 \\ x_2 \\ x_3 \end{bmatrix} = \begin{bmatrix} 24 \\ 30 \\ -24 \end{bmatrix}$, 写出 SOR 方法的分量形式, 并当 $\omega = 1$ 和 $\omega = 1.25$ 时, 取初始向量 $x^{(0)} = (1,1,1)^{\mathrm{T}}$ 分别迭代计算 2 次.

解 由题意可知, SOR 方法的分量形式为

$$\begin{cases} x_1^{(k+1)} = (1-\omega)x_1^{(k)} + \dfrac{\omega}{4}(24 - 3x_2^{(k)}), \\ x_2^{(k+1)} = (1-\omega)x_2^{(k)} + \dfrac{\omega}{4}(30 - 3x_1^{(k+1)} + x_3^{(k)}), \quad k = 0,1,2,\cdots \\ x_3^{(k+1)} = (1-\omega)x_3^{(k)} + \dfrac{\omega}{4}(-24 + x_2^{(k+1)}), \end{cases}$$

对于 $\omega=1$, 即 Gauss-Seidel 迭代法, 有

$$x^{(1)}=(5.250000,3.8125000,-5.046875)^{\mathrm{T}}$$

$$x^{(2)}=(3.140625,3.882813,-5.029297)^{\mathrm{T}}$$

对于 $\omega=1.25$, 有

$$x^{(1)}=(6.312500,3.519531,-6.650147)^{\mathrm{T}}$$

$$x^{(2)}=(2.622315,3.958527,-4.600424)^{\mathrm{T}}$$

例 13 设 $A=\begin{bmatrix}10&\alpha&0\\\beta&10&\beta\\0&\alpha&5\end{bmatrix}$ 是非奇异矩阵, 试用 α,β 表示求解方程组 $Ax=b$ 的 Jacobi 迭代法与 Gauss-Seidel 迭代法收敛的充分必要条件.

解 由题意可知, Jacobi 迭代法的迭代矩阵为

$$G=(D-L)^{-1}U=\begin{bmatrix}0&-0.1\alpha&0\\-0.1\beta&0&-0.1\beta\\0&-0.2\alpha&0\end{bmatrix}$$

其特征方程为 $\begin{vmatrix}\lambda&0.1\alpha&0\\0.1\beta&\lambda&0.1\beta\\0&0.2\alpha&\lambda\end{vmatrix}=\lambda(\lambda^2-0.03\alpha\beta)=0$, 解得 $\lambda=0$ 或 $\lambda^2=0.03\alpha\beta$. 则 Jacobi 迭代法收敛的充要条件为 $|\sqrt{0.03\alpha\beta}|<1$, 即 $|\alpha\beta|<\dfrac{100}{3}$.

同理, Gauss-Seidel 迭代法的迭代矩阵

$$G=(D-L)^{-1}U=\begin{bmatrix}0&-0.1\alpha&0\\0&0.01\alpha\beta&-0.1\beta\\0&-0.002\alpha^2\beta&0.02\alpha\beta\end{bmatrix}$$

其特征方程为 $\begin{vmatrix}\lambda&0.1\alpha&0\\0&\lambda-0.01\alpha\beta&0.1\beta\\0&0.002\alpha^2\beta&\lambda-0.02\alpha\beta\end{vmatrix}=\lambda(\lambda^2-0.03\alpha\beta)=0$, 解得 $\lambda=0$ 或 $\lambda^2=0.03\alpha\beta$, 因此 Gauss-Seidel 迭代法收敛的充要条件也为 $|\sqrt{0.03\alpha\beta}|<1$, 即 $|\alpha\beta|<\dfrac{100}{3}$.

例 14 已知矩阵 $A=\begin{bmatrix}1&a&a\\a&1&a\\a&a&1\end{bmatrix}$, 求 a 为何值时, A 为正定阵; a 为何值时对于线性方程组 $Ax=b$, 采用 Jacobi 迭代法和 Gauss-Seidel 迭代法收敛.

解 由题意可知, 为了使 A 为正定矩阵, 则只需满足顺序主子式

$$\Delta_1=1>0,\quad \Delta_2=\begin{vmatrix}1&a\\a&1\end{vmatrix}=1-a^2>0$$

$$\Delta_3=\begin{vmatrix}1&a&a\\a&1&a\\a&a&1\end{vmatrix}=(2a+1)(a-1)^2>0$$

因此解得 $-\dfrac{1}{2}<a<1$.

若对于 Jacobi 迭代法的迭代矩阵 $G_J=\begin{bmatrix}0&-a&-a\\-a&0&a\\-a&-a&0\end{bmatrix}$, 其特征多项式

$$\begin{vmatrix}\lambda&a&a\\a&\lambda&a\\a&a&\lambda\end{vmatrix}=(\lambda-a)^2(\lambda+2a)=0$$

因此特征值为 $\lambda_1=a,\lambda_2=a,\lambda_3=-2a$, 由迭代法收敛的充分必要条件, Jacobi 迭代法的收敛充分必要条件是 $\rho(G)<1$, 即满足 $|2a|<1$, 解得 $-\dfrac{1}{2}<a<\dfrac{1}{2}$.

同样对于 Gauss-Seidel 迭代法的迭代矩阵

$$G=\begin{bmatrix}1&0&0\\a&1&0\\a&a&1\end{bmatrix}^{-1}\begin{bmatrix}0&-a&-a\\0&0&-a\\0&0&0\end{bmatrix}=\begin{bmatrix}0&-a&-a\\0&a^2&a^2-a\\0&a^2-a^3&2a^2-a^3\end{bmatrix}$$

其特征多项式

$$\begin{vmatrix}\lambda&a&a\\0&\lambda-a^2&a-a^2\\0&a^3-a^2&\lambda-2a^2+a^3\end{vmatrix}=\lambda[\lambda^2+(a^3-3a^2)\lambda+a^3]=0$$

若要使 Gauss-Seidel 迭代法收敛, 则对其三个特征值都需满足 $|\lambda_1|<1,|\lambda_2|<1,|\lambda_3|<1$, 这里 $\lambda_1=0$, λ_2,λ_3 是方程 $\lambda^2+(a^3-3a^2)\lambda+a^3=0$ 的两个根, 则由

条件只需满足

$$\left|a^3-3a^2\right|<1+a^3<2$$

解得 $-\frac{1}{2}<a<1$, 此时系数矩阵 A 是对称正定矩阵.

例 15 设 n 阶方阵 $A=[a_{ij}]_{n\times n}$ 的对角线元素 $a_{kk}\neq 0, k=1,2,\cdots,n$, 考虑利用迭代法求解线性方程组 $Ax=b$, 求证:

(1) Jacobi 迭代法收敛当且仅当 $\begin{vmatrix}\lambda a_{11} & a_{12} & \cdots & a_{1n}\\ a_{21} & \lambda a_{22} & \cdots & a_{2n}\\ \vdots & \vdots & & \vdots\\ a_{n1} & a_{n2} & \cdots & \lambda a_{nn}\end{vmatrix}=0$ 的根 λ 均满足 $|\lambda|<1$;

(2) Gauss-Seidel 迭代法收敛当且仅当方程 $\begin{vmatrix}\lambda a_{11} & a_{12} & \cdots & a_{1n}\\ \lambda a_{21} & \lambda a_{22} & \cdots & a_{2n}\\ \vdots & \vdots & & \vdots\\ \lambda a_{n1} & \lambda a_{n2} & \cdots & \lambda a_{nn}\end{vmatrix}=0$ 的根 λ 均满足 $|\lambda|<1$.

证明 (1) 由题意可知, Jacobi 迭代的迭代矩阵为 $G=D^{-1}(L+U)$, 则其特征方程

$$|\lambda I-G|=|\lambda I-D^{-1}(L+U)|=|D^{-1}|\cdot|\lambda D-(L+U)|=0$$

因此特征值满足 $|\lambda D-(L+U)|=0$, 而

$$|\lambda D-(L+U)|=\begin{vmatrix}\lambda a_{11} & a_{12} & \cdots & a_{1n}\\ a_{21} & \lambda a_{22} & \cdots & a_{2n}\\ \vdots & \vdots & & \vdots\\ a_{n1} & a_{n2} & \cdots & \lambda a_{nn}\end{vmatrix}=0$$

由 Jacobi 迭代法收敛当且仅当 $\rho(G)=\max\limits_{\lambda\in\sigma(A)}|\lambda|<1$, 因此命题成立.

(2) Gauss-Seidel 迭代法的迭代矩阵为 $G=(D-L)^{-1}U$, 则其特征方程

$$|\lambda I-G|=|\lambda I-(D-L)^{-1}U|=|(D-L)^{-1}|\cdot|\lambda(D-L)-U|=0$$

因此特征值满足 $|\lambda(D-L)-U|=0$, 而

$$|\lambda(D-L)-U|=\begin{vmatrix}\lambda a_{11} & a_{12} & \cdots & a_{1n}\\ \lambda a_{21} & \lambda a_{22} & \cdots & a_{2n}\\ \vdots & \vdots & & \vdots\\ \lambda a_{n1} & \lambda a_{n2} & \cdots & \lambda a_{nn}\end{vmatrix}=0$$

由 Gauss-Seidel 迭代法收敛当且仅当 $\rho(G)=\max\limits_{\lambda\in\sigma(A)}|\lambda|<1$, 因此命题成立.

例 16 设 $A=[a_{ij}]$ 是 n 阶矩阵, 求证若矩阵 A 严格对角占优, 则 A 是非奇异的, 且对于线性方程组 $Ax=b$ 利用 Jacobi 迭代法和 Gauss-Seidel 迭代法均收敛.

证明 对于矩阵 A 严格行对角占优, 若 A 奇异, 则存在非零量 $x=(x_1,x_2,\cdots,x_n)^{\mathrm{T}}\in\mathbf{R}^n$ 使得 $Ax=0$, 即有 $\sum\limits_{j=1}^{n}a_{ij}x_j=0,\ i=1,2,\cdots,n$. 记 $|x_k|=\max\limits_{1\leqslant i\leqslant n}\{|x_i|\}$, $1\leqslant k\leqslant n$, 则 $|x_i|>0$, 考虑第 k 个方程 $a_{k1}x_1+a_{k2}x_2+\cdots+a_{kk}x_k+\cdots+a_{kn}x_n=0$, 有

$$a_{kk}x_k=-\sum_{j=1,j\neq k}^{n}a_{kj}x_j$$

因此 $|a_{kk}|\leqslant\sum\limits_{j=1,j\neq k}^{n}|a_{kj}|\dfrac{|x_j|}{|x_k|}\leqslant\sum\limits_{j=1,j\neq k}^{n}|a_{kj}|$, 这与 A 严格行对角占优矛盾, 所以 A 为可逆矩阵. 对于 A 严格列对角占优, A^{T} 即为严格行对角占优, 同样也成立.

下面证明 Jacobi 迭代法和 Gauss-Seidel 迭代法均收敛, 若矩阵 A 为严格行对角占优, 对于 Jacobi 迭代法的迭代矩阵 $G=D^{-1}(L+U)$, 假设其谱半径 $\rho(G)\geqslant 1$, 则存在 $|\lambda|=\rho(G)\geqslant 1$, 其特征值满足特征方程

$$|\lambda I-G|=|\lambda I-D^{-1}(L+U)|=|D^{-1}|\cdot|\lambda D-(L+U)|=0$$

得 $|\lambda D-(L+U)|=0$, 即矩阵 $\lambda D-(L+U)$ 不可逆, 且

$$|\lambda a_{ii}|\geqslant|a_{ii}|>\sum_{j=1,j\neq k}^{n}|a_{ij}|,\quad i=1,2,\cdots,n$$

说明 $\lambda D-(L+U)$ 为严格对角占优矩阵, 其为非奇异矩阵, 这与 $\lambda D-(L+U)$ 不可逆矛盾, 即只能 $\rho(G)<1$, Jacobi 迭代法是收敛的.

对于 A 严格列对角占优, 则 A^{T} 为严格行对角占优, 且 $A^{\mathrm{T}}=D-L^{\mathrm{T}}-U^{\mathrm{T}}$, 由特征值的关系

$$\rho((L+U)D^{-1})=\rho(D^{-1}(L^{\mathrm{T}}+U^{\mathrm{T}}))<1$$

由于有 $(L+U)D^{-1}\simeq D^{-1}(L+U)$, 所以 $\rho(D^{-1}(L+U))=\rho((L+U)D^{-1})<1$.

同样对于 Gauss-Seidel 迭代法的迭代矩阵, 若矩阵 A 为严格行对角占优, 则对于 Gauss-Seidel 迭代法的迭代矩阵 $G=(D-L)^{-1}U$, 假设其谱半径 $\rho(G)\geqslant 1$, 则存在 $|\lambda|=\rho(G)\geqslant 1$, 其特征值满足特征方程

$$|\lambda I-G|=|\lambda I-(D-L)^{-1}U|=|(D-L)^{-1}|\cdot|\lambda(D-L)-U|=0$$

得 $|\lambda(D-L)-U|=0$, 即矩阵 $\lambda(D-L)-U$ 不可逆, 且

$$|\lambda a_{ii}|>\sum_{j=1,j\neq k}^{n}|\lambda a_{ij}|\geqslant\sum_{j=1,j<i}^{n}|\lambda a_{ij}|+\sum_{j=1,j>i}^{n}|a_{ij}|,\quad i=1,2,\cdots,n$$

说明 $\lambda(D-L)-U$ 为严格对角占优矩阵, 其为非奇异矩阵, 这与 $\lambda(D-L)-U$ 不可逆矛盾, 即只能 $\rho(G)<1$, Gauss-Seidel 迭代法是收敛的.

对于 A 严格列对角占优, 则 A^{T} 为严格行对角占优, 且 $A^{\mathrm{T}}=(D-L)^{\mathrm{T}}-U^{\mathrm{T}}$, 由特征值的关系

$$\rho((D-L)^{-1}U)=\rho(U(D-L)^{-1})=\rho((D^{\mathrm{T}}-L^{\mathrm{T}})^{-1}U^{\mathrm{T}})<1$$

因此 Gauss-Seidel 迭代法是收敛的.

综上, 证得若矩阵 A 严格对角占优, 则 Jacobi 迭代法和 Gauss-Seidel 迭代法均收敛.

例 17 求证若 A 是对称正定矩阵, 对于线性方程组 $Ax=b$, 利用 Gauss-Seidel 迭代法是收敛的.

证明 由题意可知, Gauss-Seidel 迭代法的迭代矩阵 $G=(D-L)^{-1}U$, 设 λ 是 G 的任意一个特征值, y 是对应的特征向量, 则 $Gy=\lambda y$, 即 $(D-L)^{-1}Uy=\lambda y$, 因此

$$Uy=\lambda(D-L)y$$

从而得 $y^{\mathrm{H}}Uy=\lambda y^{\mathrm{H}}(D-L)y$, 则 $\lambda=\dfrac{y^{\mathrm{H}}Uy}{y^{\mathrm{H}}(D-L)y}$. 若记 $d=y^{\mathrm{H}}Dy$, $\alpha+i\beta=y^{\mathrm{H}}Ly$, 则由 A 的对称正定性可得 $d>0$, $y^{\mathrm{H}}Uy=(y^{\mathrm{H}}Ly)^{\mathrm{H}}=\alpha-i\beta$, 因此

$$\lambda=\frac{-(\alpha-i\beta)}{d+\alpha+i\beta}$$

计算得 $|\lambda|^2 = \dfrac{\alpha^2+\beta^2}{(d+\alpha)^2+\beta^2} < 1$, 从而 $\rho(G) < 1$, 所以 Gauss-Seidel 迭代收敛.

例 18 设 G 是 n 阶矩阵, 迭代方程组 $x = Gx + g$ 存在唯一解 x^*, 如果 $\rho(G) > 1$, 但是存在 G 的一个特征值的模小于 1, 考虑迭代格式 $x^{(k+1)} = Gx^{(k)} + g$, $k = 0, 1, 2, \cdots$, 求证存在某个初值 $x^{(0)}$, 使得由该迭代格式生成的序列 $\{x^{(k)}\}_{k=0}^{\infty}$ 收敛于 x^*.

证明 由题意可知, 对于 $x^{(k+1)} = Gx^{(k)} + g$, $k = 0, 1, 2, \cdots$, x^* 为迭代方程组 $x = Gx + g$ 的唯一解, 则 $x^* = Gx^* + g$, 相减得

$$x^{(k+1)} - x^* = G(x^{(k)} - x^*) = \cdots = G^{k+1}(x^{(0)} - x^*)$$

假设 G 的按模小于 1 的特征值为 λ, 相应的特征向量为 $x \neq 0$, 即 $Gx = \lambda x$, 则

$$G^{k+1}x = \lambda^{k+1}x, \quad k = 0, 1, 2, \cdots$$

取初始向量 $x^{(0)} = x^* + x$, 则

$$x^{(k+1)} - x^* = G^{k+1}x = \lambda^{k+1}x$$

因此 $\|x^{(k+1)} - x^*\| = |\lambda^{k+1}| \cdot \|x\|$, 即

$$\lim_{k\to\infty} \|x^{(k+1)} - x^*\| = \lim_{k\to\infty} |\lambda^{k+1}| \cdot \|x\|$$

即存在初值 $x^{(0)}$, 使得由迭代格式 $x^{(k+1)} = Gx^{(k)} + g$, $k = 0, 1, 2, \cdots$ 生成的序列 $\{x^{(k)}\}_{k=0}^{\infty}$ 收敛于 x^*.

评注 此题说明, 若谱半径 $\rho(G) < 1$, 对任意初值 $x^{(0)}$ 迭代序列都收敛; 但是对于 $\rho(G) > 1$, 迭代对某些初值也收敛.

例 19 设 $x = Gx + g$, 其中 $G = \begin{bmatrix} 0.9 & 0 \\ 0.3 & 0.8 \end{bmatrix}, g = \begin{bmatrix} 1 \\ 2 \end{bmatrix}$, 证明虽然 $\|G\| > 1$, 但迭代法 $x^{(k+1)} = Gx^{(k)} + g$, $k = 0, 1, 2, \cdots$ 收敛.

证明 由题意可知 $\|G\|_\infty = 1.1, \|G\|_1 = 1.2, \|G\|_2 = 1.02$, 因此 $\|G\| > 1$, 不满足迭代法收敛的充分条件, 但有

$$\det(\lambda I - G) = \begin{vmatrix} \lambda - 0.9 & 0 \\ -0.3 & \lambda - 0.8 \end{vmatrix} = (\lambda - 0.9)(\lambda - 0.8) = 0$$

得 $\lambda_1 = 0.9, \lambda_2 = 0.8$, 因此 $\rho(G) = 0.9 < 1$, 该迭代法是收敛的.

例 20 设 $A \in \mathbf{R}^{n\times n}$ 对称非奇异, 且对角元素 $a_{ii} > 0,\ i = 1, 2, \cdots, n$, 记 $D = \mathrm{diag}\{a_{11}, a_{22}, \cdots, a_{nn}\}$, 证明线性方程组 $Ax = b$ 的 Jacobi 迭代法收敛的充分必要条件是矩阵 A 和 $2D - A$ 均正定.

证明 由题意可知, 记 $D^{\frac{1}{2}} = \mathrm{diag}\{\sqrt{a_{11}}, \sqrt{a_{22}}, \cdots, \sqrt{a_{nn}}\}$, 则 $D^{-\frac{1}{2}} = (D^{\frac{1}{2}})^{-1}$, 若记 $\bar{A} = D^{-\frac{1}{2}}AD^{-\frac{1}{2}}$, 由 Jacobi 迭代法的迭代矩阵为

$$G = D^{-1}(L+U) = D^{-1}(D-A) = I - D^{-1}A = D^{-\frac{1}{2}}(I-\bar{A})D^{\frac{1}{2}}$$

因此 G 与 $I-\bar{A}$ 相似, 有相同的特征值, 又由 $\bar{A}$ 和 $I-\bar{A}$ 均为实对称矩阵, 因此 G 的特征值是实数, 下证 Jacobi 迭代收敛的充要条件.

充分性. 由于 A 对称正定, $D^{-\frac{1}{2}}$ 非奇异, 则对任意非零向量 $x \in \mathbf{R}^n$,

$$(\bar{A}x, x) = (A(D^{-\frac{1}{2}}x), D^{-\frac{1}{2}}x) > 0$$

所以 $\bar{A}$ 也对称正定, 设其特征值为 μ, 则有 $\mu > 0$, 设 G 的特征值为 λ, 它也是 $I-\bar{A}$ 的特征值可写成 $\lambda = 1-\mu$, 于是有 $\lambda < 1$. 又由

$$-G = -D^{-\frac{1}{2}}(I-\bar{A})D^{\frac{1}{2}} = D^{-\frac{1}{2}}(I - D^{-\frac{1}{2}}(2D-A)D^{-\frac{1}{2}})D^{\frac{1}{2}}$$

由 $2D-A$ 对称正定, 因此 G 的特征值满足 $-\lambda < 1$, 所以 $\lambda > -1$, 综上有 $-1 < \lambda < 1$, 因此 $\rho(G) < 1$, 证得 Jacobi 迭代法收敛.

必要性. 设 Jacobi 迭代法收敛, 则 $\rho(G) < 1$, 所以 $|1-\mu| < 1$, 解得 $0 < \mu < 2$, 对称矩阵 $\bar{A}$ 的特征值 μ 都大于零, 所以 $\bar{A}$ 正定, 由 $\bar{A}$ 与 A 的关系, 则 A 也对称正定, 而对任意非零向量 $x \in \mathbf{R}^n$, 由

$$((2D-A)x, x) = (D^{\frac{1}{2}}(2I-\bar{A})D^{\frac{1}{2}}x, x) = ((2I-\bar{A})(D^{\frac{1}{2}}x), D^{\frac{1}{2}}x) > 0$$

因此 $2D-A$ 是正定的, 原命题成立.

7.3 习题详解

1. 设有方程组 $\begin{cases} 3x_1 - 10x_2 = -7, \\ 9x_1 - 4x_2 = 5, \end{cases}$ 利用 Jacobi 迭代法和 Gauss-Seidel 迭代法解此方程组, 若把上述方程组交换方程次序得到新的方程组, 再利用 Jacobi 迭代法和 Gauss-Seidel 迭代法解此方程组.

解 (1) 由题意可知, Jacobi 迭代法和 Gauss-Seidel 迭代法的迭代格式分别为

$$\begin{cases} x_1^{(k+1)} = -\dfrac{7}{3} + \dfrac{10}{3}x_2^{(k)}, \\ x_2^{(k+1)} = -\dfrac{5}{4} + \dfrac{9}{4}x_1^{(k)}; \end{cases} \quad \begin{cases} x_1^{(k+1)} = -\dfrac{7}{3} + \dfrac{10}{3}x_2^{(k)}, \\ x_2^{(k+1)} = -\dfrac{5}{4} + \dfrac{9}{4}x_1^{(k+1)}, \end{cases} \quad k = 0, 1, 2, \cdots$$

若取初始向量 $x^{(0)}=[0,0]^{\mathrm{T}}$, 则往下迭代序列分别为

$$x^{(1)}=\left(-\frac{7}{3},-\frac{5}{4}\right)^{\mathrm{T}};\quad x^{(2)}=\left(-\frac{13}{2},-\frac{13}{2}\right)^{\mathrm{T}};\quad x^{(3)}=\left(-24,-\frac{127}{8}\right)^{\mathrm{T}}$$

$$x^{(1)}=\left(-\frac{7}{3},-\frac{13}{2}\right)^{\mathrm{T}};\quad x^{(2)}=\left(-24,-\frac{221}{4}\right)^{\mathrm{T}};\quad x^{(3)}=\left(-\frac{2239}{12},-\frac{6737}{16}\right)^{\mathrm{T}}$$

显然此时 Jacobi 迭代法和 Gauss-Seidel 迭代法都是不收敛的. 我们考察其迭代矩阵.

若方程组系数阵 $A=\begin{bmatrix}3&-10\\9&-4\end{bmatrix}$, 对于 Jacobi 迭代法, 迭代矩阵

$$G_J=D^{-1}(L+U)=\begin{bmatrix}0&10/3\\9/4&0\end{bmatrix}$$

计算 $\rho(G_j)=\dfrac{\sqrt{30}}{2}>1$, Jacobi 迭代法不收敛. 而对于 Gauss-Seidel 迭代法, 迭代矩阵

$$G_G=(D-L)^{-1}U=\begin{bmatrix}0&10/3\\0&15/2\end{bmatrix}$$

计算 $\rho(G_G)=7.5>1$, 因此 Gauss-Seidel 迭代法也不收敛.

(2) 若变换方程次序, Jacobi 迭代法和 Gauss-Seidel 迭代法的迭代格式分别为

$$\begin{cases}x_1^{(k+1)}=\dfrac{4}{9}+\dfrac{5}{9}x_2^{(k)},\\ x_2^{(k+1)}=\dfrac{7}{10}+\dfrac{3}{10}x_1^{(k)};\end{cases}\quad \begin{cases}x_1^{(k+1)}=\dfrac{4}{9}+\dfrac{5}{9}x_2^{(k)},\\ x_2^{(k+1)}=\dfrac{7}{10}+\dfrac{3}{10}x_1^{(k+1)},\end{cases}\quad k=0,1,2,\cdots$$

同样取初始向量 $x^{(0)}=(0,0)^{\mathrm{T}}$, 则往下迭代序列分别为

$$x^{(1)}=\left(\frac{4}{9},\frac{7}{10}\right)^{\mathrm{T}},\quad x^{(2)}=\left(\frac{5}{6},\frac{5}{6}\right)^{\mathrm{T}},\quad x^{(3)}=\left(\frac{49}{54},\frac{19}{20}\right)^{\mathrm{T}}$$

$$x^{(1)}=\left(\frac{4}{9},\frac{5}{6}\right)^{\mathrm{T}},\quad x^{(2)}=\left(\frac{49}{54},\frac{35}{36}\right)^{\mathrm{T}},\quad x^{(3)}=\left(\frac{319}{324},\frac{215}{216}\right)^{\mathrm{T}}$$

很快收敛于方程的解 $x^{(*)}=(1,1)^{\mathrm{T}}$, 此时 Jacobi 迭代法和 Gauss-Seidel 迭代法都是不收敛的. 我们考察其迭代矩阵, 新的线性方程组系数矩阵为 $A=\begin{bmatrix}9&-4\\3&-10\end{bmatrix}$,

对于 Jacobi 迭代法, 迭代矩阵

$$G_J = D^{-1}(L+U) = \begin{bmatrix} 0 & 9/4 \\ 10/3 & 0 \end{bmatrix}$$

计算 $\rho(G_J) = \dfrac{\sqrt{30}}{15} < 1$, 则 Jacobi 迭代法收敛. 对于 Gauss-Seidel 迭代法, 迭代矩阵

$$G_G = (D-L)^{-1}U = \begin{bmatrix} 0 & \dfrac{4}{9} \\ 0 & \dfrac{2}{15} \end{bmatrix}$$

计算 $\rho(G_G) = \dfrac{2}{15} < 1$, 因此 Gauss-Seidel 迭代法收敛.

2\. 给定线性方程组 $\begin{bmatrix} 2 & -1 & 1 \\ 1 & 1 & 1 \\ 1 & 1 & 2 \end{bmatrix}\begin{bmatrix} x_1 \\ x_2 \\ x_3 \end{bmatrix} = \begin{bmatrix} 1 \\ 1 \\ 1 \end{bmatrix}$, 写出求该线性方程的 Jacobi 迭代格式.

解 由题意可知, Jacobi 迭代格式为

$$\begin{cases} x_1^{(k+1)} = \dfrac{1}{2}(x_2^{(k)} - x_3^{(k)} + 1), \\ x_2^{(k+1)} = -x_1^{(k)} - x_3^{(k)} + 1, \\ x_3^{(k+1)} = \dfrac{1}{2}(-x_1^{(k)} - x_2^{(k)} + 1), \end{cases} \quad k = 0, 1, \cdots$$

3\. 对于线性方程组 $\begin{bmatrix} 10 & -1 & 2 & 0 \\ -1 & 11 & -1 & 3 \\ 2 & -1 & 10 & -1 \\ 0 & 3 & -1 & 8 \end{bmatrix}\begin{bmatrix} x_1 \\ x_2 \\ x_3 \\ x_4 \end{bmatrix} = \begin{bmatrix} 6 \\ 25 \\ -11 \\ 15 \end{bmatrix}$, 写出 Jacobi 迭代法和 Gauss-Seidel 迭代法的格式, 并取 $x^{(0)} = (0,0,0)^{\mathrm{T}}$ 分别迭代计算二次.

解 Jacobi 迭代法迭代格式为

$$\begin{cases} x_1^{(k+1)} = \dfrac{1}{10}x_2^{(k)} - \dfrac{1}{5}x_3^{(k)} + \dfrac{3}{5}, \\ x_2^{(k+1)} = \dfrac{1}{11}x_1^{(k)} + \dfrac{1}{11}x_3^{(k)} - \dfrac{3}{11}x_4^{(k)} + \dfrac{25}{11}, \\ x_3^{(k+1)} = -\dfrac{1}{5}x_1^{(k)} + \dfrac{1}{10}x_2^{(k)} + \dfrac{1}{10}x_4^{(k)} - \dfrac{11}{10}, \\ x_4^{(k+1)} = -\dfrac{3}{8}x_2^{(k)} + \dfrac{1}{8}x_3^{(k)} + \dfrac{15}{8}, \end{cases} \quad k = 0, 1, \cdots$$

若取初值 $x^{(0)}=(0,0,0)^{\mathrm{T}}$, 则

$$x^{(1)}=(0.600,2.273,-1.100,1.875)^{\mathrm{T}},\quad x^{(2)}=(1.047,1.716,-0.805,0.885)^{\mathrm{T}}$$

Gauss-Seidel 迭代法迭代格式为

$$\begin{cases} x_1^{(k+1)}=\dfrac{1}{10}x_2^{(k)}-\dfrac{1}{5}x_3^{(k)}+\dfrac{3}{5}, \\ x_2^{(k+1)}=\dfrac{1}{11}x_1^{(k+1)}+\dfrac{1}{11}x_3^{(k)}-\dfrac{3}{11}x_4^{(k)}+\dfrac{25}{11}, \\ x_3^{(k+1)}=-\dfrac{1}{5}x_1^{(k+1)}+\dfrac{1}{10}x_2^{(k+1)}+\dfrac{1}{10}x_4^{(k)}-\dfrac{11}{10}, \\ x_4^{(k+1)}=-\dfrac{3}{8}x_2^{(k+1)}+\dfrac{1}{8}x_3^{(k+1)}+\dfrac{15}{8}, \end{cases}\quad k=0,1,\cdots$$

若取初值 $x^{(0)}=(0,0,0)^{\mathrm{T}}$, 则

$$x^{(1)}=(0.600,2.327,-0.987,0.879)^{\mathrm{T}},\quad x^{(2)}=(1.030,2.037,-1.014,0.984)^{\mathrm{T}}$$

4. 用 SOR 方法求解方程组 $\begin{bmatrix} 2 & -1 & 0 & 0 \\ -1 & 2 & -1 & 0 \\ 0 & -1 & 2 & -1 \\ 0 & 0 & -1 & 2 \end{bmatrix}\begin{bmatrix} x_1 \\ x_2 \\ x_3 \\ x_4 \end{bmatrix}=\begin{bmatrix} 1 \\ 0 \\ 1 \\ 0 \end{bmatrix}$, 取初始向量 $x^{(0)}=(1,1,1,1)^{\mathrm{T}}$, 松弛因子 $\omega=1.46$, 计算两步.

解 由题意可知, SOR 的迭代格式

$$\begin{cases} x_1^{(k+1)}=(1-\omega)x_1^{(k)}+\dfrac{\omega}{2}(x_2^{(k)}+1), \\ x_2^{(k+1)}=(1-\omega)x_2^{(k)}+\dfrac{\omega}{2}(x_1^{(k)}+x_3^{(k)}), \\ x_3^{(k+1)}=(1-\omega)x_3^{(k)}+\dfrac{\omega}{2}(x_2^{(k)}+x_4^{(k)}+1), \\ x_4^{(k+1)}=(1-\omega)x_4^{(k)}+\dfrac{\omega}{2}(x_3^{(k)}), \end{cases}\quad k=0,1,\cdots$$

由已知 $\omega=1.46$, $x^{(0)}=(1,1,1,1)^{\mathrm{T}}$, 计算两步得

$$x^{(1)}=(1.00000,1.00000,1.73000,0.80290)^{\mathrm{T}}$$

$$x^{(2)}=(1.00000,1.53290,1.63933,0.82738)^{\mathrm{T}}$$

5. 给定方程组 $Ax=b$, 其中 $A=\begin{bmatrix} 1 & \omega & \omega \\ 3\omega & 1 & 0 \\ \omega & 0 & 1 \end{bmatrix}$, $x,b\in\mathbf{R}^3,\omega\in\mathbf{R}$, 试求 ω 的取值范围, 使该方程组的 Jacobi 迭代格式和 Gauss-Seidel 迭代格式收敛.

解 由题意可知, Jacobi 迭代矩阵为

$$G_J = D^{-1}(L+U) = \begin{bmatrix} 0 & -\omega & -\omega \\ -3\omega & 0 & 0 \\ -\omega & 0 & 0 \end{bmatrix}$$

其特征方程为 $\begin{vmatrix} \lambda & \omega & \omega \\ 3\omega & \lambda & 0 \\ \omega & 0 & \lambda \end{vmatrix} = 0$, 即 $\lambda^3 - 4\lambda\omega^2 = 0$, 求得 $\lambda_1 = 0, \lambda_2 = -2\omega, \lambda_3 = 2\omega$, 因此要使 Jacobi 迭代收敛, 只需 $|2\omega| < 1$, 即 $|\omega| < \dfrac{1}{2}$. 又由 Gauss-Seidel 迭代法的迭代矩阵

$$G_G = (D-L)^{-1}U = \begin{bmatrix} 0 & -\omega & -\omega \\ 0 & 3\omega^2 & 3\omega^2 \\ 0 & \omega^2 & \omega^2 \end{bmatrix}$$

其特征方程为 $\begin{vmatrix} \lambda & \omega & \omega \\ 0 & \lambda - 3\omega^2 & -3\omega^2 \\ 0 & -\omega^2 & \lambda - \omega^2 \end{vmatrix} = 0$, 即 $\lambda^3 - 4\lambda^2\omega^2 = 0$, 求得 $\lambda_{1,2} = 0, \lambda_3 = 4\omega^2$, 因此 Gauss-Seidel 格式收敛需满足 $|4\omega^2| < 1$. 即 $|\omega| < \dfrac{1}{2}$ 时, Jacobi 迭代格式和 Gauss-Seidel 迭代格式都收敛.

6. 设有求解线性方程组 $Ax = b$ 的迭代格式 $Bx^{(k+1)} + Cx^{(k)} = b$, $k = 0, 1, 2, \cdots$, 其中,

$$B = \begin{bmatrix} 1 & 1 & 1 \\ 0 & 1 & 1 \\ 0 & 0 & 1 \end{bmatrix}, \quad C = \begin{bmatrix} 0 & 0 & 0 \\ \xi & 0 & 0 \\ 2 & \eta & 0 \end{bmatrix}, \quad b = \begin{bmatrix} b_1 \\ b_2 \\ b_3 \end{bmatrix}, \quad x^{(k)} = \begin{bmatrix} x_1^k \\ x_2^k \\ x_3^k \end{bmatrix}$$

试确定实参数 ξ 和 η 的取值范围, 使迭代格式收敛.

解 由迭代格式得 $x^{(k+1)} = -B^{-1}Cx^{(k)} + B^{-1}b$, $k = 0, 1, 2, \cdots$, 因此由迭代基本定理知, 迭代格式收敛只需 $\rho(-B^{-1}C) < 1$. 由 $-B^{-1}C$ 的特征方程为

$$|\lambda I + B^{-1}C| = |B^{-1}||\lambda B + C| = 0$$

由此得

$$\begin{vmatrix} \lambda & \lambda & \lambda \\ \xi & \lambda & \lambda \\ 2 & \eta & \lambda \end{vmatrix} = 0$$

得到 $\lambda[\lambda^2-(\xi+\eta)\lambda+\xi\eta]=0$, 求得特征值为 $\lambda_1=0,\lambda_2=\xi,\lambda_3=\eta$, 因此

$$\rho(-B^{-1}C)=\max\{|\xi|,|\eta|\}$$

所以当 $\max\{|\xi|,|\eta|\}<1$ 时, 迭代收敛.

7. 已知线性方程组 $Ax=b$, 其中 $A=\begin{bmatrix}1 & 2\\ 0.3 & 1\end{bmatrix}$, $b=\begin{bmatrix}1\\ 2\end{bmatrix}$, 讨论 Jacobi 迭代和 Gauss-Seidel 迭代解时的收敛性, 若有迭代公式 $x^{(k+1)}=x^{(k)}+\alpha(Ax^{(k)}+b)$, 试确定一个 α 的取值范围, 在此范围内任取一个 α 的值均使该迭代公式收敛.

解　(1) 由题意可知, 用分量形式 $\begin{cases}x_1+2x_2=1,\\ 0.3x_1+x_2=2,\end{cases}$ 则 Jacobi 迭代格式为

$$\begin{cases}x_1^{(k+1)}=-2x_2^{(k)}+1,\\ x_2^{(k+1)}=-0.3x_1^{(k)}+2,\end{cases}\qquad k=0,1,2,\cdots$$

Jacobi 迭代矩阵 $G_J=\begin{bmatrix}0 & -2\\ -0.3 & 0\end{bmatrix}$, 由特征值计算有

$$\det(\lambda I-G_J)=\begin{vmatrix}\lambda & 2\\ 0.3 & \lambda\end{vmatrix}=\lambda^2-0.6=0$$

解出 $\lambda=\pm\sqrt{0.6}$, 因此谱半径 $\rho(G_J)=\sqrt{0.6}<1$, 所以 Jacobi 迭代收敛.

而 Gauss-Seidel 迭代的迭代格式为

$$\begin{cases}x_1^{(k+1)}=-2x_2^{(k)}+1,\\ x_2^{(k+1)}=-0.3x_1^{(k+1)}+2,\end{cases}\qquad k=0,1,2,\cdots$$

Gauss-Seidel 迭代矩阵 $G=\begin{bmatrix}0 & -2\\ 0 & 0.6\end{bmatrix}$, 由特征值计算有

$$\det(\lambda I-G)=\begin{vmatrix}\lambda & 2\\ 0 & \lambda-0.6\end{vmatrix}=\lambda(\lambda-0.6)=0$$

解出 $\lambda_1=0,\lambda_2=0.6$, 则谱半径 $\rho(G)=0.6<1$, 所以 Gauss-Seidel 迭代也收敛.

(2) 迭代公式 $x^{(k+1)}=x^{(k)}+\alpha(Ax^{(k)}+b)$ 写成 $x^{(k+1)}=(I+\alpha A)x^{(k)}+\alpha b$, 则迭代矩阵 $G=I+\alpha A$, 其中 A 的特征值 λ_A 可由

$$\begin{vmatrix}\lambda-1 & -2\\ 0.3 & \lambda-1\end{vmatrix}=(\lambda-1)^2-0.6=0$$

求出 A 的特征值 $\lambda_A = 1 \pm \sqrt{0.6}$, 于是 G 的特征值 $\lambda_G = 1 + \alpha(1 \pm \sqrt{0.6})$, 为使

$$\rho(G) = \left|1 + \alpha(1 \pm \sqrt{0.6})\right| < 1$$

解得 α 的取值范围为 $\dfrac{-2}{1 \pm \sqrt{0.6}} < \alpha < 0$.

8. 设 n 阶矩阵 A 对称正定, 有迭代格式 $x^{(k+1)} = x^{(k)} - \tau(Ax^{(k)} + b)$, $k = 0, 1, \cdots, n$ 为使收敛到方程组 $Ax = b$ 的解 x^*, 讨论参数 τ 的取值范围.

解 迭代公式改写成 $x^{(k+1)} = (I - \tau A)x^{(k)} + \tau b$, $k = 0, 1, \cdots, n$, 因为 A 对称正定, 则其特征值全大于零, 不妨设 $\lambda_1 \geqslant \lambda_2 \geqslant \cdots \geqslant \lambda_n > 0$, 则迭代矩阵 $G = I - \tau A$ 的特征值为 $1 - \tau\lambda_i$, 该格式要对任意初始向量都收敛, 则应满足

$$|1 - \tau\lambda_i| < 1$$

解出参数得 $0 < \tau < \dfrac{2}{\lambda_i}$, $i = 1, 2, \cdots, n$, 所求参数 τ 的取值的公共解为 $0 < \tau < \dfrac{2}{\lambda_1}$. 实际中, 由于 $\lambda_1 \leqslant \sum\limits_{i=1}^{n} \lambda_i = \sum\limits_{i=1}^{n} a_{ii}$, 可以取 $\tau < \dfrac{2}{\sum\limits_{i=1}^{n} a_{ii}}$.

9. 给定三阶线性方程组 $\begin{bmatrix} 1 & 2 & -2 \\ 1 & 1 & 1 \\ 2 & 2 & 1 \end{bmatrix}\begin{bmatrix} x_1 \\ x_2 \\ x_3 \end{bmatrix} = \begin{bmatrix} 1 \\ 1 \\ 1 \end{bmatrix}$, 求证 Jacobi 迭代格式是收敛的而 Gauss-Seidel 迭代格式是发散的.

证明 (1) 由题意可知, Jacobi 迭代格式的迭代矩阵

$$G_J = D^{-1}(L + U) = \begin{bmatrix} 0 & -2 & 2 \\ -1 & 0 & -1 \\ -2 & -2 & 0 \end{bmatrix}$$

计算其特征值

$$p(\lambda) = |\lambda I - G_J| = \begin{bmatrix} \lambda & 2 & -2 \\ 1 & \lambda & 1 \\ 2 & 2 & \lambda \end{bmatrix} = \lambda^3 = 0$$

解得 $\lambda_1 = 0, \lambda_2 = 0, \lambda_3 = 0$, 即 $\rho(B_J) = 0 < 1$, Jacobi 迭代格式是收敛的.

(2) 考虑 Gauss-Seidel 迭代格式的迭代矩阵

$$G_G=(D-L)^{-1}U=\begin{bmatrix}0&-2&2\\0&2&-3\\0&0&2\end{bmatrix}$$

计算其特征值

$$p(\lambda)=|\lambda I-G_G|=\begin{vmatrix}\lambda&2&-2\\0&\lambda-2&3\\0&0&\lambda-2\end{vmatrix}=\lambda(\lambda-2)^3=0$$

解得 $\lambda_1=0,\lambda_2=2,\lambda_3=2$, 即 $\rho(G_G)=2>1$, Gauss-Seidel 迭代格式是发散的.

10. 对于线性方程组 $\begin{bmatrix}a_{11}&a_{12}\\a_{21}&a_{22}\end{bmatrix}\begin{bmatrix}x_1\\x_2\end{bmatrix}=\begin{bmatrix}b_1\\b_2\end{bmatrix}$, 其中 $a_{11}a_{12}\neq 0, a_{11}a_{22}-a_{21}a_{12}\neq 0$, 证明解线性方程组的 Jacobi 迭代法和 Gauss-Seidel 迭代法同时收敛或同时不收敛.

证明　由题意可知, Jacobi 迭代法的迭代矩阵

$$G_J=\begin{bmatrix}a_{11}&0\\0&a_{22}\end{bmatrix}^{-1}\begin{bmatrix}0&-a_{12}\\-a_{21}&0\end{bmatrix}=\begin{bmatrix}0&-\dfrac{a_{12}}{a_{11}}\\-\dfrac{a_{21}}{a_{22}}&0\end{bmatrix}$$

由 $\det(\lambda I-G_J)=\lambda^2-\dfrac{a_{12}a_{21}}{a_{11}a_{21}}$, 计算其特征值 $\lambda_{1,2}=\pm\sqrt{\left|\dfrac{a_{12}a_{21}}{a_{11}a_{22}}\right|}$, 因此

$$\rho(G_J)=\sqrt{\left|\frac{a_{12}a_{21}}{a_{11}a_{22}}\right|}<1$$

Jacobi 迭代法收敛.

同理, Gauss-Seidel 迭代法的迭代矩阵为

$$G_G=\begin{bmatrix}a_{11}&0\\a_{21}&a_{22}\end{bmatrix}^{-1}\begin{bmatrix}0&-a_{12}\\0&0\end{bmatrix}=\begin{bmatrix}0&-\dfrac{a_{12}}{a_{11}}\\0&\dfrac{a_{12}a_{21}}{a_{11}a_{12}}\end{bmatrix}$$

由 $\det(\lambda I-G_G)=\lambda\left(\lambda-\dfrac{a_{12}a_{21}}{a_{11}a_{12}}\right)$, 计算其特征值 $\lambda_1=0,\ \lambda_2=\dfrac{a_{12}a_{21}}{a_{11}a_{22}}$, 因此

$$\rho(G_G)=\left|\frac{a_{12}a_{21}}{a_{11}a_{22}}\right|<1$$

Gauss-Seidel 迭代法收敛, 综上 Jacobi 迭代法和 Gauss-Seidel 迭代法同时收敛或同时不收敛.

11. 解线性方程组 $Ax=b$ 的 Jacobi 迭代法的一种改进称为 JOR 方法, 其迭代公式为

$$x^{(k+1)}=\omega B_J x^{(k)}+(1-\omega)x^{(k)},\quad k=0,1,2,\cdots$$

其中, B_J 是 Jacobi 迭代法的迭代矩阵, 试证明若 Jacobi 迭代法收敛, 则 JOR 方法对 $0<\omega\leqslant 1$ 收敛.

证明 由题意可知, 设 B_J 的特征值为 $\lambda(B_J)$, 则迭代矩阵 $B=\omega B_J+(1-\omega)I$ 对应的特征值 $\lambda(B)=\omega\lambda(B_J)+1-\omega$, 因此有

$$|\lambda(B)|=|\omega\lambda(B_J)+1-\omega|\leqslant|\omega\lambda(B_J)|+|1-\omega|$$

由于 Jacobi 迭代法收敛, 则 $\lambda(B_J)<1$, 而 $0<\omega\leqslant 1$, 所以

$$|\lambda(B)|\leqslant\omega|\lambda(B_J)|+1-\omega<1$$

由迭代法收敛条件证得 JOR 方法收敛.

12. 设求解方程组 $Ax=b$ 的简单迭代法 $x^{(k+1)}=Gx^{(k)}+g\ (k=0,1,2,\cdots)$ 收敛, 证明对 $0<\omega<1$, 迭代法 $x^{(k+1)}=[(1-\omega)I+\omega G]\,x^{(k)}+\omega g\ (k=0,1,2,\cdots)$ 收敛.

证明 由题意可知, 设 $B=(1-\omega)I+\omega G$, $\lambda(B),\lambda(G)$ 分别为 B 和 G 的特征值, 则显然

$$\lambda(B)=(1-\omega)+\omega\lambda(G)$$

由于简单迭代法收敛知 $|\lambda(G)|<1$, 又由 $0<\omega<1$, 则 $\lambda(B)$ 是 1 和 $\lambda(G)$ 的加权平均, 因此

$$|\lambda(B)|<|\lambda(G)|<1$$

由迭代法的收敛条件, 迭代法 $x^{(k+1)}=[(1-\omega)I+\omega G]\,x^{(k)}+\omega g,\ k=0,1,2,\cdots$ 收敛.

13. 设 $A\in\mathbf{R}^{n\times n}$ 对称正定, $\mathbf{R}^n$ 中的非零向量组 $\{P^{(0)},P^{(1)},\cdots,P^{(l)}\}(l<n)$, 满足 $(AP^{(i)},P^{(j)})=0,\ i\neq j$, 证明此向量组是线性无关的向量组.

证明 由题意可知, 若存在实数 $\alpha_1,\alpha_2,\cdots,\alpha_l$, 使得

$$\alpha_1P^{(1)}+\alpha_2P^{(2)}+\cdots+\alpha_lP^{(l)}=0$$

两边同时与 $AP^{(i)}$ 作内积, 则

$$(AP^{(i)},\alpha_1P^{(1)}+\alpha_2P^{(2)}+\cdots+\alpha_lP^{(l)})=\alpha_i(AP^{(i)},P^{(i)})=0$$

因为 $(AP^{(i)}, P^{(i)}) \neq 0$, 所以系数 $\alpha_i = 0, i = 1, 2, \cdots, l$, 即此向量组是线性无关的向量组.

14. 已知 $x^{(0)} \in \mathbf{R}^n$ 非零向量, $p \in \mathbf{R}^n$ 在 $x^{(0)} + \alpha p$ 中选 α 取什么值时可使 $\varphi(x^{(0)} + \alpha p)$ 达到最小, 其中, $\varphi(x) = \frac{1}{2}(Ax, x) - (b, x)$.

解　由题意可知, $\varphi(x^{(0)} + \alpha p) = \varphi(x^{(0)}) + \alpha(Ax^{(0)} - b, p) + \frac{\alpha^2}{2}(Ap, p)$, 因此

$$\begin{aligned}\frac{d}{d\alpha}\varphi(x^{(0)} + \alpha p) &= \frac{d}{d\alpha}\left[\varphi(x^{(0)}) + \alpha(Ax^{(0)} - b, p) + \frac{\alpha^2}{2}(Ap, p)\right] \\ &= (Ax^{(0)} - b, p) + \alpha(Ap, p)\end{aligned}$$

令 $\frac{d}{d\alpha}\varphi(x^{(0)} + \alpha p) = 0$, 解得 $\alpha = \alpha_0 = \frac{(b - Ax^{(0)}, p)}{(Ap, p)}$, 又由 A 的正定性有

$$\frac{d^2}{d\alpha^2}\varphi(x^{(0)} + \alpha p) = (Ap, p) > 0$$

所以 α_0 使 $\varphi(x^{(0)} + \alpha p)$ 达到极小.

15. 取 $x^{(0)} = (0, 0)^{\mathrm{T}}$ 用共轭梯度法求解下列线性方程组:

(1) $\begin{bmatrix} 6 & 3 \\ 3 & 2 \end{bmatrix}\begin{bmatrix} x_1 \\ x_2 \end{bmatrix} = \begin{bmatrix} 0 \\ -1 \end{bmatrix}$;　　(2) $\begin{bmatrix} 2 & 1 \\ 1 & 5 \end{bmatrix}\begin{bmatrix} x_1 \\ x_2 \end{bmatrix} = \begin{bmatrix} 3 \\ 1 \end{bmatrix}$.

解　(1) 由题意可知, 记 $A = \begin{bmatrix} 6 & 3 \\ 3 & 2 \end{bmatrix}, b = \begin{bmatrix} 0 \\ -1 \end{bmatrix}$, 设 $x^{(0)} = (0, 0)^{\mathrm{T}}$, 则

$$r^{(0)} = p_0 = b - Ax^{(0)} = \begin{bmatrix} 0 \\ -1 \end{bmatrix} - \begin{bmatrix} 6 & 3 \\ 3 & 2 \end{bmatrix}\begin{bmatrix} 0 \\ 0 \end{bmatrix} = \begin{bmatrix} 0 \\ -1 \end{bmatrix}$$

$$\alpha_0 = \frac{(r^{(0)}, p^{(0)})}{(p_0, Ap_0)} = \frac{1}{2}$$

$$x^{(1)} = x^{(0)} + \alpha_0 p_0 = \begin{bmatrix} 0 \\ 0 \end{bmatrix} + \frac{1}{2}\begin{bmatrix} 0 \\ -1 \end{bmatrix} = \begin{bmatrix} 0 \\ -0.5 \end{bmatrix}$$

$$r^{(1)} = r^{(0)} - \alpha_0 Ap_0 = \begin{bmatrix} 0 \\ -1 \end{bmatrix} - \frac{1}{2}\begin{bmatrix} -3 \\ -2 \end{bmatrix} = \begin{bmatrix} 1.5 \\ 0 \end{bmatrix}, \quad \beta_0 = \frac{(r^{(1)}, r^{(1)})}{(r^{(0)}, r^{(0)})} = \frac{9}{4}$$

$$p_1 = r^{(1)} + \beta_0 p_0 = \begin{bmatrix} 1.5 \\ 0 \end{bmatrix} + \frac{9}{4}\begin{bmatrix} 0 \\ -1 \end{bmatrix} = \begin{bmatrix} 1.5 \\ -2.25 \end{bmatrix}, \quad \alpha_1 = \frac{(r^{(1)}, r^{(1)})}{(p_1, Ap_1)} = \frac{2}{3}$$

$$x^{(2)}=x^{(1)}+\alpha_1 p_1=\begin{bmatrix}0\\-0.5\end{bmatrix}+\frac{2}{3}\begin{bmatrix}1.5\\-2.25\end{bmatrix}=\begin{bmatrix}1\\-2\end{bmatrix}$$

(2) 记 $A=\begin{bmatrix}2&1\\1&5\end{bmatrix},b=\begin{bmatrix}3\\1\end{bmatrix}$, 设 $x^{(0)}=(0,0)^{\mathrm{T}}$, 则

$$r^{(0)}=p_0=b-Ax^{(0)}=\begin{bmatrix}3\\1\end{bmatrix}-\begin{bmatrix}2&1\\1&5\end{bmatrix}\begin{bmatrix}0\\0\end{bmatrix}=\begin{bmatrix}3\\1\end{bmatrix}$$

$$\alpha_0=\frac{(r^{(0)},r^{(0)})}{(p_0,Ap_0)}=\frac{10}{29}$$

$$x^{(1)}=x^{(0)}+\alpha_0 p_0=\begin{bmatrix}0\\0\end{bmatrix}+\frac{10}{29}\begin{bmatrix}3\\1\end{bmatrix}=\frac{10}{29}\begin{bmatrix}3\\1\end{bmatrix}$$

$$r^{(1)}=r^{(0)}-\alpha_0 Ap_0=\begin{bmatrix}3\\1\end{bmatrix}-\frac{10}{29}\begin{bmatrix}7\\8\end{bmatrix}=\frac{1}{29}\begin{bmatrix}17\\-51\end{bmatrix}$$

$$\beta_0=\frac{(r^{(1)},r^{(1)})}{(r^{(0)},r^{(0)})}=\frac{289}{841}$$

$$p_1=r^{(1)}+\beta_0 p_0=\frac{1}{29}\begin{bmatrix}17\\-51\end{bmatrix}+\frac{289}{841}\begin{bmatrix}3\\1\end{bmatrix}=\frac{1}{841}\begin{bmatrix}1360\\-1190\end{bmatrix}$$

$$\alpha_1=\frac{(r^{(1)},r^{(1)})}{(p_1,Ap_1)}=\frac{29}{90}$$

$$x^{(2)}=x^{(1)}+\alpha_1 p_1=\frac{10}{29}\begin{bmatrix}3\\1\end{bmatrix}+\frac{29}{90}\times\frac{1}{841}\begin{bmatrix}1360\\-1190\end{bmatrix}=\frac{1}{9}\begin{bmatrix}14\\-1\end{bmatrix}$$

方程组的精确解为 $x=\left(\frac{14}{9},-\frac{1}{9}\right)^{\mathrm{T}}$.

7.4 同步训练题

一、填空题

1. 解方程组 $\begin{cases}2x_1-5x_2=3,\\10x_1-3x_2=4\end{cases}$ 的 Jacobi 迭代格式为 ＿＿＿＿＿＿.

2. 已知方程组 $\begin{bmatrix}1&2&1\\2&2&3\\-1&-3&0\end{bmatrix}\begin{bmatrix}x_1\\x_2\\x_3\end{bmatrix}=\begin{bmatrix}3\\0\\2\end{bmatrix}$, 其 Gauss-Seidel 迭代法的迭代格式是 ＿＿＿＿＿＿.

3. 设线性方程组 $Ax=b$ 的系数矩阵 $A=\begin{bmatrix} a+2 & 2 \\ 2 & 1 \end{bmatrix}$, 则用 Gauss-Seidel 迭代法求解收敛的充要条件是 ________.

4. 线性方程组 $\begin{bmatrix} 1 & 2 & -2 \\ 1 & 1 & 1 \\ 2 & 2 & 1 \end{bmatrix}\begin{bmatrix} x_1 \\ x_2 \\ x_3 \end{bmatrix}=\begin{bmatrix} 1 \\ 1 \\ 1 \end{bmatrix}$, Jacobi 迭代法的迭代矩阵 $G=$ ________, 谱半径为 ________.

5. 方程组 $Ax=b$ 用 SOR 法求解时, 迭代矩阵为 $G=(D-\omega L)^{-1}[(1-\omega)D+\omega U]$, 要使迭代法收敛, $0<\omega<2$ 是 ________. (充分条件、必要条件、充要条件)

二、选择题

1. 讨论线性方程组 $Ax=b$ 的 Jacobi 和 Gauss-Seidel 的迭代法是否收敛, 其中 $A=\begin{bmatrix} 2 & -1 & 1 \\ 2 & 2 & 2 \\ -1 & -1 & 2 \end{bmatrix}$, 则 ( ).

A. Jacobi 收敛, Gauss-Seidel 收敛

B. Jacobi 不收敛, Gauss-Seidel 收敛

C. Jacobi 收敛, Gauss-Seidel 不收敛

D. Jacobi 不收敛, Gauss-Seidel 不收敛

2. 给定线性方程组 $\begin{cases} 10x_1+4x_2+4x_3=13, \\ 4x_1+10x_2+8x_3=11, \\ 4x_1+8x_2+10x_3=25, \end{cases}$ 则 Jacobi 迭代格式为 ( ).

A. $\begin{cases} x_1^{(k+1)}=0.4x_2^{(k)}+0.4x_3^{(k)}-1.3, \\ x_2^{(k+1)}=0.4x_1^{(k)}-0.8x_3^{(k)}+1.1, \\ x_3^{(k+1)}=-0.4x_1^{(k)}-0.8x_2^{(k)}+2.5, \end{cases}\quad k=0,1,\cdots$

B. $\begin{cases} x_1^{(k+1)}=0.4x_2^{(k)}-0.4x_3^{(k)}+1.3, \\ x_2^{(k+1)}=0.4x_1^{(k)}-0.8x_3^{(k)}+1.1, \\ x_3^{(k+1)}=-0.4x_1^{(k)}-0.8x_2^{(k)}+2.5, \end{cases}\quad k=0,1,\cdots$

C. $\begin{cases} x_1^{(k+1)}=0.4x_2^{(k)}-0.4x_3^{(k)}+1.3, \\ x_2^{(k+1)}=0.4x_1^{(k)}-0.8x_3^{(k)}-1.1, \\ x_3^{(k+1)}=-0.4x_1^{(k)}+0.8x_2^{(k)}-2.5, \end{cases}\quad k=0,1,\cdots$

D. $\begin{cases} x_1^{(k+1)} = 0.4x_2^{(k)} - 0.4x_3^{(k)} + 1.3, \\ x_2^{(k+1)} = 0.4x_1^{(k)} + 0.8x_3^{(k)} - 1.1, \\ x_3^{(k+1)} = -0.4x_1^{(k)} - 0.8x_2^{(k)} - 2.5, \end{cases} \quad k = 0, 1, \cdots$

3. 对于线性方程组 $\begin{bmatrix} 3 & 1 \\ 2 & 2 \end{bmatrix} \begin{bmatrix} x_1 \\ x_2 \end{bmatrix} = \begin{bmatrix} 3 \\ -1 \end{bmatrix}$, 若用迭代公式 $x^{(k+1)} = x^{(k)} + \alpha(Ax^{(k)} - b)$, $k = 0, 1, 2, \cdots$ 迭代求解, 当 α 满足 ( ) 时迭代法收敛.

A. $-\frac{1}{2} < \alpha < 0$　　B. $-\frac{1}{2} < \alpha < \frac{1}{2}$

C. $0 < \alpha < \frac{1}{2}$　　D. $-\frac{1}{3} < \alpha < \frac{1}{2}$

4. 线性方程组 $\begin{bmatrix} 3 & 2 & -1 \\ 1 & 4 & -2 \\ 2 & 3 & -9 \end{bmatrix} \begin{bmatrix} x_1 \\ x_2 \\ x_3 \end{bmatrix} = \begin{bmatrix} 4 \\ 3 \\ 15 \end{bmatrix}$, 则 Gauss-Seidel 迭代法迭代矩阵的谱半径为 ( ).

A. $\rho(G) = \sqrt{\frac{2}{27}}$　　B. $\rho(G) = \sqrt{\frac{4}{27}}$

C. $\rho(G) = \sqrt{\frac{5}{27}}$　　D. $\rho(G) = \sqrt{\frac{3}{25}}$

5. 线性方程组 $\begin{bmatrix} 1 & 1 & -2 \\ 1 & 2 & -1 \\ 2 & 2 & 2 \end{bmatrix} \begin{bmatrix} x_1 \\ x_2 \\ x_3 \end{bmatrix} = \begin{bmatrix} 1 \\ 2 \\ 3 \end{bmatrix}$, 其 Gauss-Seidel 迭代格式是 ( ).

A. $\begin{cases} x_1^{(k+1)} = -x_2^{(k)} + 2x_3^{(k)} + 1, \\ x_2^{(k+1)} = (-x_1^{(k+1)} + x_3^{(k)})/2, \\ x_3^{(k+1)} = (-2x_1^{(k+1)} - 2x_2^{(k+1)} + 3)/2, \end{cases} \quad k = 0, 1, \cdots$

B. $\begin{cases} x_1^{(k+1)} = -x_2^{(k)} + 2x_3^{(k)} + 1, \\ x_2^{(k+1)} = (-x_1^{(k+1)} + x_3^{(k)} + 2)/2, \\ x_3^{(k+1)} = (-2x_1^{(k+1)} - 2x_2^{(k+1)} + 3)/2, \end{cases} \quad k = 0, 1, \cdots$

C. $\begin{cases} x_1^{(k+1)} = -x_2^{(k)} + 2x_3^{(k)} + 1, \\ x_2^{(k+1)} = (-x_1^{(k+1)} + x_3^{(k)} + 2)/2, \\ x_3^{(k+1)} = (-2x_1^{(k+1)} + 2x_2^{(k+1)} + 3)/2, \end{cases} \quad k = 0, 1, \cdots$

D. $\begin{cases} x_1^{(k+1)} = -x_2^{(k)} + 2x_3^{(k)} + 1, \\ x_2^{(k+1)} = (-x_1^{(k+1)} + x_3^{(k)})/2, \\ x_3^{(k+1)} = (-2x_1^{(k+1)} - 2x_2^{(k+1)} - 3)/2, \end{cases} \quad k = 0, 1, \cdots$

三、计算与证明题

1. 实数 $a \neq 0$ 时, 考察矩阵 $A = \begin{bmatrix} 1 & a & 0 \\ a & 1 & a \\ 0 & a & 1 \end{bmatrix}$, 试就方程组 $Ax = b$ 建立 Jacobi 迭代法和 Gauss-Seidel 迭代法的计算公式, 讨论 a 取何值时迭代收敛.

2. 给定求解线性方程组 $Ax = b$ 的迭代格式 $Bx^{(k+1)} + \omega Cx^{(k)} = b$, $k = 0, 1, \cdots$, 其中 $B = \begin{bmatrix} 4 & 0 & 0 \\ -1 & 4 & 0 \\ 1 & -1 & 4 \end{bmatrix}$, $C = \begin{bmatrix} 0 & -2 & 1 \\ 0 & 0 & -2 \\ 0 & 0 & 0 \end{bmatrix}$, 则确定 ω 的值使上述迭代格式收敛.

3. 已知线性方程组 $Ax = b$, 其中, $A = \begin{bmatrix} 3 & 2 \\ 1 & 2 \end{bmatrix}$, $b = \begin{bmatrix} 3 \\ -1 \end{bmatrix}$ 有迭代公式 $x^{(k+1)} = x^{(k)} + \omega(Ax^{(k)} - b)$, $k = 0, 1, \cdots$, 求 ω 取什么范围时迭代收敛; 当 ω 取什么值时该迭代收敛最快.

4. 给定线性方程组 $\begin{bmatrix} 1 & \alpha & 0 \\ a & 1 & a \\ 0 & a & 1 \end{bmatrix} \begin{bmatrix} x_1 \\ x_2 \\ x_3 \end{bmatrix} = \begin{bmatrix} 1 \\ 2 \\ 3 \end{bmatrix}$, 其中 a 为常数, 试写出求解上述方程组的 Jacobi 迭代格式, 并求当 a 取何值时 Jacobi 迭代收敛.

5. 讨论线性方程组 $\begin{bmatrix} 3 & 0 & -2 \\ 0 & 2 & 1 \\ -2 & 1 & 2 \end{bmatrix} \begin{bmatrix} x_1 \\ x_2 \\ x_3 \end{bmatrix} = \begin{bmatrix} b_1 \\ b_2 \\ b_3 \end{bmatrix}$ 用 Jacobi 迭代和 Gauss-Seidel 迭代的收敛性, 如果都收敛, 比较哪种方法收敛得快.

6. 取 $x^{(0)} = (0, 0)^{\mathrm{T}}$ 用共轭梯度法求解线性方程组 $\begin{bmatrix} 3 & 1 \\ 1 & 2 \end{bmatrix} \begin{bmatrix} x_1 \\ x_2 \end{bmatrix} = \begin{bmatrix} 2 \\ 1 \end{bmatrix}$.

7. 设 $A \in \mathbf{R}^{n \times n}$ 对称正定, 其特征值依次为 $\lambda_1 \geqslant \lambda_2 \geqslant \cdots \geqslant \lambda_n > 0$, 证明迭代法

$$x^{(k+1)} = x^{(k)} + \omega(b - Ax^{(k)}), \quad k = 0, 1, \cdots$$

当 ω 满足 $0 < \omega < \dfrac{2}{\lambda_1}$ 时收敛.

8. 设 $A \in \mathbf{R}^{n \times n}$ 对称正定, 且 $\varphi(x) = \dfrac{1}{2}(Ax, x) - (b, x)$, 证明 x^* 是线性方程

组 $Ax = b$ 的解的充分必要条件是 $\varphi(x^*) = \min\limits_{x \in \mathbf{R}^n} \varphi(x)$.

7.5 同步训练题答案

一、

1. $\begin{cases} x_1^{(k+1)} = \dfrac{5}{2}x_2^{(k)} + \dfrac{3}{2}, \\ x_2^{(k+1)} = \dfrac{10}{3}x_1^{(k)} - \dfrac{4}{3}, \end{cases} \quad k = 0, 1, \cdots.$

2. $\begin{cases} x_1^{(k+1)} = (-2x_2^{(k)} - 3x_3^{(k)})/2, \\ x_2^{(k+1)} = (2 + x_1^{(k+1)})/(-3), \\ x_3^{(k+1)} = 3 - x_1^{(k+1)} - 2x_2^{(k+1)}, \end{cases} \quad k = 0, 1, \cdots.$

3. $a > 3$ 或 $a < -5$.

4. $\begin{bmatrix} 0 & -2 & 2 \\ -1 & 0 & -1 \\ -2 & -2 & 0 \end{bmatrix}$; 0.

5. 必要条件.

二、

1. B. 2. B. 3. A. 4. A. 5. B.

三、

1. $-\dfrac{\sqrt{2}}{2} < a < \dfrac{\sqrt{2}}{2}$.

2. $|\omega| < 4$.

3. $-\dfrac{1}{2} < \omega < 0$; $\omega = -\dfrac{2}{5}$.

4. $\begin{cases} x_1^{(k+1)} = -ax_2^{(k)} + 1, \\ x_2^{(k+1)} = -ax_1^{(k)} - ax_3^{(k)} + 2, \\ x_3^{(k+1)} = -ax_2^{(k)} + 3, \end{cases} \quad k = 0, 1, \cdots; \ |a| < \dfrac{1}{\sqrt{2}}.$

5. Gauss-Seidel 迭代比 Jacobi 迭代快.

6—8. 略.

第 8 章　方阵特征值的数值方法

本章主要讲述方阵特征值的数值方法, 主要包括方阵特征值的一些主要结论, 幂法和反幂法、QR 迭代等内容.

本章中要掌握方阵特征值的一些主要结论, 熟练掌握方阵特征值的幂法和反幂法; 掌握幂法迭代的加速方法; 掌握 Hessenberg 矩阵, 理解 Jacobi 迭代.

8.1　知识点概述

1. Gerschgorin 圆盘定理

矩阵 $A \in \mathbf{R}^{n\times n}$ 的所有特征值都落在复平面 n 个圆盘

$$D_i = \left\{ z \middle| |z - a_{ii}| \leqslant \sum_{j=1,\ j\neq i}^{n} |a_{ij}| \right\}, \quad i = 1, 2, \cdots, n$$

的并集 $\bigcup\limits_{i=1}^{n} D_i$ 中, 若上述 n 个圆盘中有 m 个圆盘构成一个连通域 S, 且 S 与其余 $n-m$ 个圆盘分离, 则 S 中恰有 m 个特征值.

2. Rayleigh 商

设 $A \in \mathbf{R}^{n\times n}$ 为对称矩阵 (其特征值依次记为 $\lambda_1 \geqslant \lambda_2 \geqslant \cdots \geqslant \lambda_n$), 则

(1) $\lambda_n \leqslant \dfrac{(Ax, x)}{(x, x)} \leqslant \lambda_1$ (对任何非零向量 $x \in \mathbf{R}^n$);

(2) $\lambda_1 = \max\limits_{\substack{x\in\mathbf{R}^n \\ x\neq 0}} \dfrac{(Ax, x)}{(x, x)}$, $\lambda_n = \min\limits_{\substack{x\in\mathbf{R}^n \\ x\neq 0}} \dfrac{(Ax, x)}{(x, x)}$.

记 $R(x) = \dfrac{(Ax, x)}{(x, x)}, x \neq 0$, 称为矩阵 A 的 Rayleigh 商.

3. 幂迭代法

设 $A \in \mathbf{R}^{n\times n}$ 有 n 个特征值 $\lambda_1, \lambda_2, \cdots, \lambda_n$ 及相应的线性无关的特征向量 $v_1, v_2, \cdots, v_n$, 且满足 $|\lambda_1| > |\lambda_2| \geqslant \cdots \geqslant |\lambda_n| \geqslant 0$, 则对任意非零的初始向量

$x_0(\alpha_1 \neq 0)$, 构造向量序列 $\{x_k\}_{k=0}^{\infty}$ 和 $\{y_k\}_{k=1}^{\infty}$ 以及比例因子数列 $\{\mu_k\}_{k=1}^{\infty}$,

$$\begin{cases} x_0 \neq 0, \quad x_1 = Ax_0, \\ \mu_k = \max\{x_k\}, \\ y_k = \dfrac{x_k}{\mu_k}, \\ x_{k+1} = Ay_k, \end{cases} \qquad k = 1, 2, \cdots$$

且有

(1) $\lim\limits_{k\to\infty} y_k = \dfrac{x_1}{\max\{x_1\}} = \dfrac{x_1}{\mu_1}$;

(2) $\lim\limits_{k\to\infty} \mu_k = \lambda_1$;

(3) 收敛速度主要由比值 $\dfrac{|\lambda_2|}{|\lambda_1|}$ 决定.

4. 迭代加速方法

1) **Wilkinson 方法或称原点位移法**

矩阵 $B = A - pE$, 通过选择适当的 p, 使得

$$\frac{|\lambda_2 - p|}{|\lambda_1 - p|} < \frac{|\lambda_2|}{|\lambda_1|}$$

对 B 应用幂法, 使得在计算 B 的主特征值 $\lambda_1 - p$ 时得到加速.

2) **Rayleigh 商加速**

如果 A 为对称矩阵, 则它们的特征向量相互正交, 假定它们是单位化的, 则单位化向量 y_k 的 Rayleigh 商给出 λ_1 更好的近似, 即

$$\frac{(Ay_k, y_k)}{(y_k, y_k)} = \frac{\sum\limits_{j=1}^{n} \alpha_j^2 \lambda_j^{2k+1}}{\sum\limits_{j=1}^{n} \alpha_j^2 \lambda_j^{2k}} = \lambda_1 + O\left[\left(\frac{\lambda_2}{\lambda_1}\right)^{2k}\right]$$

而幂法的结果为 $\lambda_1 + O\left[\left(\dfrac{\lambda_2}{\lambda_1}\right)^{k}\right]$.

5. 反幂法

设 $A \in \mathbf{R}^{n\times n}$ 为非奇异矩阵, A 的 n 个特征值为 $\lambda_1, \lambda_2, \cdots, \lambda_n$, 其相应的线性无关的特征向量为 $v_1, v_2, \cdots, v_n$, 且满足 $|\lambda_1| \geqslant |\lambda_2| \geqslant \cdots > |\lambda_n| > 0$, 则对任

意非零的初始向量 x_0, 构造向量序列 $\{x_k\}_{k=0}^{\infty}$, $\{y_k\}_{k=1}^{\infty}$ 和比例因子数列 $\{\mu_k\}_{k=1}^{\infty}$,

$$\begin{cases} x_1 = A^{-1}x_0, \\ \mu_k = \max(x_k), \\ y_k = \dfrac{x_k}{\mu_k}, \\ x_k = A^{-1}y_{k-1}, \end{cases} \quad k = 1, 2, \cdots$$

有 $\lim\limits_{k\to\infty} y_k = \dfrac{x_n}{\max(x_n)}$, $\lim\limits_{k\to\infty} \mu_k = \dfrac{1}{\lambda_n}$, 且收敛速度由 $\dfrac{|\lambda_n|}{|\lambda_{n-1}|}$ 决定.

6. Hessenberg 矩阵

设 $B = [b_{ij}]_{n\times n}$ 是 n 阶方阵, 若当 $i > j+1$ 时, $b_{ij} = 0$, 则称矩阵 B 为上 Hessenberg 矩阵, 又称为拟上三角矩阵, 它的一般形式为

$$B = \begin{bmatrix} b_{11} & b_{12} & \cdots & & b_{1n} \\ b_{21} & b_{22} & \cdots & & b_{2n} \\ & b_{32} & \cdots & & b_{3n} \\ & & \ddots & & \vdots \\ & & & b_{n,n-1} & b_{nn} \end{bmatrix}$$

7. QR 迭代

设 $A = A_1 \in \mathbf{R}^{n\times n}$, 构造 QR 迭代法

$$\begin{cases} A_k = Q_k R_k, \\ A_{k+1} = R_k Q_k = Q_{k+1} R_{k+1}, \end{cases} \quad k = 1, 2, \cdots$$

其中, Q_k 为正交矩阵, R_k 为上三角矩阵, 若记 $\bar{Q}_k = Q_1 Q_2 \cdots Q_k, \bar{R}_k = R_k R_{k-1} \cdots R_1$, 则有

(1) A_{k+1} 相似于 A_k, 即 $A_{k+1} = Q_k^{\mathrm{T}} A_k Q_k$;

(2) $A_{k+1} = (Q_1 Q_2 \cdots Q_k)^{\mathrm{T}} A_1 (Q_1 Q_2 \cdots Q_k) = \bar{Q}_k^{\mathrm{T}} A_1 \bar{Q}_k$;

(3) A_k 的 QR 分解式为 $A_k = \bar{Q}_k \bar{R}_k$.

设 $A = (a_{ij}) \in \mathbf{R}^{n\times n}$, 若矩阵 A 的特征值满足 $|\lambda_1| > |\lambda_2| > \cdots > |\lambda_n| > 0$, 且矩阵 A 有标准形 $A = JDJ^{-1}$, 其中, $D = \mathrm{diag}\{\lambda_1, \lambda_2, \cdots, \lambda_n\}$, 假设矩阵 J^{-1} 有三角分解 $J^{-1} = LU$, 则由 QR 迭代法产生的 $\{A_k\}$ 本质上收敛于上三角矩阵,

即

$$A_k \to R = \begin{bmatrix} \lambda_1 & * & \cdots & * \\ & \lambda_2 & \cdots & * \\ & & \ddots & \vdots \\ & & & \lambda_n \end{bmatrix}, \quad k \to \infty$$

若记 $A_k = (a_{ij}^k)$, 则 $\lim\limits_{k\to\infty} a_{ij}^k = \begin{cases} \lambda_i, & i=j, \\ 0, & i>j. \end{cases}$

若矩阵 $A \in \mathbf{R}^{n\times n}$ 是对称矩阵, 且满足定理条件, 则由 QR 算法产生的矩阵序列 $\{A_k\}$ 收敛到对角矩阵 $D = \mathrm{diag}\{\lambda_1, \lambda_2, \cdots, \lambda_n\}$.

8. Givens 旋转变换

设 $A = [a_{ij}]_{n\times n}$ 是 n 阶实对称矩阵, 称 n 阶矩阵

$$G(i,j,\theta) = \begin{bmatrix} 1 & & & & & & & & \\ & \ddots & & & & & & & \\ & & \cos\theta & \cdots & \cdots & \cdots & \sin\theta & & \\ & & \vdots & 1 & & & \vdots & & \\ & & \vdots & & \ddots & & \vdots & & \\ & & \vdots & & & 1 & \vdots & & \\ & & -\sin\theta & \cdots & \cdots & \cdots & \cos\theta & & \\ & & & & & & & \ddots & \\ & & & & & & & & 1 \end{bmatrix} \begin{matrix} \\ \\ (i) \\ \\ \\ \\ (j) \\ \\ \\ \end{matrix}$$

(上方第 (i) 列, 第 (j) 列)

为旋转矩阵, 或 Givens 矩阵, 简记为 G_{ij}, 对 A 进行的变换 $G_{ij}AG_{ij}^{\mathrm{T}}$, 称为 Givens 旋转变换.

9. Jacobi 方法步骤

第 1 步 记 $A_0 = A$, 在矩阵 A 中找出按模最大的非主对角线元素 a_{ij}, 取相应的 Givens 矩阵 G_{ij}, 记为 $G_1 = G_{ij}$;

第 2 步 由条件 $(a_{jj} - a_{ii})\sin 2\theta + 2a_{ij}(\cos^2\theta - \sin^2\theta) = 0$, 定出 $\sin\theta, \cos\theta$, 为避免使用三角函数, 令

$$\begin{cases} d = \dfrac{a_{ii} - a_{jj}}{2a_{ij}}, \\ t = \tan\theta = \operatorname{sgn}(d)/(|d| + \sqrt{1+d^2}), \\ \cos\theta = (1+t^2)^{-1/2}, \\ \sin\theta = t\cos\theta \end{cases}$$

第 3 步　按教材公式 (8-17) 计算 $A_1 = G_{ij}AG_{ij}^{\mathrm{T}} = G_1AG_1^{\mathrm{T}}$ 的元素;

第 4 步　以 A_1 代替 A_0, 重复步骤第 1—3 步, 求出 $A_2 = G_2A_1G_2^{\mathrm{T}}$; 以此类推, 得

$$A_k = G_kA_{k-1}G_k^{\mathrm{T}}, \quad k = 1, 2, 3, \cdots$$

令 $Q_0 = I$, 记 $Q_k = Q_{k-1}G_k^{\mathrm{T}}$, 则 Q_k 是正交矩阵, 且

$$A_k = Q_k^{\mathrm{T}}AQ_k, \quad k = 1, 2, 3, \cdots$$

若经过 N 步旋转变换, A_N 的所有非主对角线元素都小于允许误差 ε 时, 停止计算. 此时 A_N 的主对角线元素就是 A 的特征值的近似值, Q_N 的列元素就是 A 的对应于上述特征值的全部特征向量.

设 $\{A_k\}$ 是由 Jacobi 方法产生的矩阵序列, 其中 $A_k = Q_K^{\mathrm{T}}AQ_k$, 由教材式 (8-21) 定义, 则

$$\lim_{x\to\infty} A_k = D = \operatorname{diag}\{\lambda_1, \lambda_2, \cdots, \lambda_n\}, \quad \lim_{k\to\infty} Q_k = Q$$

其中, λ_j $(j = 1, 2, \cdots, n)$ 就是矩阵 A 的特征值, 而正交矩阵 Q 的第 j 列就是对应于 λ_j 的特征向量.

8.2　典型例题解析

例 1　设 A 是对称矩阵, 则求其主特征值及对应的特征向量的幂法过程中, 若 $Au_0 = v_0 \in \mathbf{R}^n$, $v_k = Au_{k-1}$, $m_k = \max\{v_k\}$, $k = 1, 2, \cdots$, 则 $u_k =$ __________.

分析　本题考察幂法的过程, 由题意可知 $u_k = v_k/m_k$.

解　$u_k = v_k/m_k$.

例 2　用幂法求出矩阵 $A = \begin{bmatrix} 7 & 3 & -2 \\ 3 & 4 & -1 \\ -2 & -1 & 3 \end{bmatrix}$ 的按模最大特征值的近似值为__________. (取初值向量 $x^{(0)} = (1, 0, 0)^{\mathrm{T}}$, 迭代两步求得近似值 $\lambda^{(2)}$ 即可)

解　选取初始向量 $x^{(0)} = (1, 0, 0)^{\mathrm{T}}$, 用幂法迭代计算可得表 8.1.

表 8.1

k	x_k^{T}	μ_k	y_k^{T}
0	$(1,0,0)$		
1	$(7,3,-2)$	7	$(1,0.42856,-0.28571)$
2	$(8.85714,5,-3.28571)$	8.85714	$(1,0.56452,-0.37097)$

因此迭代两步求得近似值 $\lambda^{(2)}\approx 8.85714$.

例 3 求证矩阵 $A=\begin{bmatrix} a_0 & a_1 & a_2 & a_3 \\ a_3 & a_0 & a_1 & a_2 \\ a_2 & a_3 & a_0 & a_1 \\ a_1 & a_2 & a_3 & a_0 \end{bmatrix}$ 可以写成 $A=a_0E+a_1C+a_2C^2+a_3C^3$, 其中 E 为 4 阶单位矩阵, C 是常数矩阵, 求矩阵 A 的特征值和特征向量.

证明 由题意, 若设 $C=\begin{bmatrix} 0 & 1 & 0 & 0 \\ 0 & 0 & 1 & 0 \\ 0 & 0 & 0 & 1 \\ 1 & 0 & 0 & 0 \end{bmatrix}$, 则 $C^2=\begin{bmatrix} 0 & 0 & 1 & 0 \\ 0 & 0 & 0 & 1 \\ 1 & 0 & 0 & 0 \\ 0 & 1 & 0 & 0 \end{bmatrix}$, $C^3=\begin{bmatrix} 0 & 0 & 0 & 1 \\ 1 & 0 & 0 & 0 \\ 0 & 1 & 0 & 0 \\ 0 & 0 & 1 & 0 \end{bmatrix}$, 因此, 此时 $A=a_0E+a_1C+a_2C^2+a_3C^3$.

设矩阵 C 的特征值和特征向量为 λ 和 x, 则由特征值和特征向量的性质, 矩阵 A 的特征值和特征向量为 $a_0+a_1\lambda+a_2\lambda^2+a_3\lambda^3$ 和 x.

因此, 对于矩阵 C 的特征多项式

$$|\lambda E-C|=\begin{vmatrix} \lambda & -1 & 0 & 0 \\ 0 & \lambda & -1 & 0 \\ 0 & 0 & \lambda & -1 \\ -1 & 0 & 0 & \lambda \end{vmatrix}=\lambda^4-1$$

求得矩阵 C 的特征值为 $\lambda_1=1,\lambda_2=-1,\lambda_3=i$, $\lambda_4=-i$, 其特征向量分别为 $x_1=[1,1,1,1]^{\mathrm{T}}$, $x_2=[1,-1,1,-1]^{\mathrm{T}}$, $x_3=[1,i,-1,-i]^{\mathrm{T}}$, $x_4=[1,-i,-1,i]^{\mathrm{T}}$. 因此矩阵 A 的特征值 $\lambda_1=a_0+a_1+a_2+a_3$, $\lambda_2=a_0-a_1+a_2-a_3$, $\lambda_3=a_0+ia_1-a_2-ia_3$, $\lambda_4=a_0-ia_1-a_2+ia_3$, 而特征向量与矩阵 C 的特征向量一致.

例 4 用幂法求下列矩阵的按模最大的特征值和相应的特征向量, 结果有 3 位小数稳定时迭代终止.

(1) $A = \begin{bmatrix} 2 & 3 & 8 \\ 3 & 9 & 4 \\ 8 & 4 & 1 \end{bmatrix}$, $x^{(0)} = (1,1,1)^{\mathrm{T}}$. (2) $A = \begin{bmatrix} 2 & 8 & 9 \\ 8 & 3 & 4 \\ 9 & 4 & 7 \end{bmatrix}$, $x^{(0)} = (1,1,1)^{\mathrm{T}}$.

解 (1) 选取初始向量 $x^{(0)} = (1,1,1)^{\mathrm{T}}$, 用幂迭代法计算可得表 8.2.

表 8.2

k	x_k^{T}	μ_k	y_k^{T}
0	(1, 1, 1)		
1	(13, 16, 13)	16	(0.8125, 1, 0.8125)
2	(11.125, 14.6875, 11.3125)	14.6875	(0.754468, 1, 0.770213)
3	(10.676596, 14.353191, 10.829787)	14.353191	(0.743848, 1, 0.754521)
4	(10.523865, 14.249629, 10.705307)	14.249629	(0.738536, 1, 0.751269)
5	(10.487225, 14.220685, 10.659558)	14.220685	(0.737463, 1, 0.749581)
6	(10.471575, 14.210713, 10.649283)	14.210713	(0.736879, 1, 0.749384)
7	(10.468831, 14.208173, 10.644416)	14.208173	(0.736818, 1, 0.749176)
8	(10.467039, 14.207155, 10.643716)	14.207155	(0.736744, 1, 0.749180)
9	(10.466928, 14.206953, 10.643133)	14.206953	(0.736747, 1, 0.749150)
10	(10.466691, 14.206839, 10.643125)	14.206839	(0.736736, 1, 0.749155)

因此计算最大特征值 $\lambda_{\max} \approx 14.206839$, 特征向量为 $(0.736736, 1, 0.749155)^{\mathrm{T}}$.

(2) 选取初始向量 $x^{(0)} = (1,1,1)^{\mathrm{T}}$, 用幂迭代法计算可得表 8.3.

表 8.3

k	x_k^{T}	μ_k	y_k^{T}
0	(1, 1, 1)		
1	(19, 15, 20)	20	(0.95, 0.75, 1)
2	(16.900000, 13.85, 18.55)	18.55	(0.911051, 0.746631, 1)
3	(16.795148, 13.528302, 18.185984)	18.185984	(0.923522, 0.743886, 1)
4	(16.798133, 13.619831, 18.287239)	18.287239	(0.918571, 0.744772, 1)
5	(16.795322, 13.582888, 18.246231)	18.246238	(0.920482, 0.744422, 1)
6	(16.796336, 13.597118, 18.262021)	18.262021	(0.919741, 0.744557, 1)
7	(16.795940, 13.591602, 18.25590)	18.255900	(0.920028, 0.7445046, 1)
8	(16.796093, 13.593738, 18.258270)	18.258270	(0.919917, 0.744525, 1)
9	(16.796034, 13.592911, 18.257352)	18.257352	(0.919960, 0.744517, 1)
10	(16.796057, 13.593231, 18.257708)	18.257708	(0.919943, 0.744520, 1)

因此计算最大特征值 $\lambda_{\max} \approx 18.257708$, 特征向量为 $(0.919943, 0.744520, 1)^{\mathrm{T}}$.

例 5 假设 n 阶方阵 A 存在 n 个线性无关的特征向量, 且 A 按模最大的特征值是 $k > 1$ 重的, 试证明幂迭代法仍收敛.

证明 由题意可知, n 阶方阵 A 存在 n 个线性无关的特征向量, 且 A 按模最

大的特征值是 $k>1$ 重的, 因此

$$|\lambda_1|=|\lambda_2|=\cdots=|\lambda_k|>|\lambda_{k+1}|\geqslant\cdots\geqslant|\lambda_n|$$

相应的 n 个线性无关的特征向量为

$$x_1,x_2,\cdots,x_k,x_{k+1},\cdots,x_n$$

且 $\lambda_1=\lambda_2=\cdots=\lambda_k$, 因此由幂法知

$$v_0=a_1x_1+a_2x_2+\cdots+a_kx_k+a_{k+1}x_{k+1}+a_nx_n$$

$$v_m=A^mv_0=a_1\lambda_1^mx_1+a_2\lambda_1^mx_2+\cdots+a_k\lambda_1^mx_k+a_{k+1}\lambda_{k+1}^mx_{k+1}+a_n\lambda_n^mx_n$$

则

$$\frac{v_m}{\lambda_1^m}=a_1x_1+a_2x_2+\cdots+a_kx_k+a_{k+1}\frac{\lambda_{k+1}^m}{\lambda_1^m}x_{k+1}+a_n\frac{\lambda_n^m}{\lambda_1^m}x_n$$

若 $a_1x_1+a_2x_2+\cdots+a_kx_k\neq 0$, 则

$$\lim_{m\to\infty}\frac{v_m}{\lambda_1^m}=a_1x_1+a_2x_2+\cdots+a_kx_k$$

即当 m 充分大时, $\frac{v_m}{\lambda_1^m}\approx a_1x_1+a_2x_2+\cdots+a_kx_k$, 或 $v_m\approx\lambda_1^m(a_1x_1+a_2x_2+\cdots+a_kx_k)$, 一般为防止计算溢出, 仍采用

$$v_0=a_1x_1+a_2x_2+\cdots+a_kx_k+a_{k+1}x_{k+1}+a_nx_n$$

$$u_0=\frac{v_0}{\max(v_0)},\quad v_m=Au_{m-1},\quad u_m=\frac{v_m}{\max(v_m)}$$

其中, $\max(v)$ 表示向量 v 中绝对值最大的分量, 则 $\lim\limits_{m\to\infty}u_m=\frac{v}{\max(v)}$, 其中, $v=a_1x_1+a_2x_2+\cdots+a_kx_k$ 是方阵 A 相应于 λ_1 的一个特征向量.

例 6 利用 Rayleigh 商加速的幂法, 求矩阵 $A=\begin{bmatrix}1&1&0.5\\1&1&0.25\\0.5&0.25&2\end{bmatrix}$ 按模最大的特征值.

解 由题意可知, 选取初始向量 $x^{(0)}=(1,1,1)^{\mathrm{T}}$, 则

$$u_0=\frac{v_0}{\max(v_0)},\quad R(u_0)=\frac{(Au_0,u_0)}{(u_0,u_0)}$$

$$v_m = Au_{m-1}, \quad u_m = \frac{v_m}{\max(v_m)}, \quad R(u_m) = \frac{(Au_m, u_m)}{(u_m, u_m)}$$

分别计算向量序列 u_m, v_m 和数列 $R(u_m)$, $m = 1, 2, \cdots$, 其中, $\max(v)$ 表示向量 v 中绝对值最大的分量, 结果如下 (表 8.4).

表 8.4

k	u_k^{T}	$\max(v_k)$	$R(u_k)$
0	$(1, 1, 1)$		2.5
1	$(0.909090, 0.818181, 1)$	2.75	2.524834
2	$(0.837607, 0.743590, 1)$	2.659090	2.532516
3	$(0.799016, 0.703035, 1)$	2.604700	2.534452
4	$(0.777026, 0.679949, 1)$	2.575267	2.536071
5	$(0.764892, 0.667178, 1)$	2.558501	2.536371
6	$(0.757900, 0.659832, 1)$	2.549240	2.536473
7	$(0.753853, 0.655579, 1)$	2.543908	2.536508
8	$(0.751502, 0.653108, 1)$	2.540821	2.536519
9	$(0.750133, 0.651671, 1)$	2.539028	2.536523
10	$(0.749337, 0.650833, 1)$	2.537984	2.536525

因此计算最大特征值 $\lambda_{\max} \approx 2.536525$, 特征向量为 $(0.749337, 0.650833, 1)^{\mathrm{T}}$.

例 7　用反幂法求下列矩阵的按模最小的特征值和相应的特征向量, 结果有 3 位小数稳定时迭代终止.

(1) $A = \begin{bmatrix} 2 & 3 & 8 \\ 3 & 9 & 4 \\ 8 & 4 & 1 \end{bmatrix}$, $x^{(0)} = (1, 1, 1)^{\mathrm{T}}$;

(2) $A = \begin{bmatrix} 2 & 8 & 9 \\ 8 & 3 & 4 \\ 9 & 4 & 7 \end{bmatrix}$, $x^{(0)} = (1, 1, 1)^{\mathrm{T}}$.

解　(1) 直接计算其逆矩阵

$$A^{-1} = \frac{1}{407} \begin{bmatrix} 7 & -29 & 60 \\ -29 & 62 & -16 \\ 60 & -16 & -9 \end{bmatrix}$$

利用反幂法, 选取初始向量 $x^{(0)} = (1, 1, 1)^{\mathrm{T}}$, 计算结果如表 8.5.

因此最小特征值 $\lambda_{\min} \approx \dfrac{1}{0.229331} \approx 4.360494$, 特征向量为 $(-0.750141, 1, -0.597271)$.

(2) 直接计算其逆矩阵

$$A^{-1} = \frac{1}{105}\begin{bmatrix} -5 & 20 & -5 \\ 20 & 67 & -64 \\ -5 & -64 & 58 \end{bmatrix}$$

利用反幂法, 选取初始向量 $x^{(0)} = (1,1,1)^{\mathrm{T}}$, 计算结果如表 8.6.

表 8.5

k	x_k^{T}	μ_k	y_k^{T}
0	$(1,1,1)$		
1	$(0.093366, 0.041769, 0.085995)$	0.093366	$(1, 0.447368, 0.921053)$
2	$(0.121104, -0.039312, 0.1094659)$	0.121104	$(1, -0.324613, 0.903897)$
3	$(0.173581, -0.156237, 0.140193)$	0.173581	$(1, -0.900078, 0.807652)$
4	$(0.200397, -0.240116, 0.164944)$	-0.240116	$(-0.834582, 1, -0.686936)$
5	$(-0.186875, 0.238806, -0.147156)$	0.238806	$(-0.782542, 1, -0.616217)$
6	$(-0.175555, 0.232317, -0.141048)$	0.232317	$(-0.755668, 1, -0.607135)$
7	$(-0.173754, 0.230046, -0.137287)$	0.230046	$(-0.755302, 1, -0.596782)$
8	$(-0.172221, 0.229612, -0.137462)$	0.229612	$(-0.750052, 1, -0.598670)$
9	$(-0.172409, 0.229312, -0.136646)$	0.229312	$(-0.751852, 1, -0.595896)$
10	$(-0.172031, 0.229331, -0.136973)$	0.229331	$(-0.750141, 1, -0.597271)$

表 8.6

k	x_k^{T}	μ_k	y_k^{T}
0	$(1,1,1)$		
1	$(0.095238, 0.219048, -0.104762)$	0.219048	$(0.434783, 1, -0.478261)$
2	$(0.192547, 1.012422, -0.894410)$	1.012422	$(0.190184, 1, -0.883436)$
3	$(0.223488, 1.212796, -1.106573)$	1.212796	$(0.184275, 1, -0.912415)$
4	$(0.225150, 1.229334, -1.122300)$	1.229334	$(0.183148, 1, -0.912933)$
5	$(0.225228, 1.229435, -1.122532)$	1.229435	$(0.183196, 1, -0.913047)$

计算最小特征值 $\lambda_{\min} \approx \dfrac{1}{1.229435} \approx 0.813382$, 特征向量为 $(0.183196, 1, -0.913047)^{\mathrm{T}}$.

例 8 若对称矩阵 A 的特征值满足 $|\lambda_1| > |\lambda_2| > \cdots \geqslant |\lambda_n|$, 相应的特征向量为 $x_1, x_2, \cdots, x_n$, 令 $B_1 = A - \dfrac{\lambda_1}{(x_1, x_1)} x_1 \cdot x_1^{\mathrm{T}}$, 则求证 B 的特征值和特征向量除了 $\lambda_1 = 0$ 其余都和矩阵 A 相同, 此时利用幂法将收敛于 λ_2 和 x_2, 若继续对 $B_2 = A - \dfrac{\lambda_2}{(x_2, x_2)} x_2 \cdot x_2^{\mathrm{T}}$ 应用幂法则收敛于 λ_3 和 x_3, 该过程称为 (Hotelling) 压缩法.

证明 由题意可知, 对称矩阵的不同特征值对应的特征向量是正交的, 因此

$$B_1 x_1 = \left(A - \frac{\lambda_1}{(x_1, x_1)} x_1 \cdot x_1^{\mathrm{T}}\right) x_1 = A x_1 - \frac{\lambda_1}{(x_1, x_1)} x_1 \cdot x_1^{\mathrm{T}} \cdot x_1 = A x_1 - \lambda_1 x_1 = 0 x_1$$

$$B_1x_i=\left(A-\frac{\lambda_1}{(x_1,x_1)}x_1\cdot x_1^{\mathrm{T}}\right)x_i=Ax_i-\frac{\lambda_1}{(x_1,x_1)}x_1\cdot(x_1,x_i)=Ax_i=\lambda_ix_i$$

$$i=2,3,\cdots,n$$

因此证得 (Hotelling) 压缩法成立.

例 9 用 Jacobi 方法计算 $A=\begin{bmatrix}2&1&1\\1&2&1\\1&1&2\end{bmatrix}$ 的全部特征值及对应的特征向量.

解 (1) 记 $A=A_0=(a_{ij}^{(0)})_{3\times3}$, 因为 $a_{12}^{(0)}=1$ 是 A 中所有非主对角线元素中绝对值最大的元素, 取相应的 Givens 矩阵 G_{12}, 因为 $a_{11}^{(0)}=2,\ a_{22}^{(0)}=2$, 所以

$$d=(a_{11}^{(0)}-a_{22}^{(0)})/2a_{12}^{(0)}=0$$

$$t=\tan\theta=\mathrm{sgn}(d)/(|d|+\sqrt{1+d^2})=-1$$

$$\cos\theta=(1+t^2)^{-1/2}=\frac{\sqrt{2}}{2},\quad \sin\theta=t\cos\theta=-\frac{\sqrt{2}}{2}$$

于是

$$G_{12}=\begin{bmatrix}\cos\theta&\sin\theta&0\\-\sin\theta&\cos\theta&0\\0&0&1\end{bmatrix}=\frac{\sqrt{2}}{2}\begin{bmatrix}1&-1&0\\1&1&0\\0&0&1\end{bmatrix}\triangleq G_1$$

$$G_1A_0G_1^{\mathrm{T}}=\begin{bmatrix}3&0&\sqrt{2}\\0&1&0\\\sqrt{2}&0&2\end{bmatrix}\triangleq A_1=(a_{ij}^{(1)})_{3\times3}$$

则 $A_1=Q_1^{\mathrm{T}}AQ_1$.

(2) 用 A_1 代替 A_0, 重复上述过程: 因为 $a_{13}^{(1)}=\sqrt{2}$ 是 A_1 中所有非主对角线元素中绝对值最大的元素, 取相应的 Givens 矩阵 G_{13}, 因为 $a_{11}^{(1)}=3,\ a_{33}^{(1)}=2$, 所以

$$d=\frac{a_{11}^{(1)}-a_{33}^{(1)}}{2a_{13}^{(1)}}=\frac{\sqrt{2}}{4}$$

$$t=\tan\theta=\mathrm{sgn}(d)/(|d|+\sqrt{1+d^2})=\frac{\sqrt{2}}{2}$$

$$\cos\theta=(1+t^2)^{-1/2}=\frac{\sqrt{6}}{3},\quad \sin\theta=t\cos\theta=\frac{\sqrt{3}}{3}$$

于是

$$G_{13}=\begin{bmatrix}1&0&0\\0&\cos\theta&\sin\theta\\0&-\sin\theta&\cos\theta\end{bmatrix}=\frac{\sqrt{3}}{3}\begin{bmatrix}\sqrt{3}&0&0\\0&\sqrt{2}&1\\0&-1&\sqrt{2}\end{bmatrix}\triangleq G_2$$

$$G_2A_1G_2^{\mathrm{T}}=\begin{bmatrix}4&0&0\\0&1&0\\0&0&1\end{bmatrix}\triangleq A_2=(a_{ij}^{(2)})_{3\times3}$$

则 $A_2=Q_2^{\mathrm{T}}AQ_2$.

$$Q_2=Q_1G_2^{\mathrm{T}}=G_1^{\mathrm{T}}G_2^{\mathrm{T}}=\frac{1}{6}\begin{bmatrix}2\sqrt{3}&-3\sqrt{2}&-\sqrt{6}\\2\sqrt{3}&3\sqrt{2}&-\sqrt{6}\\2\sqrt{3}&0&2\sqrt{6}\end{bmatrix}$$

因此特征值为 $\lambda_1=4$, $\lambda_2=1$, $\lambda_3=1$, 且相应特征值为

$$x_1=\left(\frac{\sqrt{3}}{3},\frac{\sqrt{3}}{3},\frac{\sqrt{3}}{3}\right)^{\mathrm{T}}$$

$$x_2=\left(-\frac{\sqrt{2}}{2},\frac{\sqrt{2}}{2},0\right)^{\mathrm{T}}$$

$$x_3=\left(-\frac{\sqrt{6}}{6},-\frac{\sqrt{6}}{6},\frac{\sqrt{6}}{3}\right)^{\mathrm{T}}$$

8.3 习题详解

1. 给定矩阵, 利用 Gerschgorin 圆盘定理, 确定特征值的范围.

(1) $A=\begin{bmatrix}1&0&0\\-1&0&1\\-1&-1&2\end{bmatrix}$;　　(2) $A=\begin{bmatrix}4&-1&1\\-1&3&-2\\1&-2&3\end{bmatrix}$.

解 (1) 矩阵 A 的三个圆盘分别为

$$D_1=|\lambda-1|\leqslant 0,\quad D_2=|\lambda|\leqslant 2,\quad D_3=|\lambda-2|\leqslant 2$$

由 Gerschgorin 圆盘定理, 可知矩阵 A 的三个特征值在这三个圆盘的并集中, 且由于 D_1 圆盘直接说明 $\lambda_1=1$, A 的另外两个特征值包含在 $D_2\cup D_3$ 中.

(2) 矩阵 A 的三个圆盘分别为

$$D_1 = |\lambda - 4| \leqslant 2, \quad D_2 = |\lambda - 3| \leqslant 3, \quad D_3 = |\lambda - 3| \leqslant 3$$

由 Gerschgorin 圆盘定理, 可知矩阵 A 的三个特征值在这三个圆盘的并集中, 且由于 D_2 和 D_3 是同一个圆盘, 因此 A 的三个特征值包含在 $D_1 \cup D_2$ 中.

2. 设矩阵 $A = \begin{bmatrix} 2 & -2 & 3 \\ 1 & 1 & 1 \\ 1 & 3 & -1 \end{bmatrix}$.

(1) 分别利用 Gerschgorin 圆盘定理求出矩阵 A 和矩阵 A^{T} 的特征值所在区域;

(2) 令 $D = \mathrm{diag}\{1, 2, 3\}$, 计算 $B = DAD^{-1}$, 并利用 Gerschgorin 圆盘定理求出 B 的特征值所在区域;

(3) 若 $D = \mathrm{diag}\{1, a, a\}$, 如何选择 a 才能使 Gerschgorin 圆盘定理求出的 A 的实特征值所在区间长度最小.

解　(1) 矩阵 A 的三个圆盘分别为

$$D_1 = |\lambda - 2| \leqslant 5, \quad D_2 = |\lambda - 1| \leqslant 2, \quad D_3 = |\lambda + 1| \leqslant 4$$

由 Gerschgorin 圆盘定理, 可知矩阵 A 的三个特征值在这三个圆盘的并集中.

A^{T} 的三个圆盘分别为

$$D_1 = |\lambda - 2| \leqslant 2, \quad D_2 = |\lambda - 1| \leqslant 5, \quad D_3 = |\lambda + 1| \leqslant 4$$

由 Gerschgorin 圆盘定理, 可知矩阵 A^{T} 的三个特征值在这三个圆盘的并集中.

(2) 直接计算得

$$B = DAD^{-1} = \begin{bmatrix} 2 & -1 & 1 \\ 2 & 1 & 2/3 \\ 3 & 9/2 & -2 \end{bmatrix}$$

由 Gerschgorin 圆盘定理, B 的特征值所在三个圆盘为

$$D_1 = |\lambda - 2| \leqslant 2, \quad D_2 = |\lambda - 1| \leqslant 8/3, \quad D_3 = |\lambda + 2| \leqslant 15/2$$

(3) 直接计算可得

$$B = DAD^{-1} = \begin{bmatrix} 2 & -2/a & 3/a \\ a & 1 & 1 \\ a & 3 & -1 \end{bmatrix}$$

由 Gerschgorin 圆盘定理, B 的特征值所在三个圆盘为

$$D_1 = |\lambda - 2| \leqslant \frac{5}{|a|}, \quad D_2 = |\lambda - 1| \leqslant 1 + |a|, \quad D_3 = |\lambda + 1| \leqslant 3 + |a|$$

若 λ 为 A 的实特征值, 则解得 λ 满足

$$2 - \frac{5}{|a|} \leqslant \lambda \leqslant 2 + \frac{5}{|a|}, \quad -|a| \leqslant \lambda \leqslant 2 + |a|, \quad -4 - |a| \leqslant \lambda \leqslant 2 + |a|$$

要使所在区间 $[\alpha, \beta]$ 长度最小, 则取

$$\alpha = \min\left\{2 - \frac{5}{|a|}, -|a|, -4 - |a|\right\}, \quad \beta = \max\left\{2 + \frac{5}{|a|}, 2 + |a|\right\}$$

当 $|a| \geqslant \sqrt{5}$ 时, $d = \beta - \alpha = 6 + 2|a|$;

当 $-3 + \sqrt{14} \leqslant |a| \leqslant \sqrt{5}$ 时, $d = \beta - \alpha = 6 + \dfrac{5}{|a|} + |a|$;

当 $|a| \leqslant -3 + \sqrt{14}$ 时, $d = \beta - \alpha = \dfrac{10}{|a|}$.

即当 $|a| = \sqrt{5}$ 时, $d_{\min} = 6 + 2\sqrt{5}$.

3. 用幂法求下列矩阵的按模最大的特征值和相应的特征向量, 结果保留 6 位小数.

(1) $A = \begin{bmatrix} 4 & -1 & 1 \\ -1 & 3 & -2 \\ 1 & -2 & 3 \end{bmatrix}, x^{(0)} = (1, 1, 1)^{\mathrm{T}}$;

(2) $A = \begin{bmatrix} 7 & 3 & -2 \\ 3 & 4 & -1 \\ -2 & -1 & 3 \end{bmatrix}, x^{(0)} = (1, 1, 1)^{\mathrm{T}}$.

解 (1) 选取初始向量 $x^{(0)} = (1, 1, 1)^{\mathrm{T}}$, 用幂法迭代计算可得表 8.7.

因此计算最大特征值 $\lambda_{\max} \approx 5.988327$, 特征向量为 $(1, -0.997076, 0.997076)^{\mathrm{T}}$.

(2) 选取初始向量 $x^{(0)} = (1, 1, 1)^{\mathrm{T}}$, 用幂法迭代计算可得表 8.8.

因此计算最大特征值 $\lambda_{\max} \approx 9.605429$, 特征向量为 $(1, 0.605777, -0.394121)^{\mathrm{T}}$.

4. 用反幂法求下列矩阵的按模最小的特征值和相应的特征向量, 迭代 3 步并保留 6 位小数.

(1) $A = \begin{bmatrix} 3 & 2 \\ 4 & 5 \end{bmatrix}, x^{(0)} = (1, 1)^{\mathrm{T}}$;

(2) $A=\begin{bmatrix}4&0&0\\0&3&1\\0&1&3\end{bmatrix}$, $x^{(0)}=(1,1,0)^{\mathrm{T}}$.

解 (1) 直接计算其逆矩阵

$$A^{-1}=\frac{1}{7}\begin{bmatrix}5&-2\\-4&3\end{bmatrix}$$

利用反幂法, 选取初始向量 $x^{(0)}=(1,1)^{\mathrm{T}}$, 计算结果如表 8.9.

表 8.7

k	x_k^{T}	μ_k	y_k^{T}
0	$(1,1,1)$		
1	$(4,0,2)$	4	$(1,0,0.5)$
2	$(4.5,-2,2.5)$	4.5	$(1,-0.444444,0.555556)$
3	$(5,-3.444444,3.555556)$	5	$(1,-0.688889,0.711111)$
4	$(5.4,-4.888889,4.511111)$	5.4	$(1,-0.831276,0.835391)$
5	$(5.666667,-5.164609,5.168724)$	5.666667	$(1,-0.911402,0.912128)$
6	$(5.823529,-5.558460,5.559187)$	5.823529	$(1,-0.954483,0.954608)$
7	$(5.909091,-5.772665,5.772790)$	5.909091	$(1,-0.976913,0.976934)$
8	$(5.953846,-5.884605,5.884626)$	5.953846	$(1,-0.988370,0.988374)$
9	$(5.976744,-5.941859,5.941862)$	5.976744	$(1,-0.994163,0.994163)$
10	$(5.988327,-5.970816,5.970817)$	5.988327	$(1,-0.997076,0.997076)$

表 8.8

k	x_k^{T}	μ_k	y_k^{T}
0	$(1,1,1)$		
1	$(8,6,0)$	8	$(1,0.75,0)$
2	$(9.25,6,-2.75)$	9.25	$(1,0.648649,-0.297297)$
3	$(9.540541,5.891892,-3.540541)$	9.540541	$(1,0.617564,-0.371105)$
4	$(9.594901,5.841360,-3.730878)$	9.594901	$(1,0.608798,0.-0.388840)$
5	$(9.604074,5.824033,-3.775317)$	9.604074	$(1,0.606413,-0.393095)$
6	$(9.605429,5.818746,-3.785699)$	9.605429	$(1,0.605777,-0.394121)$

表 8.9

k	x_k^{T}	μ_k	y_k^{T}
0	$(1,1)$		
1	$(0.428571,-0.142857)$	0.428571	$(1,-0.333333)$
2	$(0.809524,-0.714286)$	0.809524	$(1,-0.882353)$
3	$(0.966387,-0.949580)$	0.966387	$(1,-0.982609)$
4	$(0.995031,-0.992546)$	0.995031	$(1,-0.997503)$
5	$(0.999287,-0.998930)$	0.999287	$(1,-0.999643)$

因此计算最小特征值 $\lambda_{\min}\approx\dfrac{1}{0.999287}\approx 1.000714$, 特征向量为 $(1,-0.999643)^{\mathrm{T}}$.

(2) 直接计算其逆矩阵

$$A^{-1}=\frac{1}{8}\begin{bmatrix}2&0&0\\0&3&-1\\0&-1&3\end{bmatrix}$$

利用反幂法, 选取初始向量 $x^{(0)}=(1,1,0)^{\mathrm{T}}$, 计算结果如表 8.10.

表 8.10

k	x_k^{T}	μ_k	y_k^{T}
0	$(1,1,0)$		
1	$(0.250000,0.375000,-0.125000)$	0.375000	$(0.666667,1,-0.333333)$
2	$(0.166667,0.416667-0.250000)$	0.416667	$(0.400000,1,-0.600000)$
3	$(0.100000,0.450000,-0.350000)$	0.450000	$(0.222222,1-0.777778)$
4	$(0.05556,0.472222,-0.416667)$	0.472222	$(0.117647,1,-0.882563)$
5	$(0.029412,0.485294,-0.455882)$	0.485294	$(0.060606,1,-0.939394)$

计算最小特征值 $\lambda_{\min}\approx\dfrac{1}{0.485294}\approx 2.060607$, 特征向量为 $(0.060606,1,-0.939394)^{\mathrm{T}}$.

5. 用反幂法求矩阵 $A=\begin{bmatrix}-2&-1&0\\0&2&-1\\0&-1&2\end{bmatrix}$ 最接近 2.93 的特征值及对应的特征向量.

解 由题意可知, 对矩阵 $A-2.93I$ 作三角分解得

$$\begin{aligned}A-2.93I&=\begin{bmatrix}-4.93&-1&0\\0&-0.93&-1\\0&-1&-0.93\end{bmatrix}\\&=\begin{bmatrix}1&&\\0&1&\\0&1.08&1\end{bmatrix}\begin{bmatrix}-4.93&-1&0\\&-0.93&-1\\&&0.15\end{bmatrix}\end{aligned}$$

取 $x^{(0)}=(1,0,0)^{\mathrm{T}}$, 由迭代公式

$$\begin{cases}m_k=\max(x_k),\\y_k=x_k/m_k,\\Lz_k=y_k,\\Ux_{k+1}=z_k,\end{cases}\quad k=0,1,2,\cdots$$

可得计算结果如表 8.11.

表 8.11

k	x_k^{T}	m_k	y_k^{T}	z_k^{T}
0	$(1,0,0)$	1	$(1,0,0)$	$(1,0,0)$
1	$(7.959,-7.402,6.884)$	7.959	$(1,-0.93,0.865)$	$(1,-0.93,1.865)$
2	$(12.692,12.804,12.838)$	12.838	$(0.989,-0.997,1)$	$(0.988,-0.997,2.072)$
3	$(14.278,-12.268,14.266)$	14.278	$(1,-0.999,0.999)$	$(1,0.999,2.074)$

因此 $(A-2.93I)^{-1}$ 按模最大的特征值 ≈ 14.278, 而矩阵 A 的特征值 $\approx \dfrac{1}{14.278}+2.93\approx 3.000035694$, 相应的特征向量为 $(1,-0.999,0.999)^{\mathrm{T}}$.

6. 用反幂法求矩阵 $A=\begin{bmatrix}6&2&1\\2&3&1\\1&1&1\end{bmatrix}$ 最接近 6 的特征值及对应的特征向量.

解　由题意可知, 对矩阵 $A-6I=\begin{bmatrix}0&2&1\\2&-3&1\\1&1&-5\end{bmatrix}$, 则在 0 附近有一个模最小特征值, 因此

$$(A-6I)^{-1}=\frac{1}{27}\begin{bmatrix}0.8664&-0.4974&0.0432\\0.4531&0.8196&0.3507\\0.2098&0.2843&-0.9355\end{bmatrix}$$

利用反幂法, 选取初始向量 $x^{(0)}=(1,1,1)^{\mathrm{T}}$, 计算结果如表 8.12.

表 8.12

k	x_k^{T}	μ_k	y_k^{T}
0	$(1,1,1)$		
1	$(1.111,0.444,0.111)$	1.111	$(1,0.4,0.1)$
2	$(0.7,0.4,0.2)$	0.7	$(1,0.571,0.286)$
3	$(0.804,0.407,0.185)$	0.804	$(1,0.507,0.230)$
4	$(0.768,0.406,0.189)$	0.768	$(1,0.529,0.246)$
5	$(0.779,0.406,0.188)$	0.779	$(1,0.521,0.241)$
6	$(0.775,0.406,0.188)$	0.775	$(1,0.524,0.243)$

因此 $(A-6I)^{-1}$ 按模最大的特征值 ≈ 0.775, 而矩阵 A 的特征值 $\approx \dfrac{1}{0.775}+6\approx 7.290$, 相应的特征向量为 $(1,0.524,0.243)^{\mathrm{T}}$.

评注　此题可以先用 $PA=LU$ 分解后再进行反幂法迭代计算.

7. 利用 QR 方法计算三对角矩阵 $A=\begin{bmatrix}2&-1&0\\-1&2&-1\\0&-1&2\end{bmatrix}$ 的全部特征值.

解 反复利用 $A_k = Q_k R_k$, $A_{k+1} = R_k Q_k$, $k = 1, 2, \cdots$, 则

$$A_1 = A = Q_1R_1 = \begin{bmatrix} -0.894 & -0.359 & 0.267 \\ 0.447 & -0.717 & 0.535 \\ 0 & 0.598 & 0.802 \end{bmatrix} \begin{bmatrix} -2.236 & 1.789 & -0.447 \\ 0 & -1.673 & 1.912 \\ 0 & 0 & 1.069 \end{bmatrix}$$

$$A_2 = R_1Q_1 = \begin{bmatrix} 2.8 & -0.748 & 0 \\ -0.748 & 2.343 & 0.639 \\ 0 & 0.639 & 0.857 \end{bmatrix}$$

$$A_2 = Q_2R_2 = \begin{bmatrix} -0.966 & -0.247 & -0.076 \\ 0.258 & -0.923 & -0.285 \\ 0 & -0.295 & 0.956 \end{bmatrix} \begin{bmatrix} -2.90 & 1.328 & 0.165 \\ 0 & -2.167 & -0.843 \\ 0 & 0 & 0.637 \end{bmatrix}$$

$$A_3 = R_2Q_2 = \begin{bmatrix} 3.143 & -0.559 & 0 \\ -0.559 & 2.248 & -0.188 \\ 0 & -0.188 & 0.609 \end{bmatrix}$$

$$A_3 = Q_3R_3 = \begin{bmatrix} -0.985 & -0.175 & -0.015 \\ 0.175 & -0.981 & -0.087 \\ 0 & 0.088 & 0.996 \end{bmatrix} \begin{bmatrix} -3.192 & 0.945 & -0.033 \\ 0 & -2.124 & 0.238 \\ 0 & 0 & 0.590 \end{bmatrix}$$

$$A_4 = R_3Q_3 = \begin{bmatrix} 3.308 & -0.372 & 0 \\ -0.372 & 2.104 & 0.052 \\ 0 & 0.052 & 0.588 \end{bmatrix}$$

$$A_4 = Q_4R_4 = \begin{bmatrix} -0.994 & -0.112 & -0.003 \\ 0.118 & -0.993 & -0.025 \\ 0 & -0.025 & 1.000 \end{bmatrix} \begin{bmatrix} -3.329 & 0.605 & 0.006 \\ 0 & -2.050 & -0.067 \\ 0 & 0 & 0.586 \end{bmatrix}$$

$$A_5 = R_4Q_4 = \begin{bmatrix} 3.376 & -0.229 & 0 \\ -0.229 & 2.038 & -0.015 \\ 0 & -0.015 & 0.586 \end{bmatrix}$$

$$A_5 = Q_5R_5 = \begin{bmatrix} -0.998 & -0.068 & 0.001 \\ 0.068 & -0.998 & 0.007 \\ 0 & 0.007 & 1.000 \end{bmatrix} \begin{bmatrix} -3.383 & 0.367 & -0.001 \\ 0 & -2.018 & 0.019 \\ 0 & 0 & 0.586 \end{bmatrix}$$

$$A_6 = R_5Q_5 = \begin{bmatrix} 3.401 & -0.137 & 0 \\ -0.137 & 2.013 & 0.004 \\ 0 & 0.004 & 0.586 \end{bmatrix}$$

$$A_6 = Q_6R_6 = \begin{bmatrix} -1 & -0.040 & 0 \\ 0.040 & -1 & -0.002 \\ 0 & -0.002 & 1.000 \end{bmatrix} \begin{bmatrix} -3.403 & 0.217 & 0 \\ 0 & -2.006 & -0.006 \\ 0 & 0 & 0.586 \end{bmatrix}$$

$$A_7 = R_6Q_6 = \begin{bmatrix} 3.410 & -0.080 & 0 \\ -0.080 & 2.004 & 0.001 \\ 0 & 0.001 & 0.586 \end{bmatrix}$$

$$A_7 = Q_7R_7 = \begin{bmatrix} -1 & -0.024 & 0 \\ 0.024 & -1 & 0.001 \\ 0 & 0.001 & 1.000 \end{bmatrix} \begin{bmatrix} -3.411 & 0.218 & 0 \\ 0 & -2.002 & -0.002 \\ 0 & 0 & 0.586 \end{bmatrix}$$

$$A_8 = R_7Q_7 = \begin{bmatrix} 3.413 & -0.047 & 0 \\ -0.047 & 2.002 & 0 \\ 0 & 0 & 0.586 \end{bmatrix}$$

因此解得 $\lambda_1 \approx 3.413$, $\lambda_2 \approx 2.002$, $\lambda_3 \approx 0.586$, 而原矩阵的精确特征值为 $\lambda_1^* \approx 3.414$, $\lambda_2^* \approx 2.000$, $\lambda_3^* \approx 0.586$.

8. 用 Jacobi 方法计算 $A = \begin{bmatrix} 1.0 & 1.0 & 0.5 \\ 1.0 & 1.0 & 0.25 \\ 0.5 & 0.25 & 2.0 \end{bmatrix}$ 的全部特征值及对应的特征向量.

解　(1) 记 $A = A_0 = (a_{ij}^{(0)})_{3\times3}$, 因为 $a_{31}^{(0)} = 0.5$ 是 A 中所有非主对角线元素中绝对值最大的元素. 取相应的 Givens 矩阵 G_{31}, 因为 $a_{11}^{(0)} = 1$, $a_{33}^{(0)} = 2$, 所以

$$d = (a_{33}^{(0)} - a_{11}^{(0)})/2a_{31}^{(0)} = 1$$

$$t = \tan\theta = \operatorname{sgn}(d)/(|d| + \sqrt{1+d^2}) = 0.414$$

$$\cos\theta = (1+t^2)^{-1/2} = 0.924, \quad \sin\theta = t\cos\theta = 0.383$$

于是

$$G_{31} = \begin{bmatrix} \cos\theta & 0 & -\sin\theta \\ 0 & 1 & 0 \\ \sin\theta & 0 & \cos\theta \end{bmatrix} = \begin{bmatrix} 0.924 & 0 & -0.383 \\ 0 & 1 & 0 \\ 0.383 & 0 & 0.924 \end{bmatrix} \triangleq G_1$$

$$G_1A_0G_1^{\mathrm{T}} = \begin{bmatrix} 0.793 & 0.828 & 0 \\ 0.828 & 1 & 0.614 \\ 0 & 0.614 & 2.207 \end{bmatrix} \triangleq A_1 = (a_{ij}^{(1)})_{3\times3}$$

则 $A_1 = Q_1^{\mathrm{T}} A Q_1$.

(2) 用 A_1 代替 A_0, 重复上述过程: 因为 $a_{12}^{(1)} = 0.828$ 是 A_1 中所有非主对角线元素中绝对值最大的元素, 取相应的 Givens 矩阵 G_{12}, 因为 $a_{11}^{(1)} = 0.793$, $a_{22}^{(1)} = 1$, 所以

$$d = (a_{11}^{(1)} - a_{22}^{(1)})/2a_{12}^{(1)} = -0.125$$

$$t = \tan\theta = \operatorname{sgn}(d)/(|d| + \sqrt{1+d^2}) = -0.883$$

$$\cos\theta = (1+t^2)^{-1/2} = 0.750, \quad \sin\theta = t\cos\theta = -0.662$$

于是

$$G_{12} = \begin{bmatrix} \cos\theta & \sin\theta & 0 \\ -\sin\theta & \cos\theta & 0 \\ 0 & 0 & 1 \end{bmatrix} = \begin{bmatrix} 0.750 & -0.662 & 0 \\ 0.662 & 0.750 & 0 \\ 0 & 0 & 1 \end{bmatrix} \triangleq G_2$$

$$G_2 A_1 G_2^{\mathrm{T}} = \begin{bmatrix} 0.062 & 0 & -0.406 \\ 0 & 1.732 & 0.460 \\ -0.406 & 0.460 & 2.207 \end{bmatrix} \triangleq A_2 = (a_{ij}^{(2)})_{3\times 3}$$

则 $A_2 = Q_2^{\mathrm{T}} A Q_2$.

(3) 用 A_2 代替 A_1, 重复上述过程: 因为 $a_{23}^{(2)} = 0.460$ 是 A_2 中所有非主对角线元素中绝对值最大的元素, 取相应的 Givens 矩阵 G_{23}, 因为 $a_{22}^{(2)} = 1.732$, $a_{33}^{(2)} = 2.207$, 所以

$$d = (a_{22}^{(2)} - a_{33}^{(2)})/2a_{23}^{(2)} = -0.516$$

$$t = \tan\theta = \operatorname{sgn}(d)/(|d| + \sqrt{1+d^2}) = -0.609$$

$$\cos\theta = (1+t^2)^{-1/2} = 0.854, \quad \sin\theta = t\cos\theta = -0.520$$

于是

$$G_{23} = \begin{bmatrix} 1 & 0 & 0 \\ 0 & \cos\theta & \sin\theta \\ 0 & -\sin\theta & \cos\theta \end{bmatrix} = \begin{bmatrix} 1 & 0 & 0 \\ 0 & 0.854 & -0.520 \\ 0 & 0.520 & 0.854 \end{bmatrix} \triangleq G_3$$

$$G_3 A_2 G_3^{\mathrm{T}} = \begin{bmatrix} 0.062 & 0.212 & -0.347 \\ 0.212 & 1.451 & 0 \\ -0.347 & 0 & 2.487 \end{bmatrix} \triangleq A_3 = (a_{ij}^{(3)})_{3\times 3}$$

则 $A_3 = Q_3^{\mathrm{T}} A Q_3$.

(4) 用 A_3 代替 A_2, 重复上述过程: 因为 $a_{13}^{(3)} = -0.347$ 是 A_3 中所有非主对角线元素中绝对值最大的元素. 取相应的 Givens 矩阵 G_{13}, 因为 $a_{11}^{(3)} = 0.062$, $a_{33}^{(3)} = 2.487$, 所以

$$d = (a_{11}^{(3)} - a_{33}^{(3)})/2a_{13}^{(3)} = 3.494$$

$$t = \tan\theta = \operatorname{sgn}(d)/(|d| + \sqrt{1+d^2}) = 0.140$$

$$\cos\theta = (1+t^2)^{-1/2} = 0.990, \quad \sin\theta = t\cos\theta = 0.139$$

于是

$$G_{13} = \begin{bmatrix} \cos\theta & 0 & \sin\theta \\ 0 & 1 & 0 \\ -\sin\theta & 0 & \cos\theta \end{bmatrix} = \begin{bmatrix} 0.990 & 0 & 0.139 \\ 0 & 1 & 0 \\ -0.139 & 0 & 0.990 \end{bmatrix} \triangleq G_4$$

$$G_4 A_3 G_4^{\mathrm{T}} = \begin{bmatrix} 0.013 & 0.209 & 0 \\ 0.209 & 1.451 & -0.029 \\ 0 & -0.029 & 2.534 \end{bmatrix} \triangleq A_4 = (a_{ij}^{(4)})_{3\times 3}$$

则 $A_4 = Q_4^{\mathrm{T}} A Q_4$.

(5) 用 A_4 代替 A_3, 重复上述过程: 因为 $a_{12}^{(4)} = 0.209$ 是 A_4 中所有非主对角线元素中绝对值最大的元素. 取相应的 Givens 矩阵 G_{12}, 因为 $a_{11}^{(4)} = 0.013$, $a_{22}^{(4)} = 1.451$, 所以

$$d = (a_{11}^{(4)} - a_{22}^{(4)})/2a_{12}^{(4)} = -3.440$$

$$t = \tan\theta = \operatorname{sgn}(d)/(|d| + \sqrt{1+d^2}) = -0.142$$

$$\cos\theta = (1+t^2)^{-1/2} = 0.990, \quad \sin\theta = t\cos\theta = -0.141$$

于是

$$G_{12} = \begin{bmatrix} \cos\theta & \sin\theta & 0 \\ -\sin\theta & \cos\theta & 0 \\ 0 & 0 & 1 \end{bmatrix} = \begin{bmatrix} 0.990 & -0.141 & 0 \\ 0.141 & 0.990 & 0 \\ 0 & 0 & 1 \end{bmatrix} \triangleq G_5$$

$$G_5 A_4 G_5^{\mathrm{T}} = \begin{bmatrix} -0.017 & 0 & 0.004 \\ 0 & 1.481 & -0.029 \\ 0.004 & -0.029 & 2.534 \end{bmatrix}$$

$$Q_5 = Q_4 G_5^{\mathrm{T}} = G_1^{\mathrm{T}} G_2^{\mathrm{T}} G_3^{\mathrm{T}} G_4^{\mathrm{T}} G_5^{\mathrm{T}} = \begin{bmatrix} 0.722 & 0.429 & 0.542 \\ -0.686 & 0.549 & 0.478 \\ -0.093 & -0.717 & 0.691 \end{bmatrix}$$

因此特征值为 $\lambda_1 \approx -0.017$, $\lambda_2 \approx 1.481$, $\lambda_3 \approx 2.534$, 且相应特征向量为

$$x_1 \approx (0.722, -0.686, -0.093)^{\mathrm{T}}$$

$$x_2 \approx (0.429, 0.549, -0.717)^{\mathrm{T}}$$

$$x_3 \approx (0.542, 0.478, 0.691)^{\mathrm{T}}$$

8.4 同步训练题

一、填空题

1. 方阵 $A = \begin{bmatrix} 1 \\ 2 \\ 3 \end{bmatrix}(1,\ 2,\ 3)$ 的一切特征值的和为 ________.

2. 由幂法求按模最大特征值, 可归结为求数列的极限值, 其收敛速度主要由比值 ________ 决定.

3. Wilkinson 方法也称原点位移法, 它是将矩阵 $B = A - pE$, 其中, p 为待定参数, 通过选择适当的 p, 使得满足条件 ________.

4. 如果 A 为对称矩阵, 则它们的特征向量相互正交, 则 Rayleigh 商加速 $\dfrac{(Ay_k, y_k)}{(y_k, y_k)} = \lambda_1 + xO$ (________).

5. 若 A 既是正交矩阵又是正定矩阵, 则 $A =$ ________.

二、选择题

1. 矩阵 $\begin{bmatrix} 4 & 0 & 0 \\ 0 & 3 & 1 \\ 0 & 1 & 3 \end{bmatrix}$ 与特征值 4 对应的特征向量收敛于 ( ).

A. $(1, 0.75, 0.75)^{\mathrm{T}}$ B. $(1, 0.25, 0.75)^{\mathrm{T}}$ C. $(1, 0.75, 0.25)^{\mathrm{T}}$ D. $(1, 0.25, 0.25)^{\mathrm{T}}$

2. 用 Householder 变换将矩阵 $\begin{bmatrix} 12 & 10 & 4 \\ 10 & 8 & -5 \\ 4 & -5 & 3 \end{bmatrix}$ 化为对称三对角阵 ( ).

A. $\begin{bmatrix} 20.1951 & -2.439012 & 5 \\ -2.439012 & -0.1951208 & 5.403123 \\ 0 & 6.403123 & 3 \end{bmatrix}$

B. $\begin{bmatrix} 20.1951 & -2.439012 & 0 \\ -2.439012 & -0.1951208 & 5.403123 \\ 0 & 6.403123 & 3.000000 \end{bmatrix}$

C. $\begin{bmatrix} 20.1951 & -2.439012 & 0 \\ -2.439012 & -0.1951208 & 5.403123 \\ 3 & 6.403123 & 3 \end{bmatrix}$

D. $\begin{bmatrix} 20.1951 & -2.439012 & 3 \\ -2.439012 & -0.1951208 & 5.403123 \\ 3 & 6.403123 & 3 \end{bmatrix}$

3. 用 QR 方法计算 $\begin{bmatrix} 2 & 1 & 0 \\ 1 & 3 & 1 \\ 0 & 1 & 4 \end{bmatrix}$ 的特征值, (　) 不是其特征值.

A. $\lambda = 4.7321$　　B. $\lambda = 3$　　C. $\lambda = 1.2679$　　D. $\lambda = 2$

4. 用 QR 方法计算 $\begin{bmatrix} 1 & 2 & 0 \\ 2 & -1 & -1 \\ 0 & -1 & 3 \end{bmatrix}$ 的特征值, (　) 不是其特征值.

A. $\lambda = -2.3723$　　B. $\lambda = 2$　　C. $\lambda = 3$　　D. $\lambda = 3.3723$

5. 用幂法求方阵 $A = \begin{bmatrix} 2 & 4 & 6 \\ 3 & 9 & 15 \\ 4 & 15 & 36 \end{bmatrix}$ 按模最大特征值为 (　).

A. 45.00　　B. 42.60　　C. 43.88　　D. 44.67

三、计算与证明题

1. 用幂法求下列矩阵的按模最大的特征值和相应的特征向量, 结果有 3 位小数稳定时迭代终止.

(1) $A = \begin{bmatrix} 3 & 5 \\ 4 & 7 \end{bmatrix}$, $x^{(0)} = (1,1)^{\mathrm{T}}$;

(2) $A = \begin{bmatrix} -4 & 14 & 6 \\ 14 & 13 & 0 \\ 6 & 0 & 2 \end{bmatrix}$, $x^{(0)} = (1,1,1)^{\mathrm{T}}$.

2. 用反幂法求下列矩阵的按模最大的特征值和相应的特征向量, 结果有 3 位小数稳定时迭代终止.

(1) $A = \begin{bmatrix} 3 & 5 \\ 4 & 7 \end{bmatrix}$, $x^{(0)} = (1,1)^{\mathrm{T}}$;

(2) $A = \begin{bmatrix} -4 & 14 & 6 \\ 14 & 13 & 0 \\ 6 & 0 & 2 \end{bmatrix}$, $x^{(0)} = (1,1,1)^{\mathrm{T}}$.

3. 用 Jacobi 方法计算 $A=\begin{bmatrix}5&4&2&3\\4&8&3&2\\2&3&10&1\\3&2&1&13\end{bmatrix}$ 的全部特征值及对应的特征向量.

4. 用 Householder 方法求 $A=\begin{bmatrix}6&2&3&1\\2&5&4&8\\3&4&9&1\\1&8&1&7\end{bmatrix}$ 的全部特征值及对应的特征向量.

8.5 同步训练题答案

一、

1. 4.
2. $\dfrac{|\lambda_2|}{|\lambda_1|}$.
3. $\dfrac{|\lambda_2-p|}{|\lambda_1-p|}<\dfrac{|\lambda_2|}{|\lambda_1|}$.
4. $\left(\dfrac{\lambda_2}{\lambda_1}\right)^{2k}$.
5. 单位阵.

二、

1. A. 2. B. 3. D. 4. C. 5. C.

三、

1. (1) $\lambda_{\max}\approx 9.898980$, $x=(0.724745,1)^{\mathrm{T}}$; (2) $\lambda_{\max}\approx 21.345784$, $x=(0.596127,1,0.184886)^{\mathrm{T}}$.

2. (1) $\lambda_{\min}\approx 0.101021$, $x=(1,-0.579796)^{\mathrm{T}}$; (2) $\lambda_{\min}\approx 3.307671$, $x=(0.217945,-0.314809,1)^{\mathrm{T}}$.

3. $\lambda_1\approx 2.049183$, $\lambda_2\approx 6.366454$, $\lambda_3\approx 10.723195$, $\lambda_4\approx 16.861167$, 且相应特征向量为

$$x_1\approx(-0.842488,0.521336,-0.001854,0.135716)^{\mathrm{T}}$$

$$x_2\approx(0.351219,0.630832,-0.644435,-0.251792)^{\mathrm{T}}$$

$$x_3\approx(0.089814,0.327143,0.638941,-0.690409)^{\mathrm{T}}$$

$$x_4 \approx (0.398487, 0.472480, 0.420064, 0.664467)^{\mathrm{T}}$$

4. $\lambda_1 \approx -2.574631$, $\lambda_2 \approx 4.182391$, $\lambda_3 \approx 8.543052$, $\lambda_4 \approx 16.849188$, 且相应特征向量为

$$x_1 \approx (0.016002, -0.319952, -0.722320, -0.612886)^{\mathrm{T}}$$

$$x_2 \approx (0.997722, -0.053807, 0.013329, 0.038431)^{\mathrm{T}}$$

$$x_3 \approx (0.064339, 0.824462, 0.104916, -0.552373)^{\mathrm{T}}$$

$$x_4 \approx (0.012422, 0.463679, -0.683425, 0.563718)^{\mathrm{T}}$$

第 9 章 常微分方程初值问题数值解

本章主要讲述数值计算中的常微分方程初值问题数值解, 主要内容包括常微分方程的单步法和线性多步法的常用求解方法, 讲述单步法的收敛性和多步法的思想等内容.

本章中要理解常微分方程解存在性的概念, 熟练掌握 Euler 方法、梯形法和改进 Euler 的格式; 掌握局部截断误差与收敛阶的概念和判别, 要求会计算和证明, 掌握高阶单步法的思想和常用方法, 理解高阶单步法的收敛性, 掌握高阶单步法的稳定性和绝对稳定域, 要求会计算; 理解线性多步法的思想, 掌握数值积分方法和 Taylor 展开求解线性多步法, 理解 Milne 方法与汉明 (Hamming) 方法, 了解多步法的预估-校正思想.

9.1 知识点概述

1. *解存在性定理*

假设 $f(x,y)$ 在矩形区域 $\Omega=\{(x,y)|x\in[a,b],y\in(-\infty,+\infty)\}$ 内连续, 且关于变元 y Lipschitz (利普希茨) 连续, 即存在正常数 L, 使得对任意 $x\in[a,b]$, 成立不等式

$$|f(x,y_1)-f(x,y_2)|\leqslant L|y_1-y_2|$$

其中, 常数 L 称为 Lipschitz 常数, 则初值问题存在唯一解 $y(x)\in C[a,b]$.

2. Euler *方法*

Euler (欧拉) 法, 也称 Euler 折线法.

$$\begin{cases} y_{n+1}=y_n+hf(x_n,y_n), \\ y_0=y(x_0)=a, \end{cases} \qquad n=0,1,2,\cdots$$

3. *向后* Euler *方法*

$$\begin{cases} y_{n+1}=y_n+hf(x_{n+1},y_{n+1}), \\ y_0=y(x_0)=a, \end{cases} \qquad n=0,1,2,\cdots$$

4. 梯形法

$$\begin{cases} y_{n+1} = y_n + \dfrac{h}{2}[f(x_n, y_n) + f(x_{n+1}, y_{n+1})], \\ y_0 = y(x_0) = a, \end{cases} \quad n = 0, 1, 2, \cdots$$

5. 局部截断误差与 p 阶精度

设 $y(x)$ 是初值问题的解析解, 称

$$R_{n+1} = y(x_{n+1}) - y_{n+1}$$

为显式单步法的局部截断误差.

设 $y(x)$ 是初值问题的准确解, 若存在最大整数 p 使显式单步法的局部截断误差满足

$$R_{n+1} = y(x_{n+1}) - y_{n+1} = O(h^{p+1})$$

则称该方法具有 p 阶精度, 若局部截断误差展开成

$$R_{n+1} = \psi(x_n, y(x_n))h^{p+1} + O(h^{p+2})$$

则 $\psi(x_n, y(x_n))h^{p+1}$ 称为局部截断误差主项.

6. 改进 Euler 法

(1) 利用 Euler 公式求得一个初步的近似值 $\bar{y}_{n+1}$, 称为预估值;

(2) 利用梯形公式将它校正一次得到 y_{n+1}, 称为校正值.

预估值 $\bar{y}_{n+1}$ 的精度可能很差, 校正值精度就能极大改善, 这样建立的预估-校正系统通常称为改进 Euler 法.

预估: $\bar{y}_{n+1} = y_n + hf(x_n, y_n)$.

校正: $y_{n+1} = y_n + \dfrac{h}{2}[f(x_n, y_n) + f(x_{n+1}, \bar{y}_{n+1})]$, $n = 0, 1, 2, \cdots$.

改进欧拉法也经常写下列平均化形式

$$y_{n+1} = \frac{1}{2}(y_p + y_c)$$

其中, $y_p = y_n + hf(x_n, y_n)$, $y_c = y_n + hf(x_{n+1}, y_p)$, $n = 0, 1, 2, \cdots$.

7. 二阶 Runge-Kutta 方法

(1) 中点公式

$$\begin{cases} y_{n+1} = y_n + hK_2, \\ K_1 = f(x_n, y_n), \\ K_2 = f\left(x_n + \dfrac{h}{2}, y_n + \dfrac{h}{2}K_1\right), \end{cases} \quad n = 0, 1, 2, \cdots$$

(2) 二阶 Heun 方法

$$\begin{cases} y_{n+1} = y_n + \dfrac{h}{4}(K_1 + 3K_2), \\ K_1 = f(x_n, y_n), \\ K_2 = f\left(x_n + \dfrac{2}{3}h, y_n + \dfrac{2}{3}hK_1\right), \end{cases} \quad n = 0, 1, 2, \cdots$$

8. 三阶和四阶 Runge-Kutta 方法

(1) Kutta 三阶方法

$$\begin{cases} y_{n+1} = y_n + \dfrac{h}{6}(K_1 + 4K_2 + K_3), \\ K_1 = f(x_n, y_n), \\ K_2 = f\left(x_n + \dfrac{h}{2}, y_n + \dfrac{h}{2}K_1\right), \\ K_3 = f(x_n + h, y_n - hK_1 + 2hK_2), \end{cases} \quad n = 0, 1, 2, \cdots$$

(2) 三阶 Heun 方法

$$\begin{cases} y_{n+1} = y_n + \dfrac{h}{4}(K_1 + 3K_3), \\ K_1 = f(x_n, y_n), \\ K_2 = f\left(x_n + \dfrac{h}{3}, y_n + \dfrac{h}{3}K_1\right), \\ K_3 = f\left(x_n + \dfrac{2}{3}h, y_n + \dfrac{2}{3}hK_2\right), \end{cases} \quad n = 0, 1, 2, \cdots$$

(3) 经典四阶 Runge-Kutta 方法

$$\begin{cases} y_{n+1} = y_n + \dfrac{h}{6}(K_1 + 2K_2 + 2K_3 + K_4), \\ K_1 = f(x_n, y_n), \\ K_2 = f\left(x_n + \dfrac{h}{2}, y_n + \dfrac{h}{2}K_1\right), \\ K_3 = f\left(x_n + \dfrac{h}{2}, y_n + \dfrac{h}{2}K_2\right), \\ K_4 = f(x_n + h, y_n + hK_3), \end{cases} \quad n = 0, 1, 2, \cdots$$

9. 单步法的收敛性

若一种数值方法对于固定的 $x_n = x_0 + nh$, 当 $h \to 0$ 时, 有 $y_n \to y(x_n)$, 其中 $y(x)$ 是原微分方程的准确解, 则称该方法是收敛的.

假设单步法具有 p 阶精度, 且增量函数 $\varphi(x, y, h)$ 关于 y 满足 Lipschitz 条件

$$|\varphi(x,y,h) - \varphi(x,\bar{y},h)| \leqslant L_\varphi |y - \bar{y}|$$

又设 $\varphi(x, y, h)$ 是准确的, 即 $y_0 = y(x_0)$, 则其整体截断误差 $y(x_n) - y_n = O(h^p)$.

10. 绝对稳定性与绝对稳定域

若一种数值方法在节点值 y_n 上大小为 δ 的扰动, 则以后各节点值 y_k $(k > n)$ 上产生的误差均不超过 δ, 则称该方法是稳定的.

单步法用于解模型方程 $y' = \lambda y$, 若得到的解

$$y_{n+1} = E(h\lambda) y_n$$

满足 $|E(h\lambda)| < 1$, 则称方法是绝对稳定的, 在 $z = h\lambda$ 的平面上, 使 $|E(h\lambda)| < 1$ 的变量围成的区域, 称为绝对稳定域, 它与实轴的交称为绝对稳定区间.

11. 线性多步法

一般线性多步法公式可表示为

$$\begin{aligned} y_{n+k} &= \alpha_0 y_n + \alpha_1 y_{n+1} + \cdots + \alpha_{k-1} y_{n+k-1} + h(\beta_0 f_n + \beta_1 f_{n+1} + \cdots + \beta_k f_{n+k}) \\ &= \sum_{i=0}^{k-1} \alpha_i y_{n+i} + h \sum_{i=0}^{k} \beta_i f_{n+i} \end{aligned}$$

其中, y_{n+i} 为 $y(x_{n+i})$ 的近似, $f_{n+i} = f(x_{n+i}, y_{n+i})$, $x_{n+i} = x_n + ih$, α_i, β_i 为常数.

(1) 若 α_i, β_i 不全为零, 则称为线性 k 步法, 计算时需先给出前面 k 个近似值 $y_n, y_{n+1}, \cdots, y_{n+k-1}$, 再逐次求出 y_{n+k};

(2) 如果 $\beta_k = 0$, 称为显式 k 步法, 这时 y_{n+k} 可直接算出;

(3) 如果 $\beta_k \neq 0$, 称为隐式 k 步法, 求解时与梯形法相同, 用迭代方法可算出 y_{n+k}.

12. Taylor 思想求多步法

设 $y(x)$ 是初值问题的准确解, 线性多步法在 x_{n+k} 上的局部截断误差为

$$R_{n+k} = y(x_{n+k}) - y_{n+k}$$

若 $R_{n+k} = O(h^{p+1})$, 则称多步法是 p 阶的 $(p \geqslant 1)$, 该多步法与方程是相容的.

13. Milne 方法与 Hamming 方法

(1) Milne 方法

$$y_{n+4}=y_n+\frac{4h}{3}(2f_{n+1}-f_{n+2}+2f_{n+3})$$

其局部截断误差为 $R_{n+4}=\dfrac{14}{45}h^5y^{(5)}(x_n)+O(h^6)$.

(2) Hamming 方法

$$y_{n+3}=\frac{1}{8}(9y_{n+2}-y_n)+\frac{3h}{8}(-f_{n+1}+2f_{n+2}+f_{n+3})$$

而局部截断误差为 $R_{n+3}=-\dfrac{h^5}{40}y^{(5)}(x_n)+O(h^6)$.

14. 预估-校正方法

(1) 为 Adams 四阶预估-校正格式 (PECE)

预估 P : $y_{n+4}^p=y_{n+3}+\dfrac{h}{24}(55f_{n+3}-59f_{n+2}+37f_{n+1}-9f_n)$.

求值 E : $f_{n+4}^p=f(x_{n+4},y_{n+4}^p)$.

校正 C : $y_{n+4}=y_{n+3}+\dfrac{h}{24}(9f_{n+4}^p+19f_{n+3}-5f_{n+2}+f_{n+1})$.

求值 E : $f_{n+4}=f(x_{n+4},y_{n+4})$.

(2) 修正预估-校正格式 (PMECME)

$$\mathrm{P}: y_{n+4}^p=y_{n+3}+\frac{h}{24}(55f_{n+3}-59f_{n+2}+37f_{n+1}-9f_n)$$

$$\mathrm{M}: y_{n+4}^{pm}=y_{n+4}^p+\frac{251}{720}(y_{n+3}^c-y_{n+3}^p)$$

$$\mathrm{E}: f_{n+4}^{pm}=f(x_{n+4},y_{n+4}^{pm})$$

$$\mathrm{C}: y_{n+4}^c=y_{n+3}+\frac{h}{24}(9f_{n+4}^{pm}+19f_{n+3}-5f_{n+2}+f_{n+1})$$

$$\mathrm{M}: y_{n+4}=y_{n+4}^c-\frac{19}{270}(y_{n+4}^c-y_{n+4}^p)$$

$$\mathrm{E}: f_{n+4}=f(x_{n+4},y_{n+4})$$

(3) 四阶修正 Milne-Hamming 预估-校正格式 (PMECME)

$$\mathrm{P}: y_{n+4}^p=y_n+\frac{4}{3}h(2f_{n+3}-f_{n+2}+2f_{n+1})$$

$$\mathrm{M}: y_{n+4}^{pm} = y_{n+4}^{p} + \frac{112}{121}(y_{n+3}^{c} - y_{n+3}^{p})$$

$$\mathrm{E}: f_{n+4}^{pm} = f(x_{n+4}, y_{n+4}^{pm})$$

$$\mathrm{C}: y_{n+4}^{c} = \frac{1}{8}(9y_{n+3} - y_{n+1}) + \frac{3}{8}h(f_{n+4}^{pm} + 2f_{n+3} - f_{n+2})$$

$$\mathrm{M}: y_{n+4} = y_{n+4}^{c} - \frac{y}{121}\left(y_{n+4}^{c} - y_{n+4}^{p}\right)$$

$$\mathrm{E}: f_{n+4} = f(x_{n+4}, y_{n+4})$$

9.2　典型例题解析

例 1　解常微分方程初值问题的平均形式的改进 Euler 方法是 $y_{n+1} = \frac{1}{2}(y_p + y_c)$, $n = 0, 1, 2, \cdots$, 那么 y_p, y_c 分别为 (　).

A. $\begin{cases} y_p = y_n + hf(x_n, y_n) \\ y_c = y_n + hf(x_{n+1}, y_k) \end{cases}$　　B. $\begin{cases} y_p = y_n + hf(x_{n+1}, y_n) \\ y_c = y_n + hf(x_n, y_p) \end{cases}$

C. $\begin{cases} y_p = y_n + f(x_n, y_n) \\ y_c = y_n + f(x_n, y_p) \end{cases}$　　D. $\begin{cases} y_p = y_n + hf(x_n, y_n) \\ y_c = y_n + hf(x_{n+1}, y_p) \end{cases}$

分析　由改进 Euler 方法

$$\begin{cases} \bar{y}_{n+1} = y_n + hf(x_n, y_n), \\ y_{n+1} = y_n + \dfrac{h}{2}[f(x_n, y_n) + f(x_{n+1}, \bar{y}_{n+1})], \end{cases} \quad n = 0, 1, 2, \cdots$$

因此 $y_p = y_n + hf(x_n, y_n)$, $y_c = y_n + hf(x_{n+1}, y_n)$, $n = 0, 1, 2, \cdots$.

解　D.

例 2　解微分方程初值问题的方法, (　) 的局部截断误差为 $O(h^3)$.

A. Euler 方法　　B. 改进 Euler 方法

C. 三阶 Runge-Kutta 方法　　D. 四阶 Runge-Kutta 方法

分析　本题考察常见单步法的局部截断误差, 由于局部截断误差为 $O(h^3)$ 的收敛阶为二阶, 因此只有改进 Euler 方法才是二阶收敛.

解　B.

例 3　下列哪种格式不是二阶显式 Runge-Kutta 方法? (　)

A. $\begin{cases} y_{n+1} = y_n + hK_2 \\ K_1 = f(x_n, y_n) \\ K_2 = f\left(x_n + \dfrac{h}{2}, y_n + \dfrac{h}{2}K_1\right) \end{cases}$
B. $\begin{cases} y_{n+1} = y_n + \dfrac{h}{3}(2K_1 + K_2) \\ K_1 = f(x_n, y_n) \\ K_2 = f\left(x_n + \dfrac{2}{3}h, y_n + \dfrac{2}{3}hK_1\right) \end{cases}$

C. $\begin{cases} y_{n+1} = y_n + \dfrac{h}{2}(K_1 + K_2) \\ K_1 = f(x_n, y_n) \\ K_2 = f(x_n + h, y_n + hK_1) \end{cases}$
D. $\begin{cases} y_{n+1} = y_n + \dfrac{h}{3}(K_1 + 2K_2) \\ K_1 = f(x_n, y_n) \\ K_2 = f\left(x_n + \dfrac{3}{4}h, y_n + \dfrac{3}{4}hK_1\right) \end{cases}$

分析 本题考察二阶显式 Runge-Kutta 方法的公式, 由于

$$\begin{cases} y_{n+1} = y_n + h(c_1K_1 + c_2K_2), \\ K_1 = f(x_n, y_n), \\ K_2 = f(x_n + \lambda_2 h, y_n + \mu_{21}hK_1), \end{cases} \quad n = 0, 1, 2, \cdots$$

其中, c_1, c_2, λ_2, μ_{21} 均为待定常数, 需满足 $c_1 + c_2 = 1$, $c_2\lambda_2 = \dfrac{1}{2}$, $c_2\mu_{21} = \dfrac{1}{2}$, 因此只有选项 B 不满足.

解 B.

例 4 下面哪种方法不是单步法? ( )

A. Euler 方法
B. 改进 Euler 方法
C. Runge-Kutta 方法
D. Admas 显式格式

分析 本题考察单步法和多步法的区别, 只有 Admas 显式格式为多步法.

解 D.

例 5 Heun 方法 $y_{n+1} = y_n + \dfrac{h}{4}\left[f(x_n, y_n) + 3f\left(x_n + \dfrac{2}{3}h, y_n + \dfrac{2}{3}hf(x_n, y_n)\right)\right]$, $n = 0, 1, 2, \cdots$ 的绝对稳定区间为 ( ).

A. $(-\infty, -2]$
B. $(-2, 0)$
C. $(0, 2)$
D. $(-\infty, 2)$

分析 将 Heun 方法

$$y_{n+1} = y_n + \frac{h}{4}\left[f(x_n, y_n) + 3f\left(x_n + \frac{2}{3}h, y_n + \frac{2}{3}hf(x_n, y_n)\right)\right]$$

代入试验方程 $y' = \lambda y$ 中, 得到 $y_{n+1} = y_n + \dfrac{h}{4}\left[\lambda y_n + 3\lambda\left(y_n + \dfrac{2}{3}h\lambda y_n\right)\right]$, 整理得

$$y_{n+1} = \left(1 + \lambda h + \frac{(h\lambda)^2}{2}\right)y_n = \cdots = \left(1 + \lambda h + \frac{(h\lambda)^2}{2}\right)^{n+1} y_0$$

因此满足 $\left|1+\lambda h+\dfrac{\lambda^2h^2}{2}\right|<1$, Heun 方法绝对稳定, 解得 $-2<\lambda h<0$, 因此, 绝对稳定区间为 $(-2,0)$.

解 B.

例 6 求线性多步法 $y_{n+1}=y_n+\dfrac{h}{12}(5f_{n+1}+8f_n-f_{n-1})$, $n=0,1,2,\cdots$ 的收敛阶.

解 由题意可知, $f_n=f(x_n,y_n)=y'(x_n)$, 利用 Taylor 展开

$$
\begin{aligned}
y_{n+1}&=y_n+hy_n'+\frac{h^2}{2}y_n''+\frac{h^3}{6}y_n'''+\frac{h^4}{24}y_n^{(4)}+\cdots\\
y_{n-1}&=y_n-hy_n'+\frac{h^2}{2}y_n''-\frac{h^3}{6}y_n'''+\frac{h^4}{24}y_n^{(4)}+\cdots\\
f_{n+1}&=y_{n+1}'=y_n'+hy''+\frac{h^2}{2}y_n'''+\frac{h^3}{6}y_n^{(4)}+\cdots\\
f_{n-1}&=y_{n-1}'=y_n'-hy_n''+\frac{h^2}{2}y_n'''+\frac{h^3}{6}y_n^{(4)}+\cdots
\end{aligned}
$$

因此

$$
\begin{aligned}
5f_{n+1}+8f_n-f_{n-1}&=5\left(y_n'+hy''+\frac{h^2}{2}y_n'''+\frac{h^3}{6}y_n^{(4)}+\cdots\right)\\
&\quad+8y_n'-\left(y_n'-hy_n''+\frac{h^2}{2}y_n'''+\frac{h^3}{6}y_n^{(4)}+\cdots\right)\\
&=12y_n'+6hy''+2h^2y_n'''+\frac{2h^3}{3}y_n^{(4)}+O(h^4)
\end{aligned}
$$

局部截断误差为

$$
\begin{aligned}
T&=y_{n+1}-y_n-\frac{h}{12}(5f_{n+1}+8f_n-f_{n-1})\\
&=hy_n'+\frac{h^2}{2}y_n''+\frac{h^3}{6}y_n'''+\frac{h^4}{24}y_n^{(4)}+\cdots\\
&\quad-\frac{h}{12}\left[12y_n'+6hy''+2h^2y_n'''+\frac{2h^3}{3}y_n^{(4)}+O(h^4)\right]\\
&=-\frac{1}{72}h^4y_n^{(4)}+O(h^5)
\end{aligned}
$$

因此该方法的收敛阶是三阶, 其局部截断误差主项为 $-\dfrac{1}{72}h^4y_n^{(4)}$.

例 7 利用 Euler 方法计算微分方程初值问题

$$\begin{cases} y' = x^2 + y^2, \\ y_0 = y(0) = 0, \end{cases} \quad n = 0, 1, 2, \cdots$$

取步长 $h = 0.1$, 计算得到 $x = 0.3$.

解 由 Euler 方法, 当 $h = 0.1$ 时, 则

$$y_{n+1} = y_n + hf(x_n, y_n) = y_n + 0.1(x_n^2 + y_n^2), \quad n = 0, 1, 2, \cdots$$

因此

$$y_1 = y_0 + 0.1(x_0^2 + y_0^2) = 0$$

$$y_2 = y_1 + 0.1(x_1^2 + y_1^2) = 0.001$$

$$y_3 = y_2 + 0.1(x_2^2 + y_2^2) = 0.005$$

例 8 已知常微分方程初值问题 $y' = x^2 + x - y, y(0) = 0$, 取步长 $h = 0.1$ 分别利用梯形法和改进的 Euler 方法求出 $x = 0.3$ 的值.

解 (1) 由题意可知, $f(x, y) = x^2 + x - y$, 步长为 $h = 0.1$, 因此由梯形法,

$$\begin{aligned} y_{n+1} &= y_n + \frac{h}{2}(f(x_n, y_n) + f(x_{n+1}, y_{n+1})) \\ &= y_n + 0.05(x_n^2 + x_n - y_n + x_{n+1}^2 + x_{n+1} - y_{n+1}), \quad n = 0, 1, 2, \cdots \end{aligned}$$

整理可得

$$y_{n+1} = \frac{20}{21}y_n + \frac{1}{21}(x_n^2 + x_n - y_n + x_{n+1}^2 + x_{n+1}), n = 0, 1, 2, \cdots$$

由初值 $y(0) = 0$, 计算可得

$$y_1 = \frac{20}{21}y_0 + \frac{1}{21}(x_0^2 + x_0 - y_0 + x_1^2 + x_1) \approx 0.005238$$

$$y_2 = \frac{20}{21}y_1 + \frac{1}{21}(x_1^2 + x_1 - y_1 + x_2^2 + x_2) \approx 0.021406$$

$$y_3 = \frac{20}{21}y_2 + \frac{1}{21}(x_2^2 + x_2 - y_2 + x_3^2 + x_3) \approx 0.049367$$

因此计算在 $x = 0.3$ 处的近似值 $y_3 \approx 0.049367$.

(2) 改进 Euler 方法,

$$\bar{y}_{n+1} = y_n + hf(x_n, y_n) = y_n + 0.1(x_n^2 + x_n - y_n)$$

$$\begin{aligned} y_{n+1} &= y_n + \frac{h}{2}(f(x_n, y_n) + f(x_{n+1}, \bar{y}_{n+1})) \\ &= y_n + 0.05(x_n^2 + x_n - y_n + x_{n+1}^2 + x_{n+1} - \bar{y}_{n+1}), \quad n = 0, 1, 2, \cdots \end{aligned}$$

整理可得

$$y_{n+1} = y_n + 0.05(0.9x_n^2 + 0.9x_n - 1.9y_n + x_{n+1}^2 + x_{n+1}), \quad n = 0, 1, 2, \cdots$$

由初值 $y(0) = 0$, 计算可得

$$\begin{aligned} y_1 &= y_0 + 0.05(0.9x_0^2 + 0.9x_0 - 1.9y_0 + x_1^2 + x_1) = 0.0055 \\ y_2 &= y_1 + 0.05(0.9x_1^2 + 0.9x_1 - 1.9y_1 + x_2^2 + x_2) \approx 0.021928 \\ y_3 &= y_2 + 0.05(0.9x_2^2 + 0.9x_2 - 1.9y_2 + x_3^2 + x_3) \approx 0.050144 \end{aligned}$$

因此计算在 $x = 0.3$ 处的近似值 $y_3 \approx 0.050144$.

例 9 应用经典的四阶 Runge-Kutta 方法求解初值问题:

(1) $y' = \dfrac{3y}{1+x}$, $0 \leqslant x \leqslant 1$, $y(0) = 1$, 取 $h = 0.2$;

(2) $y' = x + y - 1$, $0 \leqslant x \leqslant 1$, $y(0) = 1$, 取 $h = 0.2$.

解 (1) 由题意可知, 经典的四阶 Runge-Kutta 方法为

$$\begin{cases} y_{n+1} = y_n + \dfrac{h}{6}[K_1 + 2K_2 + 2K_3 + K_4], \\ K_1 = f(x_n, y_n), \\ K_2 = f\left(x_n + \dfrac{h}{2}, y_n + \dfrac{h}{2}K_1\right), \\ K_3 = f\left(x_n + \dfrac{h}{2}, y_n + \dfrac{h}{2}K_2\right), \\ K_4 = f\left(x_n + h, y_n + hK_3\right), \end{cases} \qquad n = 0, 1, 2, \cdots$$

将 $h = 0.2, f(x, y) = \dfrac{3y}{1+x}$, 代入得

$$y_{n+1} = y_n + \frac{1}{30}[K_1 + 2K_2 + 2K_3 + K_4]$$

其中

$$K_1 = \frac{3y_n}{1+x_n};\ K_2 = \frac{3(y_n + 0.1K_1)}{1.1 + x_n};\ K_3 = \frac{3(y_n + 0.1K_2)}{1.1 + x_n};\ K_4 = \frac{3(y_n + 0.2K_3)}{1.2 + x_n}$$

由已知初值条件 $y(0)=1$, 代入计算得到

$$x_1=0.2,\quad y_1\approx 1.727548$$

$$x_2=0.4,\quad y_2\approx 2.742951$$

$$x_3=0.6,\quad y_3\approx 4.094181$$

$$x_4=0.8,\quad y_4\approx 5.829211$$

$$x_5=1.0,\quad y_5\approx 7.996012$$

(2) 由题意可知, 经典的四阶 Runge-Kutta 方法为

$$\begin{cases} y_{n+1}=y_n+\dfrac{h}{6}[K_1+2K_2+2K_3+K_4], \\ K_1=f(x_n,y_n), \\ K_2=f\left(x_n+\dfrac{h}{2},y_n+\dfrac{h}{2}K_1\right), \\ K_3=f\left(x_n+\dfrac{h}{2},y_n+\dfrac{h}{2}K_2\right), \\ K_4=f\left(x_n+h,y_n+hK_3\right), \end{cases} \qquad n=0,1,2,\cdots$$

将 $h=0.2, f(x,y)=x+y-1$, 代入得

$$y_{n+1}=y_n+\frac{1}{30}[K_1+2K_2+2K_3+K_4]$$

其中

$$K_1=x_n+y_n-1;\quad K_2=x_n+y_n+0.1K_1-0.9$$

$$K_3=x_n+y_n+0.1K_2-0.9;\quad K_4=x_n+y_n+0.2K_3-0.8$$

由已知初值条件 $y(0)=1$, 代入计算得到

$$x_1=0.2,\quad y_1=1.021400$$

$$x_2=0.4,\quad y_2\approx 1.091818$$

$$x_3=0.6,\quad y_3\approx 1.222106$$

$$x_4=0.8,\quad y_4\approx 1.425521$$

$$x_5 = 1.0, \quad y_5 \approx 1.718251$$

例 10 利用梯形法求解初值问题 $y' = -y, y(0) = 1$, 证明其近似解为 $y_n = \left(\dfrac{2-h}{2+h}\right)^n$, 且当 $h \to 0$ 时, 收敛于原初值问题的准确解 $y = \mathrm{e}^{-x}$.

证明 由题意可知, 由 $f(x,y) = -y$, 梯形公式为

$$y_{n+1} = y_n + \frac{h}{2}[f(x_n, y_n) + f(x_{n+1}, y_{n+1})], \quad n = 0, 1, 2, \cdots$$

整理可得

$$y_{n+1} = y_n + \frac{h}{2}(-y_n - y_{n+1}), \quad n = 0, 1, 2, \cdots$$

解得

$$y_{n+1} = \left(\frac{2-h}{2+h}\right) y_n = \left(\frac{2-h}{2+h}\right)^2 y_{n-1} = \cdots = \left(\frac{2-h}{2+h}\right)^{n+1} y_0$$

由初值 $y_0 = 1$, 则求得 $y_n = \left(\dfrac{2-h}{2+h}\right)^n$.

另一方面, 对 $\forall x > 0$, 以 h 为步长经 n 步运算可求得 $y(x)$ 的近似值 y_n, 所以 $x = nh, n = \dfrac{x}{h}$, 代入上式有

$$y_n = \left(\frac{2-h}{2+h}\right)^n = \left(\frac{2-h}{2+h}\right)^{\frac{x}{h}}$$

取极限可得

$$\begin{aligned}\lim_{h\to 0} y_n &= \lim_{h\to 0}\left(\frac{2-h}{2+h}\right)^{\frac{x}{h}} = \lim_{h\to 0}\left(1 - \frac{2h}{2+h}\right)^{\frac{x}{h}} \\ &= \lim_{h\to 0}\left(1 - \frac{2h}{2+h}\right)^{\frac{2+h}{2h}\cdot\frac{2h}{2+h}\cdot\frac{x}{h}} = e^{-x}\end{aligned}$$

例 11 证明线性二步法

$$y_{n+2} + (b-1)y_{n+1} - by_n = \frac{h}{4}[(b+3)f_{n+2} + (3b+1)f_n], \quad n = 0, 1, 2, \cdots$$

当 $b \neq -1$ 时该方法是二阶收敛, 当 $b = -1$ 时该方法为三阶收敛.

证明 由题意可知, $f_n = f(x_n, y_n) = y'(x_n) = y'_n$, 利用 Taylor 展开式

$$y_{n+2} = y_n + 2hy'_n + 2h^2 y''_n + \frac{4}{3}h^3 y'''_n + \frac{2}{3}h^4 y_n^{(4)} + O(h^5)$$

$$y_{n+1}=y_n+hy_n'+\frac{1}{2}h^2y_n''+\frac{1}{6}h^3y_n'''+\frac{1}{24}h^4y_n^{(4)}+O(h^5)$$

又由于

$$f_{n+2}=y_{n+2}'=y_n'+2hy''+2h^2y_n'''+\frac{4h^3}{3}y_n^{(4)}+\frac{2h^4}{3}y_n^{(5)}+O(h^5)$$

因此, 线性二步法的局部截断误差为

$$\begin{aligned}R&=y_{n+2}+(b-1)y_{n+1}-by_n-\frac{h}{4}[(b+3)f_{n+2}+(3b+1)f_n]\\&=y_n+2hy_n'+2h^2y_n''+\frac{4}{3}h^3y_n'''+\frac{2}{3}h^4y_n^{(4)}+O(h^5)\\&\quad+(b-1)[y_n+hy_n'+\frac{1}{2}h^2y_n''+\frac{1}{6}h^3y_n'''+\frac{1}{24}h^4y_n^{(4)}+O(h^5)]-by_n\\&\quad-\frac{h}{4}[(b+3)[y_n'+2hy''+2h^2y_n'''+\frac{4h^3}{3}y_n^{(4)}+\frac{2h^4}{3}y_n^{(5)}+O(h^5)]+(3b+1)y_n']\\&=-\frac{1}{3}(b+1)h^3y_n'''-\left(\frac{3}{8}+\frac{7}{24}b\right)h^4y_n^{(4)}+O(h^5)\end{aligned}$$

因此当 $b\neq -1$ 时, 局部截断误差

$$R=-\frac{1}{3}(b+1)h^3y_n'''$$

此时该方法为二阶收敛; 若当 $b=-1$ 时, 局部截断误差为

$$R=-\frac{1}{12}h^4y_n^{(4)}+O(h^5)$$

此时该方法为三阶.

9.3 习题详解

1. 利用 Euler 方法计算积分 $\int_0^x e^{t^2}dt$ 在点 $x=0.5,1,1.5,2$ 的近似值.

解 由题意可知, 若令 $y=\int_0^x e^{t^2}dt$, 则等价于一阶常微分方程 $y'=e^{x^2}$, 且初值为 $y(0)=0$, 由 Euler 方法当 $h=0.5$ 时, 则

$$y_{n+1}=y_n+hf(x_n,y_n)=y_n+0.5e^{x_n^2},\quad n=0,1,2,\cdots$$

因此

$$y_1 = y_0 + 0.5 \times e^{0^2} = 0 + 0.5 \times 1 = 0.5$$

$$y_2 = y_1 + 0.5 \times e^{0.5^2} = 0.5 + 0.5 \times e^{0.25} = 1.1420127$$

$$y_3 = y_2 + 0.5 \times e^{1^2} = 1.1420127 + 0.5e = 2.5011536$$

$$y_4 = y_3 + 0.5 \times e^{1.5^2} = 2.5011536 + 0.5e^{2.25} = 7.2450215$$

2. 已知二阶常微分方程 $y''(t) - 0.05y'(t) + 0.15y(t) = 0$, $y'(0) = 0$, $y(0) = 1$, 则

(1) 化为一阶微分方程组;

(2) 取步长 $h = 0.5$ 的向前 Euler 方法计算 $y(1)$ 和 $y(2)$.

解　(1) 由题意可知, 若令 $y'(t) = z(t)$, 则可得到 $\begin{cases} y'(t)=z(t), \\ z'(t)=0.05z(t)-0.15y(t), \end{cases}$ 转化为方程 $\begin{bmatrix} y'(t) \\ z'(t) \end{bmatrix} = \begin{bmatrix} 0 & 1 \\ -0.15 & 0.05 \end{bmatrix} \begin{bmatrix} y(t) \\ z(t) \end{bmatrix}$, 再令 $Y = \begin{bmatrix} y(t) \\ z(t) \end{bmatrix}$, 因此化为一阶微分方程组 $Y' = AY$.

(2) 若取步长 $h = 0.5$, 由向前 Euler 方法

$$Y_{n+1} = Y_n + hAY_n = \begin{bmatrix} 1 & 0.5 \\ -0.075 & 1.025 \end{bmatrix} Y_n, \quad n = 0, 1, 2, \cdots$$

由初值 $Y_0 = \begin{bmatrix} y(0) \\ z(0) \end{bmatrix} = \begin{bmatrix} 1 \\ 0 \end{bmatrix}$, 计算可得

$$Y_1 = \begin{bmatrix} 1 \\ -0.075 \end{bmatrix}, \quad Y_2 = \begin{bmatrix} 0.9625 \\ -0.151875 \end{bmatrix}$$

$$Y_3 = \begin{bmatrix} 0.8865625 \\ -0.227859375 \end{bmatrix}, \quad Y_4 = \begin{bmatrix} 0.7726328125 \\ -0.300048046875 \end{bmatrix}$$

因此, $y(1) = 0.9625$, $y(2) = 0.7726328125$.

3. 已知常微分方程初值问题 $y' = ax + b, y(0) = 0$, 分别导出 Euler 方法和改进的 Euler 方法的近似解的表达式, 并与准确解 $y = \frac{1}{2}ax^2 + bx$ 相比较.

解　(1) 由题意可知, Euler 方法

$$y_{n+1} = y_n + h(ax_n + b), \quad n = 0, 1, 2, \cdots$$

即 $y_{n+1}-y_n=h(ax_n+b)$, 从而

$$y_{n+1}-y_0=\sum_{k=0}^{n}h(ax_k+b)=\sum_{k=0}^{n}h[a(x_0+kh)+b]$$
$$=\sum_{k=0}^{n}[(ahx_0+kah^2)+bh]=ah(n+1)x_0+\frac{n(n+1)}{2}ah^2+(n+1)bh$$

因此 $y_n=y_0+ahnx_0+\frac{n(n-1)}{2}ah^2+nbh$, 又因为 $y_0=0$, $x_0=0$, 所以 Euler 方法近似解的表达式为 $y_n=\frac{n(n-1)}{2}ah^2+nbh$, $n=0,1,2,\cdots$. 再由 $x_n=nh$, 可知误差为

$$y(x_n)-y_n=\frac{1}{2}ax_n^2+bx_n-\left[\frac{n(n-1)}{2}ah^2+nbh\right]$$
$$=\frac{1}{2}an^2h^2+bnh-\frac{n(n-1)}{2}ah^2-nbh=\frac{nah^2}{2}$$

(2) 同样由改进的 Euler 方法可知

$$\bar{y}_{n+1}=y_n+hf(x_n,y_n)=y_n+h(ax_n+b)$$
$$y_{n+1}=y_n+\frac{h}{2}(f(x_n,y_n)+f(x_{n+1},\bar{y}_{n+1}))$$
$$=y_n+\frac{h}{2}[(ax_n+b)+(ax_{n+1}+b)]$$
$$=y_n+\frac{ah}{2}(x_n+x_{n+1})+bh,\quad n=0,1,2,\cdots$$

因此 $y_{n+1}-y_n=\frac{ah}{2}(x_n+x_{n+1})+bh$, 从而

$$y_{n+1}-y_0=\sum_{k=0}^{n}\left[\frac{ah}{2}(x_k+x_{k+1})+bh\right]$$
$$=\sum_{k=1}^{n}\left\{\frac{ah}{2}[x_0+(2k+1)h]+bh\right\}$$
$$=\frac{ah(n+1)}{2}x_0+\frac{(1+2n+1)(n+1)}{2}\frac{ah^2}{2}+(n+1)bh$$
$$=\frac{ah(n+1)}{2}x_0+\frac{(n+1)^2}{2}ah^2+(n+1)bh$$

即 $y_{n+1} = y_0 + \frac{ahn}{2}x_0 + \frac{n^2}{2}ah^2 + nbh$, 又因为 $y_0 = 0$, $x_0 = 0$, 所以改进 Euler 方法近似解的表达式为 $y_{n+1} = \frac{n^2}{2}ah^2 + nbh$, $n = 0, 1, 2, \cdots$. 再由 $x_n = nh$, 可知误差为

$$y(x_n) - y_n = \frac{1}{2}ax_n^2 + bx_n - \left[\frac{n^2}{2}ah^2 + nbh\right] = \frac{1}{2}an^2h^2 + bnh - \frac{n^2}{2}ah^2 - nbh = 0$$

4. 已知微分方程初值问题 $y' = x + y - 1, y(0) = 1$.

(1) 取步长为 $h = 0.1$, 试用 Euler 方法计算在 $x = 0.4$ 处的近似值;

(2) 试用 Taylor 展开估计改进 Euler 方法的局部截断误差.

解　(1) 由题意可知, Euler 方法为

$$y_{n+1} = y_n + hf(x_n, y_n) = y_n + h(x_n + y_n - 1), \quad n = 0, 1, 2, \cdots$$

步长为 $h = 0.1$, 初值 $y(0) = 1$, 计算结果为

$$y_1 = y_0 + 0.1(x_0 + y_0 - 1) = 1$$

$$y_2 = y_1 + 0.1(x_1 + y_1 - 1) = 1.01$$

$$y_3 = y_2 + 0.1(x_2 + y_2 - 1) = 1.031$$

$$y_4 = y_3 + 0.1(x_3 + y_3 - 1) = 1.0641$$

因此在 $x = 0.4$ 处的近似值为 1.0641.

(2) 由改进 Euler 方法的局部截断误差

$$\begin{aligned} R_{n+1} &= y(x_{n+1}) - y(x_n) - \frac{h}{2}\left[f(x_n, y_n) + f(x_{n+1}, y_{n+1})\right] \\ &= y(x_{n+1}) - y(x_n) - \frac{h}{2}\left[y'(x_n) + y'(x_{n+1})\right] \end{aligned}$$

又由

$$y(x_{n+1}) = y(x_n) + hy'(x_n) + \frac{h^2}{2}y''(x_n) + \frac{h^3}{3!}y'''(x_n) + \cdots$$

$$y'(x_{n+1}) = y'(x_n) + hy''(x_n) + \frac{h^2}{2}y'''(x_n) + \cdots$$

整理得到

$$R_{n+1} = \frac{h^3}{3!}y'''(x_n) - \frac{h}{2}\left[\frac{h^2}{2}y'''(x_n) + \cdots\right] = -\frac{h^3}{12}y'''(x_n) + O(h^4)$$

所以改进 Euler 方法是 2 阶的, 其局部误差主项为 $-\dfrac{h^3}{12}y'''(x_n)$.

5. 已知微分方程初值问题 $y'=e^{-x-y}, y(0)=0$.

(1) 取步长为 $h=0.1$, 试用改进 Euler 方法计算在 $x=0.3$ 处的近似值;

(2) 试用 Taylor 展开估计改进 Euler 方法的局部截断误差.

解 (1) 由题意可知, $f(x,y)=e^{-x-y}$, 步长为 $h=0.1$, 因此改进 Euler 方法,

$$\bar{y}_{n+1}=y_n+hf(x_n,y_n)=y_n+0.1e^{-x_n-y_n}$$

$$y_{n+1}=y_n+\frac{h}{2}(f(x_n,y_n)+f(x_{n+1},\bar{y}_{n+1}))=y_n+0.05(e^{-x_n-y_n}+e^{-x_{n+1}-\bar{y}_{n+1}})$$

$$n=0,1,2,\cdots$$

由初值 $y(0)=0$, 计算可得

$$\begin{cases}\bar{y}_1=y_0+0.1e^{-x_0-y_0}=0.1\\ y_1=y_0+0.05(e^{-x_0-y_0}+e^{-x_1-\bar{y}_1})\approx 0.0952\end{cases}$$

$$\begin{cases}\bar{y}_2=y_1+0.1e^{-x_1-y_1}\approx 0.1775\\ y_2=y_1+0.05(e^{-x_1-y_1}+e^{-x_2-\bar{y}_2})\approx 0.1706\end{cases}$$

$$\begin{cases}\bar{y}_3=y_2+0.1e^{-x_2-y_2}\approx 0.2396\\ y_3=y_2+0.05(e^{-x_2-y_2}+e^{-x_3-\bar{y}_3})\approx 0.2343\end{cases}$$

因此计算在 $x=0.3$ 处的近似值 $y_3\approx 0.2343$.

(2) 由改进 Euler 方法格式

$$\begin{cases}y_{n+1}=y_i+\dfrac{h}{2}[k_1+k_2],\\ k_1=f(x_n,y_n),\\ k_2=f(x_n+h,y_n+hk_1),\end{cases}\quad n=0,1,2,\cdots$$

这里 $k_1=f(x_n,y_n)=y'(x_n)$. 由局部截断误差, 假设 $y'(x_n)=y_n$, 且

$$y''(x_n)=f'_x(x_n,y_n)+f'_y(x_n,y_n)y'(x_n)=f'_x(x_n,y_n)+f'_y(x_n,y_n)k_1$$

由 Taylor 展开

$$k_2=f(x_n+h,y_n+hk_1)=f(x_n,y_n)+hf'_x(x_n,y_n)+hk_1f'_y(x_n,y_n)$$

$$+\frac{1}{2!}[h^2 f''_{xx}(x_n,y_n)+2h^2k_1 f''_{xy}(x_n,y_n)+h^2k_1^2 f''_{yy}(x_n,y_n)]+O(h^3)$$

$$=y'(x_n)+hy''(x_n)+\frac{h^2}{2!}[f''_{xx}(x_n,y_n)+2k_1 f''_{xy}(x_n,y_n)+k_1^2 f''_{yy}(x_n,y_n)]+O(h^3)$$

分别代入整理

$$\begin{aligned}y_{n+1}&=y_n+\frac{h}{2}[k_1+k_2]\\&=y_n+hy'(x_n)+\frac{h^2}{2}y''(x_n)+\frac{h^3}{4}[f''_{xx}(x_n,y_n)\\&\quad+2k_1 f''_{xy}(x_n,y_n)+k_1^2 f''_{yy}(x_n,y_n)]+O(h^4)\end{aligned}$$

又由 $y(x_{n+1})=y(x_n+h)=y(x_n)+hy'(x_n)+\frac{h^2}{2!}y''(x_n)+\frac{h^3}{3!}y'''(x_n)+O(h^4)$, 因此整理后局部截断误差

$$\begin{aligned}y(x_{n+1})-y(x_n)\approx{}&\frac{h^3}{4}[f''_{xx}(x_n,y_n)+2k_1 f''_{xy}(x_n,y_n)\\&+k_1^2 f''_{yy}(x_n,y_n)]-\frac{h^3}{3!}y'''(x_n)=O(h^3)\end{aligned}$$

6. 已知微分方程初值问题 $y'=2x+y+2, y(0)=0$.

(1) 取步长为 $h=0.2$, 试用改进 Euler 方法计算在 $x=0.6$ 处的近似值;

(2) 试用 Taylor 展开估计改进方法的局部截断误差.

解 (1) 由题意可知, $f(x,y)=2x+y+2$, 步长为 $h=0.2$, 因此改进 Euler 方法,

$$\bar{y}_{n+1}=y_n+hf(x_n,y_n)=0.4x_n+1.2y_n+0.4$$

$$\begin{aligned}y_{n+1}&=y_n+\frac{h}{2}(f(x_n,y_n)+f(x_{n+1},\bar{y}_{n+1}))\\&=y_n+0.1(2x_n+y_n+2+2x_{n+1}+\bar{y}_{n+1}+2)\\&=0.24x_n+1.22y_n+0.2x_{n+1}+0.44,\quad n=0,1,2,\cdots\end{aligned}$$

由初值 $y(0)=0$, 计算可得

$$y_1=0.24x_0+1.22y_0+0.2x_1+0.44=0.48$$

$$y_2=0.24x_1+1.22y_1+0.2x_2+0.44=1.1536$$

$$y_3 = 0.24x_2 + 1.22y_2 + 0.2x_3 + 0.44 = 2.063392$$

因此计算在 $x = 0.6$ 处的近似值 $y_3 = 2.063392$.

(2) 由改进 Euler 方法格式

$$\begin{cases} y_{n+1} = y_n + \dfrac{h}{2}[k_1 + k_2], \\ k_1 = f(x_n, y_n), \\ k_2 = f(x_n + h, y_n + hk_1), \end{cases} \quad n = 0, 1, 2, \cdots$$

这里 $k_1 = f(x_n, y_n) = y'(x_n)$. 由局部截断误差, 则假设 $y'(x_n) = y_n$, 且

$$y''(x_n) = f_x'(x_n, y_n) + f_y'(x_n, y_n)y'(x_n) = f_x'(x_n, y_n) + f_y'(x_n, y_n)k_1$$

由 Taylor 展开

$$\begin{aligned} k_2 &= f(x_n + h, y_n + hk_1) = f(x_n, y_n) + hf_x'(x_n, y_n) + hk_1 f_y'(x_n, y_n) \\ &\quad + \frac{1}{2!}[h^2 f_{xx}''(x_n, y_n) + 2h^2 k_1 f_{xy}''(x_n, y_n) + h^2 k_1^2 f_{yy}''(x_n, y_n)] + O(h^3) \\ &= y'(x_n) + hy''(x_n) + \frac{h^2}{2!}[f_{xx}''(x_n, y_n) + 2k_1 f_{xy}''(x_n, y_n) \\ &\quad + k_1^2 f_{yy}''(x_n, y_n)] + O(h^3) \end{aligned}$$

分别代入整理

$$\begin{aligned} y_{n+1} &= y_n + \frac{h}{2}[k_1 + k_2] \\ &= y_n + hy'(x_n) + \frac{h^2}{2}y''(x_n) \\ &\quad + \frac{h^3}{4}[f_{xx}''(x_n, y_n) + 2k_1 f_{xy}''(x_n, y_n) + k_1^2 f_{yy}''(x_n, y_n)] + O(h^4) \end{aligned}$$

又由 $y(x_{n+1}) = y(x_n + h) = y(x_n) + hy'(x_n) + \dfrac{h^2}{2!}y''(x_n) + \dfrac{h^3}{3!}y'''(x_n) + O(h^4)$, 因此整理后局部截断误差

$$\begin{aligned} y(x_{n+1}) - y(x_n) &\approx \frac{h^3}{4}[f_{xx}''(x_n, y_n) + 2k_1 f_{xy}''(x_n, y_n) + k_1^2 f_{yy}''(x_n, y_n)] \\ &\quad - \frac{h^3}{3!}y'''(x_n) = O(h^3) \end{aligned}$$

7. 应用变形的 Euler 方法解初值问题 $y' = -10y$, $y(0) = y_0$, 为保证绝对稳定性, 问步长 h 应加什么限制.

解　由题意可知, 将变形的 Euler 方法

$$y_{n+1} = y_n + hf\left(x_n + \frac{h}{2}, y_n + \frac{h}{2}f(x_n, y_n)\right)$$

代入试验方程 $y' = \lambda y$ 中, 得到

$$\begin{aligned} y_{n+1} &= y_n + hf\left(x_n + \frac{h}{2}, y_n + \frac{\lambda h}{2}y_n\right) = y_n + \lambda h\left(y_n + \frac{\lambda h}{2}y_n\right) \\ &= \left(1 + \lambda h + \frac{\lambda^2 h^2}{2}\right)y_n = \cdots = \left(1 + \lambda h + \frac{\lambda^2 h^2}{2}\right)^{n+1} y_0, \quad n = 0, 1, 2, \cdots \end{aligned}$$

因此满足 $\left|1 + \lambda h + \frac{\lambda^2 h^2}{2}\right| < 1$, 变形的 Euler 方法绝对稳定, 解得 $-2 < \lambda h < 0$, 当 $\lambda = -10$ 时, 可得 $0 < h < \frac{1}{5}$.

8. 求变形的 Euler 方法 (中点方法) $y_{n+1} = y_n + hf\left(x_n + \frac{h}{2}, y_n + \frac{h}{2}f(x_n, y_n)\right)$ 和改进的 Euler 方法的绝对稳定区间.

解　(1) 由题意可知, 将变形的 Euler 方法

$$y_{n+1} = y_n + hf\left(x_n + \frac{h}{2}, y_n + \frac{h}{2}f(x_n, y_n)\right)$$

代入试验方程 $y' = \lambda y$ 中, 得到

$$\begin{aligned} y_{n+1} &= y_n + hf\left(x_n + \frac{h}{2}, y_n + \frac{\lambda h}{2}y_n\right) = y_n + \lambda h\left(y_n + \frac{\lambda h}{2}y_n\right), \\ &= \left(1 + \lambda h + \frac{\lambda^2 h^2}{2}\right)y_n = \cdots = \left(1 + \lambda h + \frac{\lambda^2 h^2}{2}\right)^{n+1} y_0, \quad n = 0, 1, 2, \cdots \end{aligned}$$

因此当 $\left|1 + \lambda h + \frac{\lambda^2 h^2}{2}\right| < 1$ 时, 变形的 Euler 方法绝对稳定, 令 $z = \lambda h$, 则绝对稳定区间为 $(-2, 0)$.

(2) 将改进的 Euler 方法

$$y_{n+1} = y_n + \frac{h}{2}[f(x_n, y_n) + f(x_{n+1}, y_{n+1})]$$

代入试验方程 $y' = \lambda y$ 中, 得到 $y_{n+1} = y_n + \frac{h}{2}(\lambda y_n + \lambda y_{n+1})$, 整理得

$$y_{n+1} = \frac{2+\lambda h}{2-\lambda h} y_n = \cdots = \left(\frac{2+\lambda h}{2-\lambda h}\right)^{n+1} y_0, \quad n = 0, 1, 2, \cdots$$

因此当 $\left|\frac{2+\lambda h}{2-\lambda h}\right| < 1$ 时, 改进的 Euler 方法绝对稳定, 令 $z = \lambda h$, 绝对稳定区间为 $(-\infty, 0)$.

9. 用改进 Euler 法求解 $y' = ky$ $(k < 0)$, $y(0) = y_0$, 证明对于固定的 x, 步长 $h = \frac{x}{n}$, 则 y_n 收敛于方程的精确解, 并给出 $\varepsilon(x) = y_n - y(x)$ 的估计表达式.

解 由题意可知, 原方程的精确解为 $y(x) = y_0 e^{kx}$, 改进 Euler 法为

$$\begin{aligned} y_{n+1} &= y_n + \frac{h}{2}[f(x_n, y_n) + f(x_{n+1}, y_{n+1})] = y_n + \frac{h}{2}(ky_n + ky_{n+1}) \\ &= \left(1 + \frac{kh}{2}\right) y_n + \frac{kh}{2} y_{n+1} \end{aligned}$$

整理得

$$y_{n+1} = \frac{2+kh}{2-kh} y_n = \cdots = \left(\frac{2+kh}{2-kh}\right)^{n+1} y_0, \quad n = 0, 1, 2, \cdots$$

因此

$$\begin{aligned} y_n &= \left(\frac{2n+kx}{2n-kx}\right)^n y_0 = \left(1 + \frac{2kx}{2n-kx}\right)^n y_0 \\ &= \left(1 + \frac{2kx}{2n-kx}\right)^{\frac{2n-kx}{2kx} \cdot \frac{2kx}{2n-kx} n} y_0 \to y_0 e^{kx} \end{aligned}$$

且

$$\begin{aligned} \varepsilon(x) &= y_n - y(x) = y_0 \left(1 + \frac{2kx}{2n-kx}\right)^n - y_0 e^{kx} \\ &\approx y_0 \left(1 + \frac{2kxn}{2n-kx}\right) - y_0(1+kx) = \frac{k^2x^2}{2n-kx} y_0 \end{aligned}$$

10. 应用经典的四阶 Runge-Kutta 方法求解初值问题:

(1) $y' = \frac{y^2+y}{x}$, $1 \leqslant x \leqslant 2.5$, $y(1) = -2$, 取 $h = 0.5$;

(2) $y' = 1 - y$, $0 \leqslant x \leqslant 0.6$, $y(0) = 0$, 取 $h = 0.2$;

(3) $y' = x + y$, $0 \leqslant x \leqslant 0.6$, $y(0) = 1$, 取 $h = 0.2$.

解　(1) 由题意可知, 经典的四阶 Runge-Kutta 方法为

$$\begin{cases} y_{n+1} = y_n + \dfrac{h}{6}[K_1 + 2K_2 + 2K_3 + K_4], \\ K_1 = f(x_n, y_n), \\ K_2 = f\left(x_n + \dfrac{h}{2}, y_n + \dfrac{h}{2}K_1\right), \\ K_3 = f\left(x_n + \dfrac{h}{2}, y_n + \dfrac{h}{2}K_2\right), \\ K_4 = f\left(x_n + h, y_n + hK_3\right), \end{cases} \quad n = 0, 1, 2, \cdots$$

将 $h = 0.5, f(x, y) = \dfrac{y^2 + y}{x}$, 代入得

$$y_{n+1} = y_n + \frac{1}{12}[K_1 + 2K_2 + 2K_3 + K_4]$$

其中

$$K_1 = \frac{y_n^2 + y_n}{x_n}; \quad K_2 = \frac{(y_n + 0.25K_1)^2 + y_n + 0.25K_1}{x_n + 0.25}$$

$$K_3 = \frac{(y_n + 0.25K_2)^2 + y_n + 0.25K_2}{x_n + 0.25}; \quad K_4 = \frac{(y_n + 0.5K_3)^2 + y_n + 0.5K_3}{x_n + 0.5}$$

由已知初值条件 $y(1) = -2$, 代入计算得到

$$x_1 = 1.5, y_1 = -1.495408833$$

$$x_2 = 2, y_2 \approx -1.330560413$$

$$x_3 = 2.5, y_3 \approx -1.248046112$$

(2) 同 (1) 问, 将 $h = 0.2, f(x, y) = 1 - y$ 代入得

$$K_1 = f(x_n, y_n) = 1 - y_n$$

$$K_2 = f\left(x_n + \frac{1}{2}h, y_n + \frac{h}{2}K_1\right) = 1 - y_n - \frac{0.2}{2}K_1 = 0.9(1 - y_n)$$

$$K_3 = f\left(x_n + \frac{1}{2}h, y_n + \frac{h}{2}K_2\right) = 1 - y_n - \frac{0.2}{2}K_2 = 0.91(1 - y_n)$$

$$K_4 = f(x_n + h, y_n + hK_3) = 1 - y_n - 0.2K_3 = 0.818(1 - y_n)$$

因此

$$\begin{aligned} y_{n+1} &= y_n + \frac{h}{6}(K_1 + 2K_2 + 2K_3 + K_4) \\ &= y_n + \frac{0.2}{6}[1 - y_n + 2 \times 0.9(1 - y_n) + 2 \times 0.91(1 - y_n) + 0.818(1 - y_n)] \\ &= 0.181 + 0.819y_n, \quad n = 0, 1, 2, \cdots \end{aligned}$$

由已知初值条件 $y(0) = 0$, 代入计算得到

$$x_1 = 0.2, \quad y_1 = 0.181267$$

$$x_2 = 0.4, \quad y_2 \approx 0.329676$$

$$x_3 = 0.6, \quad y_3 \approx 0.451183$$

(3) 同 (1) 问, 将 $h = 0.2, f(x, y) = x + y$ 代入得

$$K_1 = x_n + y_n; K_2 = 1.1x_n + 1.1y_n + 0.1$$

$$K_3 = 1.11x_n + 1.11y_n + 0.11; K_4 = 1.222x_n + 1.222y_n + 0.222$$

因此

$$\begin{aligned} y_{n+1} &= y_n + \frac{h}{6}[K_1 + 2K_2 + 2K_3 + K_4] \\ &= 0.2214x_n + 1.2214y_n + 0.0214, \quad n = 0, 1, 2, \cdots \end{aligned}$$

由已知初值条件 $y(0) = 1$, 代入计算得到

$$x_1 = 0.2, \quad y_1 = 1.242800$$

$$x_2 = 0.4, \quad y_2 \approx 1.583636$$

$$x_3 = 0.6, \quad y_3 \approx 2.044213$$

11. 证求解常微分方程初值问题 $y' = f(x, y)$, $y(x_0) = \eta$ 的隐式单步法

$$y_{n+1} = y_n + \frac{h}{6}[4f(x_n, y_n) + 2f(x_{n+1}, y_{n+1}) + hf'(x_n, y_n)]$$

为三阶收敛方法.

证明　由题意可知, $f(x_n,y_n)=y'(x_n)$, $f'(x_n,y_n)=y''(x_n)$, 由 Taylor 展开可得

$$f(x_{n+1},y_{n+1})=y'(x_{n+1})=y'(x_n)+hy''(x_n)+\frac{h^2}{2}y'''(x_n)+\frac{h^3}{6}y^{(4)}(x_n)+O(h^4),$$

代入隐式单步法整理可得

$$\begin{aligned}y_{n+1}&=y_n+\frac{h}{6}[4f(x_n,y_n)+2f(x_{n+1},y_{n+1})+hf'(x_n,y_n)]\\&=y_n+\frac{h}{6}\left\{4y'(x_n)+2[y'(x_n)+hy''(x_n)+\frac{h^2}{2}y'''(x_n)\right.\\&\quad\left.+\frac{h^3}{6}y^{(4)}(x_n)+O(h^4)]+hy''(x_n)\right\}\\&=y_n+hy'(x_n)+\frac{h^2}{2}y''(x_n)+\frac{h^3}{6}y'''(x_n)+\frac{h^4}{18}y^{(4)}(x_n)+O(h^5)\end{aligned}$$

另一方面

$$y(x_{n+1})=y(x_n)+hy'(x_n)+\frac{h^2}{2}y''(x_n)+\frac{h^3}{6}y^{(3)}(x_n)+\frac{h^4}{24}y^{(4)}(x_n)+O(h^5)$$

因此局部截断误差, $y(x_n)=y_n$, 且

$$R_{n+1}=y(x_{n+1})-y_{n+1}=-\frac{h^4}{72}y^{(4)}(x_n)+O(h^5)$$

即隐式单步法为三阶方法.

12. 证明求解常微分方程初值问题 $y'=f(x,y)$ 的差分公式

$$y_{n+1}=\frac{1}{2}(y_n+y_{n-1})+\frac{h}{4}(4y'_{n+1}-y'_n+3y'_{n-1})$$

是二阶收敛的, 并求出截断误差的首项.

证明　由题意可知, 分别利用 Taylor 展开可得

$$y_{n+1}=y_n+hy'_n+\frac{h^2}{2}y''_n+\frac{h^3}{6}y'''_n+\cdots$$

$$y_{n-1}=y_n-hy'_n+\frac{h^2}{2}y''_n-\frac{h^3}{6}y'''_n+\cdots$$

因此 $y'_{n+1}=y'_n+hy''_n+\frac{h^2}{2}y'''_n+\cdots$, $y'_{n-1}=y'_n-hy''_n+\frac{h^2}{2}y'''_n+\cdots$, 整理可得

$$y_{n+1}=\frac{1}{2}(y_n+y_{n-1})+\frac{h}{4}(4y'_{n+1}-y'_n+3y'_{n-1})$$

$$
\begin{aligned}
&= \frac{1}{2}\left(y_n + y_n - hy_n' + \frac{h^2}{2}y_n'' - \frac{h^3}{6}y_n''' + \cdots\right) \\
&\quad + \frac{h}{4}\left[4\left(y_n' + hy_n'' + \frac{h^2}{2}y_n''' + \cdots\right) - y_n' + 3\left(y_n' - hy_n'' + \frac{h^2}{2}y''' + \cdots\right)\right] \\
&= \frac{1}{2}\left(2y_n - hy_n' + \frac{h^2}{2}y_n'' - \frac{h^3}{6}y_n''' + \cdots\right) + \frac{h}{4}\left(6y_n' + hy_n'' + \frac{7h^2}{2}y_n''' + \cdots\right) \\
&= y_n + hy_n' + \frac{h^2}{2}y_n'' + \frac{19h^3}{24}y_n''' + \cdots
\end{aligned}
$$

另一方面

$$
y(x_{n+1}) = y(x_n) + hy'(x_n) + \frac{h^2}{2}y''(x_n) + \frac{h^3}{6}y^{(3)}(x_n) + \frac{h^4}{24}y^{(4)}(x_n) + O(h^5)
$$

因此由局部截断误差, 设 $y(x_n) = y_n$, 且

$$
R_{n+1} = y(x_{n+1}) - y_{n+1} = \frac{h^3}{6}y_n''' - \frac{19h^3}{24}y_n''' + O(h^4) = -\frac{5}{8}h^3y_n''' + O(h^4)
$$

差分公式具有二阶收敛, 并且截断误差首项为 $-\dfrac{5}{8}h^3y_n'''$.

13. 证明对任意参数 t, 下列 Runge-Kutta 方法是二阶收敛的.

$$
\begin{cases}
y_{n+1} = y_n + \dfrac{h}{2}(K_2 + K_3), \\
K_1 = f(x_n, y_n), \\
K_2 = f(x_n + th, y_n + thK_1), \\
K_3 = f(x_n + (1-t)h, y_n + (1-t)hK_1)
\end{cases}
$$

证明 由题意可知, $K_1 = f(x_n, y_n) = y'(x_n)$, $y''(x_n) = f_x' + y_n'f_x'$, 下面利用 Taylor 展开可得

$$
K_2 = f(x_n, y_n) + thf_x' + thf(x_n, y_n)f_y' + \cdots
$$

$$
K_3 = f(x_n, y_n) + (1-t)hf_x' + (1-t)hf(x_n, y_n)f_y' + \cdots
$$

所以

$$
\begin{aligned}
y_{n+1} &= y_n + \frac{h}{2}(K_2 + K_3) = y_n + \frac{h}{2}[2f(x_n, y_n) + h(f_x' + hf(x_n, y_n)f_y')\cdots] \\
&= y_n + hf(x_n, y_n) + \frac{h^2}{2}(f_x' + hf(x_n, y_n)f_y') + \cdots
\end{aligned}
$$

$$= y_n + hy'(x_n) + \frac{h^2}{2}y''(x_n) + \cdots$$

另一方面

$$y(x_{n+1}) = y(x_n) + hy'(x_n) + \frac{h^2}{2}y''(x_n) + \frac{h^3}{6}y^{(3)}(x_n) + O(h^5)$$

因此由局部截断误差, 设 $y(x_n) = y_n$, 且

$$R_{n+1} = y(x_{n+1}) - y_{n+1} = O(h^3)$$

比较系数可知, 所给 Runge-Kutta 方法是二阶收敛的.

14. 证明下列两种 Runge-Kutta 方法是三阶收敛的:

$$(1)\begin{cases} y_{n+1} = y_n + \dfrac{h}{4}(K_1 + 3K_3), \\ K_1 = f(x_n, y_n), \\ K_2 = f\left(x_n + \dfrac{h}{3}, y_n + \dfrac{h}{3}K_1\right), \\ K_3 = f\left(x_n + \dfrac{2}{3}h, y_n + \dfrac{2}{3}hK_2\right); \end{cases} \quad (2)\begin{cases} y_{n+1} = y_n + \dfrac{h}{9}(2K_1 + 3K_2 + 4K_3), \\ K_1 = f(x_n, y_n), \\ K_2 = f\left(x_n + \dfrac{h}{2}, y_n + \dfrac{h}{2}K_1\right), \\ K_3 = f\left(x_n + \dfrac{3}{4}h, y_n + \dfrac{3}{4}hK_2\right). \end{cases}$$

证明 (1) 由题意可知, $K_1 = f(x_n, y_n) = y'(x_n)$, $y''(x_n) = f'_x + y'_n f'_y$,

$$y'''(x_n) = f''_{xx} + 2y'_n f''_{xy} + (y'_n)^2 f''_{yy}$$

下面利用 Taylor 展开并整理得

$$K_2 = y'(x_n) + \frac{h}{3}y''(x_n) + \frac{h^2}{18}y'''(x_n) + \cdots$$

$$\begin{aligned} K_3 &= y'(x_n) + \frac{2h}{3}f'_x + \frac{2h}{3}K_2 f'_y + \cdots \\ &= y'(x_n) + \frac{2h}{3}y''(x_n) + \frac{2h^2}{9}y'''(x_n) + \cdots \end{aligned}$$

所以

$$\begin{aligned} y_{n+1} &= y_n + \frac{h}{4}(K_1 + 3K_3) \\ &= y_n + \frac{h}{4}\left\{y'(x_n) + 3\left[y'(x_n) + \frac{2h}{3}y''(x_n) + \frac{2h^2}{9}y'''(x_n) + \cdots\right]\right\} \end{aligned}$$

$$= y_n + hy'(x_n) + \frac{h^2}{2}y''(x_n) + \frac{h^3}{6}y'''(x_n) + \cdots$$

另一方面

$$y(x_{n+1}) = y(x_n) + hy'(x_n) + \frac{h^2}{2}y''(x_n) + \frac{h^3}{6}y^{(3)}(x_n) + O(h^4)$$

因此由局部截断误差, 设 $y(x_n) = y_n$, 且

$$R_{n+1} = y(x_{n+1}) - y_{n+1} = O(h^4)$$

比较系数可知, 所给 Runge-Kutta 方法是三阶收敛的.

另一方面, 在三阶 Runge-Kutta 公式 $\begin{cases} y_{n+1} = y_n + h(\lambda_1 K_1 + \lambda_2 K_2 + \lambda_3 K_3), \\ K_1 = f(x_n, y_n), \\ K_2 = f(x_n + ph, y_n + phK_1), \\ K_3 = f(x_n + qh, y_n + qh(rK_1 + sK_2)) \end{cases}$ 中, 若取 $\lambda_1 = \frac{1}{4}$, $\lambda_2 = 0$, $\lambda_3 = \frac{3}{4}$, $p = \frac{1}{3}$, $q = \frac{2}{3}$, $r = 0$, $s = 1$, 即为所给方法, 且满足 $r + s = 1$; $\lambda_1 + \lambda_2 + \lambda_3 = 1$; $\lambda_2 p + \lambda_3 q = \frac{1}{2}$; $\lambda_2 p^2 + \lambda_3 q^2 = \frac{1}{3}$; $\lambda_3 pqs = \frac{1}{6}$, 因而三阶收敛.

(2) 由题意可知,

$$K_1 = f(x_n, y_n) = y'(x_n)$$
$$y''(x_n) = f'_x + y'_n f'_y$$
$$y'''(x_n) = f''_{xx} + 2y'_n f''_{xy} + (y'_n)^2 f''_{yy}$$

下面利用 Taylor 展开并整理得

$$K_2 = y'(x_n) + \frac{h}{2}y''(x_n) + \frac{h^2}{8}y'''(x_n) + \cdots$$

$$\begin{aligned} K_3 &= y'(x_n) + \frac{3h}{4}f'_x + \frac{3h}{4}K_2 f'_y + \cdots \\ &= y'(x_n) + \frac{3h}{4}y''(x_n) + \frac{9h^2}{32}y'''(x_n) + \cdots \end{aligned}$$

所以

$$\begin{aligned} y_{n+1} &= y_n + \frac{h}{9}(2K_1 + 3K_2 + 4K_3) \\ &= y_n + \frac{h}{9}\left\{2y'(x_n) + 3\left[y'(x_n) + \frac{h}{2}y''(x_n) + \frac{h^2}{8}y'''(x_n) + \cdots\right]\right. \end{aligned}$$

$$+4\left[y'(x_n)+\frac{3h}{4}y''(x_n)+\frac{9h^2}{32}y'''(x_n)+\cdots\right]\Bigg\}$$

$$=y_n+hy'(x_n)+\frac{h^2}{2}y''(x_n)+\frac{h^3}{6}y'''(x_n)+\cdots$$

另一方面

$$y(x_{n+1})=y(x_n)+hy'(x_n)+\frac{h^2}{2}y''(x_n)+\frac{h^3}{6}y^{(3)}(x_n)+O(h^4)$$

因此由局部截断误差, 设 $y(x_n)=y_n$, 且

$$R_{n+1}=y(x_{n+1})-y_{n+1}=O(h^4)$$

比较系数可知, 所给 Runge-Kutta 方法是三阶收敛的.

同样在三阶 Runge-Kutta 公式中取 $\lambda_1=\frac{2}{9}$, $\lambda_2=\frac{1}{3}$, $\lambda_3=\frac{4}{9}$, $p=\frac{1}{2}$, $q=\frac{3}{4}$, $r=0$, $s=1$, 即为所给方法, 并且满足 $r+s=1$; $\lambda_1+\lambda_2+\lambda_3=1$; $\lambda_2p+\lambda_3q=\frac{1}{2}$; $\lambda_2p^2+\lambda_3q^2=\frac{1}{3}$; $\lambda_3pqs=\frac{1}{6}$, 因而三阶收敛.

15. 试讨论三步方法 $y_{n+3}+\frac{1}{4}y_{n+2}-\frac{1}{2}y_{n+1}-\frac{3}{4}y_n=\frac{h}{8}[19f_{n+2}+5f_n]$ 的收敛性.

解　由题意可知, 由第一和第二特征多项式

$$\rho(\lambda)=\lambda^3+\frac{1}{4}\lambda^2-\frac{1}{2}\lambda-\frac{3}{4},\quad \sigma(\lambda)=\frac{1}{8}(19\lambda+5)$$

显然 $\rho(1)=0$, 并且 $\rho'(\lambda)=3\lambda^2+\frac{1}{2}\lambda-\frac{1}{2}$, 因此满足 $\rho'(1)=3=\sigma(1)$, 该方法相容. 又因为

$$\rho(\lambda)=\lambda^3+\frac{1}{4}\lambda^2-\frac{1}{2}\lambda-\frac{3}{4}=(\lambda-1)\left(\lambda^2+\frac{5}{4}\lambda+\frac{3}{4}\right)$$

其根为 $\lambda=1$, $\lambda=-\frac{5}{8}\pm\frac{\sqrt{23}}{8}i$, 所以三步方法

$$y_{n+3}+\frac{1}{4}y_{n+2}-\frac{1}{2}y_{n+1}-\frac{3}{4}y_n=\frac{h}{8}[19f_{n+2}+5f_n]$$

是收敛的.

16. 试推导出具有下列形式的三阶方法

$$y_{n+1}=a_0y_n+a_1y_{n-1}+a_2y_{n-2}+h(b_0y'_n+b_1y'_{n-1}+b_2y'_{n-2})$$

解 由题意可知, 利用 Taylor 展开

$$\begin{aligned}
y_{n+1}&=y_n+hy'_n+\frac{h^2}{2}y''_n+\frac{h^3}{6}y'''_n+\frac{h^4}{24}y_n^{(4)}+\cdots\\
y_{n-1}&=y_n-hy'_n+\frac{h^2}{2}y''_n-\frac{h^3}{6}y'''_n+\frac{h^4}{24}y_n^{(4)}+\cdots\\
y_{n-2}&=y_n-2hy'_n+\frac{(2h)^2}{2}y''_n-\frac{(2h)^3}{6}y'''_n+\frac{(2h)^4}{24}y_n^{(4)}+\cdots\\
&=y_n-2hy'_n+2h^2y''_n-\frac{4h^3}{3}y'''_n+\frac{2h^4}{3}y_n^{(4)}+\cdots\\
y'_{n-1}&=y'_n-hy''_n+\frac{h^2}{2}y'''_n+\frac{h^3}{6}y_n^{(4)}+\cdots\\
y'_{n-2}&=y'_n-2hy''_n+2h^2y'''_n-\frac{4h^3}{3}y_n^{(4)}+\cdots
\end{aligned}$$

所以

$$\begin{aligned}
&a_0y_n+a_1y_{n-1}+a_2y_{n-2}+h(b_0y'_n+b_1y'_{n-1}+b_2y'_{n-2})\\
=&a_0y_n+a_1\left[y_n-hy'_n+\frac{h^2}{2}y''_n-\frac{h^3}{6}y'''_n+\frac{h^4}{24}y_n^{(4)}+\cdots\right]\\
&+a_2\left[y_n-2hy'_n+2h^2y''_n-\frac{4h^3}{3}y'''_n+\frac{2h^4}{3}y_n^{(4)}+\cdots\right]\\
&+h\left\{b_0y'_n+b_1\left[y'_n-hy''_n+\frac{h^2}{2}y'''_n+\frac{h^3}{6}y_n^{(4)}+\cdots\right]\right.\\
&\left.+b_2\left[y'_n-2hy''_n+2h^2y'''_n-\frac{4h^3}{3}y_n^{(4)}+\cdots\right]\right\}\\
=&(a_0+a_1+a_2)y_n+(-a_1-2a_2+b_0+b_1+b_2)hy'_n\\
&+(a_1+4a_2-2b_1-4b_2)\frac{h^2}{2}y''_n\\
&+(-a_1-8a_2+3b_1+12b_2)\frac{h^3}{6}y'''_n\\
&+(a_1+16a_2+4b_1-32b_2)\frac{h^4}{24}y_n^{(4)}+\cdots
\end{aligned}$$

另一方面

$$y(x_{n+1})=y(x_n)+hy'(x_n)+\frac{h^2}{2}y''(x_n)+\frac{h^3}{6}y^{(3)}(x_n)+O(h^4)$$

因此由局部截断误差, 设 $y(x_n)=y_n$, 若公式具有三阶精度, 则必须有

$$\begin{cases} a_0+a_1+a_2=1, \\ -a_1-2a_2+b_0+b_1+b_2=1, \\ a_1+4a_2-2b_1-4b_2=1, \\ -a_1-8a_2+3b_1+12b_2=1 \end{cases}$$

17. 证明预估-校正方法

$$y_{n+1}^{(0)}=y_n+\frac{h}{2}(3f_n-f_{n-1}),\quad y_{n+1}^{(s+1)}=y_n+\frac{h}{2}[f(x_n,y_n)+f(x_{n+1},y_{n+1}^{(s)})]$$

当步长 h 足够小时校正过程一定收敛, 并求出 h 的上界.

证明　由题意可知, $y_{n+1}^{(s+1)}=y_n+\frac{h}{2}[f(x_n,y_n)+f(x_{n+1},y_{n+1}^{(s)})]$, 所以

$$\begin{aligned} y_{n+1}^{(s+1)}-y_{n+1}^{(s)}&=\frac{h}{2}[f(x_{n+1},y_{n+1}^{(s)})-f(x_{n+1},y_{n+1}^{(s-1)})]=\cdots \\ &=\left(\frac{h}{2}\right)^s[f(x_{n+1},y_{n+1}^{(1)})-f(x_{n+1},y_{n+1}^{(0)})] \\ &=\left(\frac{h}{2}\right)^s\left[y_n+\frac{h}{2}f(x_n,y_n)+\frac{h}{2}f(x_{n+1},y_{n+1}^{(0)})-f(x_{n+1},y_{n+1}^{(0)})\right] \\ &=\left(\frac{h}{2}\right)^s\left[y_n+\frac{h}{2}f(x_n,y_n)+\left(\frac{h}{2}-1\right)\left[y_n+\frac{h}{2}(3f_n-f_{n-1})\right]\right] \\ &=\left(\frac{h}{2}\right)^s\left[\frac{h}{2}y_n+\left(\frac{3h^2}{4}-h\right)f(x_n,y_n)-\left(\frac{h^2}{4}-\frac{h}{2}\right)f(x_{n-1},y_{n-1})\right] \\ &=\left(\frac{h}{2}\right)^{s+1}\left[y_n+\left(\frac{3h}{2}-2\right)f(x_n,y_n)-\left(\frac{h}{2}-1\right)f(x_{n-1},y_{n-1})\right] \end{aligned}$$

因此当 $h\leqslant 2$ 时校正过程一定收敛.

18. 试求出 Quade 方法

$$y_{n+4}-\frac{8}{19}(y_{n+2}-y_{n+1})-y_n=\frac{34}{19}h[f_{n+4}-4f_{n+3}+4f_{n+2}+f_n]$$

的收敛阶和误差常数.

解 由题意可知, 利用 Taylor 展开

$$y_{n+4} = y_n + 4hy_n' + 8h^2y_n'' + \frac{32}{3}h^3y_n''' + \frac{32}{3}h^4y_n^{(4)} + O(h^5)$$

$$y_{n+3} = y_n + 3hy_n' + \frac{9}{2}h^2y_n'' + \frac{9}{2}h^3y_n''' + \frac{27}{8}h^4y_n^{(4)} + O(h^5)$$

$$y_{n+2} = y_n + 2hy_n' + 2h^2y_n'' + \frac{4}{3}h^3y_n''' + \frac{2}{3}h^4y_n^{(4)} + O(h^5)$$

$$y_{n+1} = y_n + hy_n' + \frac{1}{2}h^2y_n'' + \frac{1}{6}h^3y_n''' + \frac{1}{24}h^4y_n^{(4)} + O(h^5)$$

因此, 代入 Quade 方法整理得

$$\begin{aligned}
&y_{n+4} - \frac{8}{19}(y_{n+2} - y_{n+1}) - y_n \\
=& 4hy_n' + 8h^2y_n'' + \frac{32}{3}h^3y_n''' + \frac{32}{3}h^4y_n^{(4)} + O(h^5) \\
&- \frac{8}{19}\left[hy_n' + \frac{3}{2}h^2y_n'' + \frac{7}{6}h^3y_n''' + \frac{5}{8}h^4y_n^{(4)} + O(h^5)\right] \\
=& \frac{68}{19}hy_n' + \frac{140}{19}h^2y_n'' + \frac{580}{57}h^3y_n''' + \frac{593}{57}h^4y_n^{(4)} + O(h^5)
\end{aligned}$$

又由于

$$f_{n+4} = y_{n+4}' = y_n' + 4hy_n'' + 8h^2y_n''' + \frac{32}{3}h^3y_n^{(4)} + \frac{32}{3}h^4y_n^{(5)} + O(h^5)$$

$$f_{n+3} = y_{n+3}' = y_n' + 3hy_n'' + \frac{9}{2}h^2y_n''' + \frac{9}{2}h^3y_n^{(4)} + \frac{27}{8}h^4y_n^{(5)} + O(h^5)$$

$$f_{n+1} = y_{n+1}' = y_n' + hy_n'' + \frac{h^2}{2}y_n''' + \frac{h^3}{6}y_n^{(4)} + \frac{h^4}{24}y_n^{(5)} + O(h^5)$$

所以

$$\begin{aligned}
&f_{n+4} - 4f_{n+3} + 4f_{n+1} + f_n \\
=& 2y_n' + 4hy_n'' + 8h^2y_n''' + \frac{32}{3}h^3y_n^{(4)} + \frac{32}{3}h^4y_n^{(5)} + O(h^5) \\
&- 4\left[2hy_n'' + 4h^2y_n''' + \frac{13}{3}h^3y_n^{(4)} + \frac{10}{3}h^4y_n^{(5)} + O(h^5)\right] \\
=& 2y_n' - 4hy_n'' - 8h^2y_n''' - \frac{20}{3}h^3y_n^{(4)} - \frac{8}{3}h^4y_n^{(5)} + O(h^5)
\end{aligned}$$

因此局部截断误差为

$$
\begin{aligned}
T &= y_{n+4} - \frac{8}{19}(y_{n+2} - y_{n+1}) - y_n - \frac{34}{19}h(f_{n+4} - 4f_{n+3} + 4f_{n+1} + f_n) \\
&= \frac{68}{19}hy_n' + \frac{140}{19}h^2y_n'' + \frac{580}{57}h^3y_n''' + \frac{593}{57}h^4y_n^{(4)} + O(h^5) \\
&\quad - \frac{34}{19}h\left[2y_n' - 4hy_n'' - 8h^2y_n''' - \frac{20}{3}h^3y_n^{(4)} - \frac{8}{3}h^4y_n^{(5)} + O(h^5)\right] \\
&= \frac{276}{19}h^2y_n'' + \frac{1396}{57}h^3y_n''' + \frac{1273}{57}h^4y_n^{(4)} + O(h^5)
\end{aligned}
$$

方法是一阶的, 其局部截断误差主项为 $\frac{276}{19}h^2y_n''$.

9.4 同步训练题

一、填空题

1. 解常微分方程初值问题的改进 Euler 法预估-校正格式是预估: $\bar{y}_{k+1}=y_k+hf(x_k,y_k)$, 校正: $y_{k+1}=$ ________.

2. 函数 $f(x,y)=\arctan y$ 的 Lipschitz 常数满足 $|f(x,y_1)-f(x,y_2)|\leqslant K|y_1-y_2|, \forall(x,y_1),(x,y_2)\in D$, 则可取 K 为 ________ $(K\geqslant 0)$.

3. 用 Euler 公式解初值问题: $\begin{cases} y'=x+y^2, \\ y(0)=1, \end{cases}$ $0.1\leqslant x\leqslant 0.5$, 取 $h=0.1$, 可得 $y_5=$ ________ (小数点后取 4 位).

4. 用 Euler 方法求初值问题 $y'=-y, y(0)=2$ 的解 $y(t)$ 在 $t=1$ 的近似值 ________ (取步长 $h=0.25$).

5. 利用 Milne 公式 $y_{n+4}=y_n+\frac{4}{3}h[2f_{n+1}-f_{n+2}+2f_{n+3}]$ 和 Simpson 公式 $y_{n+2}=y_n+\frac{1}{3}h[f_n+4f_{n-1}+f_{n+2}]$ 构造修正预估-校正格式 (PMECME), 其中, 预估: ________, 校正: ________.

二、选择题

1. 使用下面的哪种差分形式的 Euler 格式具有较高的计算精度? ( )

A. 向前差分　B. 中心差分　C. 向后差分　D. 单侧差分

2. 在构造数值算法时, 一般不考虑算法的 ( ).

A. 收敛性　B. 稳定性　C. 精度　D. 计算量

3. 后退 Euler 方法 $y_{n+1}=y_n+hf(x_{n+1},y_{n+1})$ 的绝对稳定区间为 ( ).

A. $(-\infty,2)$　B. $(2,+\infty)$

C. $(-\infty,0)\cup(2,+\infty)$ D. $(-\infty,+\infty)$

4. 下面的 Heun 方法

$$\begin{cases} y_{n+1}=y_n+\dfrac{h(k_1+3k_3)}{4}, \\ k_1=f(x_n,y_n),k_2=f\left(x_n+\dfrac{h}{3},y_n+\dfrac{hk_1}{3}\right), \quad n=0,1,2,\cdots \\ k_3=f\left(x_n+\dfrac{2h}{3},y_n+\dfrac{2hk_2}{3}\right), \end{cases}$$

是( )的.

A. 一阶 B. 二阶 C. 三阶 D. 四阶

5. 线性多步法 $y_{n+2}+\alpha_1 y_{n+1}+\alpha_0 y_n=h(\beta_1 f_{n+1}+\beta_0 f_n)$ 最高是( )精度的.

A. 一阶 B. 二阶 C. 三阶 D. 四阶

6. 考虑线性多步法 $y_{n+3}+\alpha(y_{n+2}-y_{n+1})-y_n=\dfrac{1}{2}(3+\alpha)h(f_{n+2}+f_{n+1})$, 当 $\alpha=$( )时, 方法是 4 阶的.

A. 1 B. 3 C. 6 D. 9

三、计算与证明题

1. 利用二阶 Heun 方法和改进 Euler 求解初值问题:

$$\begin{cases} y'=x+y^2, \\ y(0)=1, \end{cases} \quad 0\leqslant x\leqslant 0.4$$

取步长 $h=0.2$.

2. 求下列公式

$$y_{n+1}=y_n+\frac{h}{4}\left[f(x_n,y_n)+3f\left(x_n+\frac{2h}{3},x_n+\frac{2h}{3}f(x_n,y_n)\right)\right]$$

的收敛阶和局部截断误差.

3. 证明存在参数 α, 使得线性多步法

$$y_{n+1}+\alpha(y_n-y_{n-1})-y_{n-2}=\frac{1}{2}(3+\alpha)h(f_n+f_{n-1})$$

四阶收敛.

4. 利用四阶 Adams 显式格式

$$y_{n+3}=y_{n+2}+\frac{h}{24}(9f_{n+3}+19f_{n+2}-5f_{n+1}+f_n)$$

计算初值问题 $\begin{cases} y' = x + y, \\ y(0) = 1, \end{cases}$ $0.1 \leqslant x \leqslant 0.5$, $h = 0.1$.

5. 用 Taylor 展开确定下列多步法中的系数, 使得收敛阶尽可能高, 并求出其局部截断误差主项.

(1) $y_{n+1} = \alpha_1 y_n + \alpha_2 y_{n-1} + h\beta_0 f_{n+1}$;

(2) $y_{n+1} = y_n + h(\beta_1 f_n + \beta_2 f_{n-1})$;

(3) $y_{n+1} = \alpha_2 y_{n-1} + h(\beta_0 f_{n+1} + \beta_1 f_n + \beta_2 f_{n-1})$.

9.5　同步训练题答案

一、

1. $y_{k+1} = y_k + \dfrac{h}{2}[f(x_k, y_k) + f(x_{k+1}, \bar{y}_{k+1})]$.

2. $K = 1$.

3. $y_5 = 1.9347$.

4. 0.135335.

5. $y_{n+4} = y_n + \dfrac{4}{3}h[2f_{n+1} - f_{n+2} + 2f_{n+3}]$; $y_{n+2} = y_n + \dfrac{1}{3}h[f_n + 4f_{n-1} + f_{n+2}]$.

二、

1. B. 2. D. 3. C. 4. C. 5. D. 6. D.

三、

1. (1) $y_1 \approx 1.263$, $y_2 \approx 1.70961$; (2) $y_1 \approx 1.264$, $y_2 \approx 1.74736$.

2. 二阶, 略.

3. 略.

4. $y_1 \approx 1.110342$; $y_2 \approx 1.242805$; $y_3 \approx 1.399717$; $y_4 \approx 1.583649$; $y_5 \approx 1.797443$.

5. 略.

参考文献

关治. 2008. 数值分析学习指导 [M]. 北京: 清华大学出版社.

凌焕章, 沈艳. 2020. 数值计算原理与实现 [M]. 北京：科学出版社.

同济大学计算数学教研室. 2014. 现代数值计算习题指导 [M]. 2 版. 北京: 人民邮电出版社.

郑继明. 2013. 计算方法学习指导 [M]. 北京: 清华大学出版社.

周华任, 王俐莉, 穆松. 2015. 数值分析习题精解及考研辅导 [M]. 南京: 东南大学出版社.

邹秀芬, 陈绍林, 胡宝清. 2008. 数值计算方法学习指导书 [M]. 武汉: 武汉大学出版社.

Dupac M, Dan B. 2021. Engineering Applications: Analytical and Numerical Calculation with MATLAB[M]. Hoboken, NJ:John Wiley & Sons,Inc.

George L, John P. 2019. Numerical Methods: Using MATLAB[M]. 4th ed. Amsterdam: Elsevier Pte Ltd.

Mathews J H, Fink K D. 2019. Numerical Methods Using MATLAB[M]. Beijing: Publishing House of Electronics Industry.

Walter G. 2015. Numerical Analysis[M]. 北京: 世界图书出版公司.